운동화 신은 뇌

운동화 신은 뇌

존 레이티·에릭 헤이거먼 지음 | 이상헌 옮김 | 김영보 감수

1판 1쇄 펴낸날 2009년 9월 5일 | 1판 20쇄 펴낸날 2024년 8월 25일
펴낸곳 녹색지팡이＆프레스(주) | 펴낸이 강경태 | 등록번호 제16-3459호
주소 서울시 강남구 테헤란로86길 14 윤천빌딩 6층 (우)06179 | 전화 (02)3450-4151

SPARK
copyright ⓒ 2008 by John J. Ratey MD
All rights reserved.
Korean translation copyright ⓒ 2009 by Greenstick＆Press Co., Ltd.

이 책의 한국어판 저작권은 저작권자와 독점 계약한 녹색지팡이＆프레스(주)에 있습니다.
저작권법에 의하여 한국 내에서 보호를 받는 저작물이므로 무단 전재와 무단 복제를 금합니다.

ISBN 979-11-86552-79-7 03400

잘못된 책은 구입하신 서점에서 바꾸어 드립니다. 책값은 뒤표지에 있습니다.

뇌를 젊어지게 하는
놀라운 운동의 비밀!

운동화 신은 뇌

존 레이티 · 에릭 헤이거먼 지음
이상헌 옮김 | 김영보 감수

녹색지팡이

신이 우리에게 준, 성공에 필요한 두 가지 도구는 교육과 운동이다.
하나는 영혼을 위한 것이고, 다른 하나는 신체를 위한 것이다.
하지만 이 둘은 결코 분리할 수 없다.
둘을 함께 추구해야만 완벽함에 이를 수 있다.

— 플라톤

이 책은 국내에 출간되기 전부터 이미 우리나라 언론이 저자와 여러 번 인터뷰를 했을 정도로 크게 주목을 받았던 책이다. 개인적으로도 많이 고대했던 이 책의 출간에 함께 하게 되어 더욱 기쁘다.

그동안 뇌출혈 환자나 뇌암, 파킨슨병 등 수많은 뇌 관련 질환을 앓고 있는 환자들을 수술하고 그들의 회복 과정을 지켜보면서 뇌의 기능 회복에 운동이 얼마나 중요한지 그 누구보다도 크게 느껴왔다. 내가 몸 담고 있는 가천의과학대학교 뇌과학연구소에서 많은 국내외 석학들을 초청해 공동 연구를 할 때면 우리가 뇌에 관해 너무나 모른다는 사실이 무척 놀랍고 안타까웠던 것 또한 사실이다.

요즘 많이 이야기하는 융합, 통섭의 한 중심에는 뇌과학이 있다. 뇌과학은 의학뿐만 아니라 철학, 음악, 종교, 법학, 윤리학, 그리고 최근에는 경제학과 경영학까지 광범위한 영역들을 융합하고 있다. 나는 뇌과학이 앞으로 모든 학문의 통섭 한가운데에 위치하리라고 생각한다.

이러한 융합과학이 발전하면서 인간의 몸과 마음의 관계가 한층 명확하게 밝혀지고, 몸과 마음의 긴밀한 공조는 건강 유지에 필수적인 것이 될 것이다.

이 책은 건강을 유지하는 데 있어서 운동의 역할이 매우 중요하다고 설명한다. 요즈음 현대인들은 스트레스가 많아 건강이 걱정이라고 한다. 건강이란 몸 건강, 마음 건강 모두를 의미한다. 우리는 몸 건강을 위해서 걷기, 헬스, 사이클, 등산, 수영 등을 열심히 한다. 또한 마음 건강을 위해서는 요가, 명상, 상담, 최면, 참선 등을 통해 몰입과 정신 집중을 하려고 노력한다. 그렇지만 과거에는 이러한 몸 건강, 마음 건강을 유지하는 것이 방법론에서 서로 분리되어 있다고 생각해왔다.

요즘 첨단 뇌과학에서는 이러한 몸 건강, 마음 건강의 유지법이 분리되어 있지 않고, 많은 부분이 운동에 그 비결이 있다고 본다. 특히나 우리 몸무게의 2퍼센트밖에 안 되는데도 혈액의 20퍼센트가량을 사용하는 것만 보아도, 뇌가 우리 몸에서 얼마나 중요한 기관인지 알 수 있다. 또한 혈액 순환이 뇌 건강에 지대한 영향을 미치는 것을 알 수 있다.

그래서 운동이 더욱 중요하다. 존 레이티 교수는 이 책에서 운동에 관한 많은 장점들을 첨단 뇌과학 연구를 통해 설명하고 있다. 특히 미국 일리노이 주 네이퍼빌 고교 학생들의 이야기를 통해 0교시 체육 수업이 몸 건강뿐만 아니라 마음 건강에도 많은 영향을 끼쳤음을 보여준다. 0교시 체육 수업의 운동 효과는 학생들에게 자신감, 활력, 긍정적인 감정을 고양시켜주었다. 국내에서는 민족사관고등학교가 이와 비슷한 프로그램을 통해 학업성적과 성취감을 크게 끌어올린 것으로 알려져 있다.

나 역시 중학교 2학년 딸아이를 가진 학부모로서 우리 청소년들이 높은 교육열 때문에 운동 부족에 시달리고 있는 현실이 안타깝다. 오히려 여기에 대한 반성과 실천이 다른 곳에서 시작되고 있다. 최근 들어 포스코, SK, 금호와 같은 대기업들은 앞 다투어 직원들의 건강 챙기기에 나서고 있다. 운동이야말로 최고의 경쟁력임을 깨달은 것이다.

평소에는 햇빛, 바람, 물처럼 그저 우리 옆에 자연스럽게 함께하는 건강의 소중함을 인식하지 못하는 경향이 있다. 그러다 병에 걸려서야 건강의 소중함을 알게 된다. 행복은 곧 건강임을 생각할 때, 이 책은 몸 건강, 마음 건강, 특히 뇌의 건강에 운동이 중요한 영향을 끼치는 것을 일깨워준다. 많은 독자들이 이 책을 읽고 건강하고 행복한 삶을 위해 운동을 시작했으면 하는 바람이다.

2009년 여름
김영보(가천의과학대학교 교수)

3 | 스트레스는 뇌를 부식시킨다

4 | 불안보다 빨리 달리기

5 | 우울증에 맞서 운동량을 늘리기

9 | 현명하게 **나이 먹기**

10 | 뇌를 튼튼하게 하는 **운동요법**

뇌세포를 연결하라

누구나 운동을 하면 기분이 좋아진다는 사실은 알지만 도대체 왜 그런지를 아는 사람은 별로 없다. 그저 스트레스가 사라져서, 혹은 뭉친 근육이 풀어지거나 엔도르핀 수치가 높아져서 그럴 것이라고 짐작할 뿐이다. 하지만 유쾌한 기분이 드는 진정한 이유는 운동을 해서 혈액을 뇌에 공급해주면 뇌가 최적의 상태가 되기 때문이다.

이러한 점은 운동이 단순히 신체에 이롭다는 사실보다 훨씬 중요하고 흥미진진하다. 근육이 발달하고 심장과 폐의 기능이 개선되는 것은 부산물에 불과하다. 그래서 나는 종종 환자들에게 말하곤 한다. 운동을 하는 진정한 목적은 뇌의 구조를 개선하는 것이라고.

첨단 과학이 주도하는 오늘날에는 인간이 본능적으로 활동을 하려는 속성을 지녔다는 사실을 망각하기 쉽다. 인간을 포함한 모든 동물은 움직이면서 살도록 되어 있다. 하지만 인간은 이런 생물학적 명령을 차단하는 사회만을 지향한다.

지난 50만 년 동안 끊임없이 환경의 변화에 적응하면서 인간의 뇌는 운동신경을 갈고닦는 쪽으로 진화해왔다. 사냥과 채집을 하던 선조들을 육체적인 힘에만 의존하던 야수 같은 존재라고 생각하기 쉬운데, 식량을 찾고 저장하기 위해 두뇌를 사용하지 않았다면 그토록 오랜 기간에 걸쳐 생존할 수 없었을 것이다. 또한 그런 과정을 통해서 사냥이나 활동, 학습 등에 관한 생활방식이 우리 뇌의 회로에 각인된 것이다.

하지만 오늘날 우리는 더 이상 사냥이나 채집을 하지 않는다는 점에서 문제가 생긴다. 가만히 앉아 있는 현대인의 생활방식은 본성에 위배되며 개개인의 생존, 더 나아가 인류의 생존을 위협한다. 미국 성인의 65퍼센트는 과체중이나 비만이며 10퍼센트는 당뇨병에 걸려 있다. 당뇨병은 운동과 식생활을 제대로 하지 않아서 생기는 치명적인 질병이지만, 얼마든지 예방이 가능하다. 그러나 한때는 중년에 접어든 사람들만 걸리던 당뇨병이 이제는 아이들에게도 유행병처럼 번지고 있다. 우리는 말 그대로 스스로를 죽이고 있는 셈이다.

이것은 비단 특대 사이즈를 선호하는 미국에만 국한된 문제가 아니라 모든 선진국에서 나타나는 현상이다. 더 심각한 문제는, 아무도 관심을 기울이지 않고 있지만 운동 부족이 우리의 뇌를 죽음으로 이끈다는 점이다. 운동을 하지 않으면 실제로 뇌가 오그라든다.

미국 문화에서는 정신과 신체를 각기 독립된 존재라고 간주하는데, 나는 둘을 함께 생각했으면 한다. 사실 나는 오랫동안 정신과 신체가 한 덩어리라는 생각에 매료되어왔다. 치료하기가 아주 까다로운 정신과 환자들을 효과적으로 치료하는 방법을 찾느라 고심하던 중에 신체를 통해 정신을 치료하는 데 관심을 갖게 되었다. 이에 관한 연구는 내 마음을 무척 사로잡았으며 지금도 계속되고 있다.

나는 지금까지 발견한 사실들을 사람들과 공유하기 위해 이 책을 쓰게 되었다. 최근 5년 동안에 신경과학자들이 발견한 내용만으로도 신체와 뇌와 정신이 생물학적으로 긴밀하게 연결되어 있다는 사실을 보여주기에 충분하다고 생각했기 때문이다.

뇌의 기능을 최대한 발휘하려면 몸을 열심히 움직여야 한다. 나는 이 책을 통해서 왜, 그리고 어떻게 운동이 우리의 생각과 감정에 큰 영향을 끼치는지를 보여줄 것이다. 또한 운동이 어떻게 뇌에 학습 능력의 토대를 마련하는지를 과학적으로 설명할 것이다. 운동이 기분과 불안감과 주의력에 어떤 영향을 끼치는지, 스트레스나 노화를 어떻게 억제해주는지, 호르몬 양의 변화로 흐트러진 여성의 몸을 어떻게 균형 잡아주는지도 다룰 것이다.

운동을 하면 세로토닌, 노르에피네프린, 도파민의 분비가 늘어난다. 이 신경전달물질들은 사고와 감정에 중요한 역할을 한다. 세로토닌이 부족하면 우울증에 걸린다는 정도는 잘 알려져 있다. 하지만 그 이상은 정신과 전문의들조차 모르는 경우가 많다. 심한 스트레스는 십억 개에 달하는 신경세포 사이의 연결을 부식시키고, 만성 스트레스는 뇌의 일부분을 오그라들게 한다는 사실은 모르고 있는 것이다. 그러므로 운동을 하면 신경화학물질과 여러 가지 성장인자들이 분비되어 뇌의 파괴 과정을 거꾸로 돌리고 뇌의 회로를 물리적으로 강화한다는 사실 또한 모르는 것이 당연하다.

자주 쓰면 자라나고 쓰지 않으면 퇴화한다는 점에서 뇌도 근육과 다를 바가 없다. 뇌에 있는 뉴런(뇌세포)들은 각자 몸에서 뻗어나온 가지에 붙은 '잎사귀'들을 통해 서로를 연결하는데, 운동을 하면 가지가 자라고 새로운 꽃봉오리가 생겨나 뇌의 기능이 기초부터 확고하게 강화되는 것이다.

최근 들어 신경과학자들은 운동이 뇌세포 속 유전자에 끼치는 직접적인 영향에 대해 연구하기 시작했다. 그 결과 생물학적인 근원에 해당하는 유전자에서도 신체가 정신에 영향을 끼친다는 흔적을 발견했다. 운동을 하는 동안에 생성되는 단백질이 혈류를 타고 뇌에 들어가 최고로 높은 단계의 사고 과정에서 중요한 역할을 한다는 사실이 밝혀진 것이다. 그 단백질은 인슐린 유사 성장인자나 혈관 내피세포 성장인자 등인데, 이러한 발견은 정신과 뇌가 서로 연결되어 있다는 새로운 시각을 제공한다.

새로운 사실이 하나씩 밝혀질 때마다 신체가 정신에 영향을 끼친다는 사실에 경이로움을 느낀다. 분자 수준에서 정확히 무슨 일이 벌어지는지는 아직 많이 알려지지 않았지만, 우리가 현재 알고 있는 지식만 갖고도 사람들의 삶을 변화시킬 수 있다고 생각한다. 한 사람씩 변화하다 보면 언젠가는 사회 전체가 바뀔 것이다.

그런데 뇌가 작동하는 과정을 군이 이해할 필요가 있을까? 물론이다. 왜냐하면 뇌가 모든 것을 지휘하기 때문이다. 지금도 이 책을 읽는 당신의 뇌 앞쪽에서는 책 내용에 관해 신호를 열심히 교환하고 있다. 읽은 내용이 얼마나 뇌에 저장될 것인지는 뉴런을 서로 연결하는 신경화학물질과 성장인자가 얼마나 적절하게 균형이 잡혀 있느냐에 달려 있다.

운동은 이런 필수적인 요소들에 막대한 영향을 끼친다. 일단 운동이 뇌에 토대를 만든 뒤에 책상 앞에 앉아 새로운 것을 공부하면, 관련된 부분이 자극을 받아서 굳게 다져지는 것이다. 숲에서 반복하여 걸으면 새로운 길이 다져지는 것과 마찬가지로, 학습을 반복하면 뇌에 새로운 회로가 자리를 잡는다.

이 책의 모든 내용은 이와 같이 뇌세포를 서로 연결시키는 것과 긴밀한 연관이 있다. 예컨대 불안감을 극복하기 위해서는 새로운 뇌세포가 자라 서로 연결됨으로써 기존의 뇌 회로를 대체할 새로운 길이 만들어져야 한다. 신체와 뇌 사이의 이러한 상호작용을 이해하게 되면, 그 과정을 통제하거나 문제 상황에 대처하기가 쉽고 정신적으로 쾌적한 생활을 영위할 수 있다. 만일 오늘 아침에 한 시간 동안 운동을 했다면 차분히 앉아서 지금 읽고 있는 내용에 집중할 정신적인 준비가 되어 있는 셈이며, 읽은 내용도 훨씬 많이 기억하게 될 것이다.

지난 15년 동안 내가 쓴 글들은 사람들에게 뇌에 관해 보다 많이 알려주기 위한 것이었다. 뇌에 관한 실제적인 지식을 갖게 되면 사람들의 인생이 바뀔 것이라는 믿음에서였다. 감정적인 현상의 저변에 생물학적인 원인이 존재한다는 사실을 인식하게 되면, 감정적인 문제로 쓸데없는 죄책감을 가질 필요가 없다. 더욱이 스스로 생물학적인 원인을 바꿀 수 있다는 사실까지 알게 되면 절망감에 빠지지도 않게 된다.

나는 환자들에게 항상 이 점에 대해 설명해준다. 왜냐하면 보통 그들은 뇌를 상아탑에서 신비한 명령을 내리는 지휘관쯤으로 여기며, 외부에서는 전혀 영향을 끼칠 수 없는 존재라고 생각하기 때문이다.

운동은 얼마든지 그 장벽을 뚫고 영향을 끼칠 수 있다. 모든 사람들이 운동이 어떻게 뇌기능을 향상시키는지를 잘 이해하고 기꺼이 운동을 삶의 일부로 만들었으면 좋겠다. 의무감으로 마지못해 하는 것이 아니라 즐거운 마음으로 말이다. 하긴 강요해도 소용없긴 하다. 쥐를 대상으로 한 어느 실험 결과에 따르면, 강제로 운동하면 효과가 상당히 떨어졌으니 말이다.

2000년 10월, 듀크 대학의 과학자들은 〈뉴욕 타임스〉에 운동이 항우울제 졸로프트보다 더 효과적이라는 연구 결과를 발표했다. 정말 엄청난 뉴스였다. 그런데 불행하게도 그 뉴스는 건강면 14쪽에 묻혔다. 만일 운동만큼 효과가 좋은 약이 개발되었더라면 백 년에 한 번 있을 정도로 커다란 성공을 거두었을 것이다.

ABC는 운동이 쥐의 알츠하이머병을 억제할 수도 있다고 보도했고, CNN은 점차 늘어나는 비만이 위험 수위에 다다랐다는 통계를 잠깐 보여준 적이 있다. 〈뉴욕 타임스〉는 조울증이 있는 아이들에게 처방을 내리는 약이 값만 비쌀 뿐 효과는 별로 없으며, 끔찍한 부작용까지 일으킨다는 내용을 심층 보도한 적이 있다. 하지만 이처럼 별로 연관 없는 듯이 보이는 이야기들이 생물학적 차원에서는 긴밀하게 연관되어 있다는 사실은 전혀 언급하지 않는다. 이 책은 바로 그러한 사실에 대해 아직 대중에게 알려지지 않은 새로운 연구 결과들을 다양하게 보여줄 것이다.

이 책의 목적은 운동과 뇌의 관계에 관한 가슴 설레는 과학적 내용들을 실제 사례를 통해 평이한 언어로 설명하는 데 있다. 그럼으로써 운동이 정신건강과 인지력 향상에 큰 도움이 된다는 사실을 확실하게 전달하려고 한다. 실제로 운동은 정신적인 장애를 치료하는 최선의 치료법이다.

그동안 운동의 치료 효과가 환자들과 친구들에게 나타나는 모습을 수없이 목격했다. 하지만 내 진료실에서 일어난 일들은 시카고의 어느 외곽 지역에서 벌어진 일에 비하면 아무것도 아니다. 가장 흥미진진한 이야기는 네이퍼빌의 혁명적인 체육 수업에서 꽃을 피운다. 네이퍼빌의 체육 수업은 1만 9천 명의 학생들을 전국에서 가장 건강한 청소년으로 만들었다. 고등학교 2학년생 가운데 과체중인 학생은 불과 3퍼센트밖에 되지 않는다. 전국 학생들의 평균 과체중 비율이 30퍼센트라는 사실에 비하면 놀라운 수치다.

더욱 놀라운 사실은 학업성적 또한 압도적으로 월등하다는 점이다. 1999년 중학교 2학년생의 97퍼센트가 참여한 팀스TIMSS 결과를 보면 알 수 있다. 팀스는 수학과 과학에 대한 학생들의 학력을 국제적으로 비교하기 위한 시험인데, 그동안은 중국, 일본, 싱가포르가 줄곧 미국을 앞질렀다. 하지만 네이퍼빌의 학생들만은 눈에 띄게 예외적이었다. 시험에 참가한 전 세계 23만 명 학생들 가운데 네이퍼빌 학생들이 수학에서는 6등, 과학에서는 1등을 한 것이다.

많은 정치가와 교육 전문가들이 미국의 교육 시스템에 문제가 있으며, 과학 기술이 주도하는 현대 경제체제에서 미국 학생들이 제대로 경쟁력을 갖추지 못하고 있다고 경고하는 가운데, 유독 네이퍼빌 학생들만 발군의 실력을 발휘한 것이다.

네이퍼빌의 체육 수업만큼 고무적이고 가슴 뛰게 하는 사례는 지난 수십 년 동안 본 적이 없다. 우리 청소년들이 과체중에 의욕 부족이며 학업성적도 그리 신통치 않다는 우울한 소식들이 전해지는 오늘날, 네이퍼빌의 이야기는 우리에게 희망을 선사한다. 바로 그 이야기를 1장에서 소개한다.

chapter **1**

0교시
체육 수업의
놀라운 효과

네이퍼빌 센트럴 고등학교는 일리노이 주 시카고 서쪽의 약간 높은 지대에 위치해 있다. 벽돌로 지은 건물 지하에는 천장은 낮고 창문조차 없는 강당이 있는데, 트레드밀treadmill, 러닝머신과 고정 자전거로 가득 차 있다. 예전에는 구내식당이었던 곳인데 지금은 체력 단련실로 바뀌었다. 오전 7시 10분. 갓 입학한 신입생들이 반쯤 졸린 눈으로 천천히 운동을 하고 있다. 체육 시간이 된 것이다.

말끔한 젊은 체육 교사 닐 던컨이 학생들에게 가슴띠와 디지털시계가 가득 들어 있는 가방을 건네주면서 오늘의 수업 내용을 설명했다.

"여러분, 일단 준비운동을 끝내고 난 뒤에는 운동장에 나가서 1마일약 1.6킬로미터을 달리는 겁니다!"

가슴띠가 달린 심장박동 측정기는 전문 운동선수가 운동량을 측정할 때 쓰는 기구다.

"트랙400미터을 한 바퀴 돌 때마다 초시계의 빨간 단추를 누르세요. 그러면 전체 달리기가 네 구간으로 나누어져 여러분이 각 구간을 얼마나 빨리 달렸는지를 알게 됩니다. 마지막 네 번째 바퀴를 돌 때에도 속도를 늦추지 않아야 하는데……."

여기까지 말하고서 던컨은 졸음기가 묻어 있는 학생들을 한번 둘러본 다음 다시 말을 이었다.

"달리기를 마치면 파란 단추를 눌러서 초시계를 멈춥니다. 알겠죠? 그러니까 여러분의 목표는 최선을 다해서 달리는 겁니다. 그리고 이건 아주 중요한데, 여러분의 평균 심장박동 수치는 최소한 185는 돼야 합니다."

학생들이 줄줄이 던컨의 곁을 지나 계단을 쿵쿵거리며 올라가서는 육중한 철문을 열고 밖으로 향했다. 그러고는 여러 무리로 나뉘어 신선한 10월 아침 특유의 새털구름이 떠 있는 운동장을 돌기 시작했다. 혁명적 실험을 하기에 더없이 좋은 날씨다.

이 수업은 전통적인 체육 수업과는 다르다. 이 0교시 체육 수업(1교시가 시작하기 전에 실시되기 때문에 이름을 그렇게 붙였다)은 독창적인 일단의 체육 교사들이 실시한 체육 교육 실험 가운데 가장 최근의 작품이다. 그들은 0교시 체육 수업을 통해 네이퍼빌 203학군에 있는 1만 9천 명의 학생들을 전국에서 가장 건강한 아이들, 게다가 학업성적 또한 뛰어난 아이들로 만들어놓았다. 0교시 체육 수업의 목적은 정규 수업 전에 실시하는 운동이 읽기를 포함한 여러 과목의 학습 능력 향상에 도움이 되는지 확인하는 것이다.

운동이 생물학적 변화를 촉발해서 뇌세포들을 서로 연결시킨다는 연구 결과가 최근에 대두되면서 운동이 공부에 도움이 된다는 개념이 점차 설득력을 얻고 있다.

뇌세포 간의 연결은 뇌가 위협적인 상황에 대처할 기본적인 능력을 갖추었음을 반영하는 것이다. 그러므로 뇌가 학습을 하기 위해서는 뇌세포 간의 연결이 반드시 이루어져야 한다. 신경과학자들이 뇌에서 일어나는 학습 과정에 대해서 많은 연구 결과를 내놓은 것을 보면, 운동이 뇌에 막대한 자극을 가해서 학습에 적합한 능력과 의지를 갖추게 한다는 사실은 보다 명확해진다. 유산소운동은 외부 상황에 대처하는 능력을 길러주고 뇌의 균형을 바로잡을 뿐만 아니라 뇌기능을 최적화한다. 그러므로 자신의 가능성을 최대한 발휘하고 싶은 사람은 반드시 유산소운동을 해야 한다.

한편 운동장에서는 주근깨가 있고 안경을 쓴 던컨이 학생들의 달리기를 지도하고 있다.

"선생님, 초시계가 시간을 안 재는데요?"

한 학생이 지나가며 말했다.

"빨간 단추!"

던컨이 소리쳤다.

"빨간 단추를 눌러야지! 마지막에는 파란 단추를 누르고!"

잠시 후 끈이 없는 스케이트보드용 신발을 신은 학생이 제일 먼저 달리기를 마치고는 던컨에게 초시계를 건네주었다. 8분 30초. 그 다음으로 헐렁한 반바지를 입은 건장한 체격의 학생이 들어왔다.

"더그, 이리 가져와봐. 기록이 얼마야?"

"9분이요."

"정확히?"

"예."

"잘했어."

잠시 후에 미셸과 크리시가 함께 느린 걸음으로 들어오자 던컨은 기록을 물어보았다. 그런데 미셸의 초시계는 시간이 계속 가고 있다. 파란 단추를 누르지 않은 것이다. 다행히 크리시는 파란 단추를 눌렀고, 둘이 들어온 시간은 같다. 크리시가 손목을 내밀어 차고 있던 시계를 던컨에게 보여주었다.

"12분이라……."

던컨은 기록을 적으면서 중얼거렸다. 말하지는 않았지만 보나마나 이런 말을 하고 싶었으리라.

"기록을 보니 너희들은 열심히 뛰지 않았구나!"

그런데 사실 두 학생은 최선을 다했다. 나중에 던컨은 미셸의 심장박동 기록을 보고 평균 심장박동 수치가 191인 사실을 알게 되었는데, 그 수치는 격렬한 운동을 해야 나오는 것으로 운동선수도 기록하기 힘들만큼 높은 수치다. 그날 미셸의 성적은 당연히 A다.

지금 뛰고 있는 이 학생들은 읽기 능력을 정해진 수준까지 끌어올리기 위해서 의무적으로 문해文解 수업을 들어야 하는 신입생 가운데 0교시 체육 수업을 자원한 학생들이다. 이들은 정규 체육 수업을 받는 다른 학생들보다 더 강도 높은 운동, 즉 평균 심장박동이 최대심장박동 수치의 80~90퍼센트로 유지되는 격렬한 운동을 해야 한다. 던컨은 이렇게 말했다.

"0교시 수업의 목적은 격렬한 운동을 통해서 학생들의 두뇌를 학습에 적합한 상태로 만드는 것입니다. 그러니까 학생들의 뇌를 깨어 있는 상태로 만들어서 교실로 들여보내는 것이지요."

그러면 학생들은 던컨의 실험 대상이 되는 것에 대해서 어떻게 생각하고 있을까? 최소한 미셸의 생각은 이렇다.

"괜찮다고 생각해요. 아침에 일찍 일어나야 하고 땀에 젖어 몸에서 냄새가 나기는 하지만, 운동을 하고 나면 하루 종일 정신이 맑거든요. 작년만 해도 전 항상 신경질적이고 성미도 까다로웠어요."

미셸은 아침 운동을 통해 기분이 좋아지는 것과 더불어 문해 수업에서도 예전보다 훨씬 뛰어난 읽기 능력을 발휘했다. 0교시 체육 수업을 받는 다른 학생들도 역시 마찬가지였다. 학기 말에 그들의 읽기 능력과 문장 이해력은 학기 초에 비해 17퍼센트나 향상했다. 반면 잠을 조금 더 자고 정규 체육 수업을 받는 문해반 학생들의 향상도는 10.7퍼센트에 그쳤다.

이런 결과가 얼마나 깊은 인상을 주었던지 0교시 체육은 아예 '수업 준비를 위한 체육 수업'이라는 이름의 1교시 문해 수업으로 고등학교 교과과정에 편입되었다.

그런 후에도 실험은 계속 진행되었다. 문해 수업 학생들을 두 집단으로 나누어, 한 집단은 운동 효과가 남아 있는 2교시에 문해 수업을 받고, 다른 집단은 운동 효과가 완전히 사라진 8교시에 수업을 받게 해보았다. 결과를 보니 예상한 대로 2교시 수업을 받는 학생들이 최고의 학습 능력을 발휘했다.

그래서 애초에는 읽기 능력을 향상시킬 필요가 있는 신입생만을 대상으로 실시한 이 프로그램을 다른 학생들에게도 적용하게 되었다. 또한 학습지도 교사들은 운동의 효과를 최대한 활용할 수 있도록 가장 어려운 과목을 체육 수업 다음에 편성하라고 조언하기 시작했다. 진정 우리 모두가 배울 수 있는 혁명적인 발상이라 하겠다.

성적 향상의 비결

체육 수업에 대한 독특한 접근 방식으로 생겨난 네이퍼빌 203학군의 0교시 체육 수업은 전국적으로 관심을 끌며 모범적인 체육 수업 방식의 하나로 자리 잡게 되었다. 이 수업을 듣는 학생들은 공에 얻어맞으면서 피구 경기를 하지 않아도 되고, 샤워를 안 했다고 낙제 점수를 받지도 않으며, 경기에서 대표 두 명이 한 명씩 자기편을 뽑을 때 자신이 마지막으로 뽑히는 망신을 당할지도 모른다고 걱정할 필요도 없다.

네이퍼빌 203학군의 체육 수업은 학생들에게 운동 경기를 하는 법이 아니라 건강을 관리하는 법을 가르치는 데 핵심을 둔다. 여기에는 학생들이 건강을 관리하고 유지하는 방법을 체육 수업을 통해 배우고, 그렇게 배운 것이 건강한 삶을 누리는 데 평생 도움을 주리라는 철학이 깔려 있다.

사실 네이퍼빌에서 가르치는 것은 체육이라기보다는 생활방식이라고 해야 마땅하다. 학생들은 체육 수업을 통해 자신의 몸이 어떻게 기능하는지를 배우고, 거기에 맞는 건강한 습관과 기술을 배우면서 즐거움을 느낀다. 네이퍼빌의 체육 교사들은 학생들 각자가 재미를 느낄 만한 종목을 찾지 않을 수 없게끔 다양한 운동들을 경험하도록 한다. 학생들은 새로운 세계에 눈을 뜨게 된다. 다시 말해서 텔레비전 앞에만 앉아 있던 아이들이 마치 마약에 중독되듯이 운동에 중독되는 것이다. 이 점은 더할 나위 없이 중요하다. 어렸을 때 규칙적으로 운동을 한 아이들이 어른이 되어서도 그럴 가능성이 높다는 것은 이미 통계로 확인된 사실이기 때문에 더욱 그렇다.

하지만 처음에 내가 관심을 가지게 된 것은 운동이 학생들에게 끼치는 효과가 먼 훗날이 아니라 그들이 학교에 다니는 동안에 나타난다는 점 때문이었다. 새로운 방식의 체육 수업이 정규 수업 과정에 편입된 지 17년이 지났는데, 그 효과가 전혀 예상치 않은 곳에서 나타나고 있다. 학생들의 학업 성취도가 높아진 것이다.

203학군 학생들의 학업 성취도는 일리노이 주에서 항상 상위 10위 안에 든다. 교육 관계자들은 학업 성취도가 학생 개개인에게 들인 교육비에 비례한다고 믿고 있지만, 203학군에서 학생들에게 들인 교육비는 일리노이 주의 다른 우수한 공립학교와 비교해볼 때 현저히 적다. 네이퍼빌 203학군에는 초등학교가 14개, 중학교가 5개, 고등학교가 2개 있다. 이 가운데 0교시 수업을 처음 실시했던 네이퍼빌 센트럴 고등학교를 비교 기준으로 삼아보자.

2005년도 이 학교의 학생 1인당 운영비는 8,939달러였던 데 비해서 일리노이 주의 다른 지역인 에반스톤의 뉴트라이어 고등학교의 운영비는 15,403달러였다. 대학입학시험인 ACT에서 뉴트라이어 학생들의 평균 점수(26.8)는 센트럴 학생들의 평균 점수(24.8)보다 2점 높았다. 하지만 센트럴 학생들의 점수도 일리노이 주 평균 점수(20.1)와 비교해보면 아주 좋은 점수임을 알 수 있다. 더욱 중요한 사실은 대학에 지원한 학생들만이 아닌 전교생 모두가 의무적으로 치러야 하는 주 학력평가시험에서는 센트럴 학생들이 뉴트라이어 학생들보다 더 좋은 성적을 거두었다는 점이다.

ACT나 주 학력평가시험보다 센트럴 학생들의 학업 성취도를 더욱 극명하게 보여주는 것은 팀스의 결과다. 이 시험은 1995년부터 4년마다 실시되고 있다. 1999년에는 38개국에서 23만 명의 학생들이 참여했는데, 그중 미국 학생은 5만 9천 명이었다.

당시 뉴트라이어 고등학교는 시카고 북쪽의 부유한 지역인 노스쇼어의 18개 학교와 함께 학교별 차이가 드러나는 것을 막기 위해 연합해서 팀스에 참여했다. 그러나 네이퍼빌 203학군은 학생들의 학업 성취도를 국제적으로 평가받을 목적으로 독자적으로 참여했다. 우수한 학생들만 선발한 것이 아니라 중학교 2학년생의 97퍼센트가 참여하도록 했다. 과연 어떤 결과가 나왔을까?

과학에서는 네이퍼빌 학생들이 노스쇼어 연합팀은 물론이고 2등을 한 싱가포르까지 제치고 1등을 했다. 세계 최고가 된 것이다! 수학에서는 싱가포르, 한국, 대만, 홍콩, 일본에 이어 6등을 차지했다.

> 🏃 《세계는 평평하다The World Is Flat》의 저자이자 〈뉴욕 타임스〉의 논설위원인 토머스 프리드먼은 팀스 결과를 인용하면서 싱가포르 같은 나라의 학생들이 "미국의 밥그릇을 빼앗아가고" 있다고 통탄한 바 있다. 프리드먼은 미국과.아시아 지역 간의 학력 격차가 점점 더 벌어지고 있음을 지적했다. 아시아 일부 나라에서는 학생들의 절반 정도가 상위권인 반면, 미국 학생들은 단 7퍼센트만이 상위권이다.

국가 전체로 보면 미국은 과학에서 18등, 수학에서 19등을 기록했고, 학군별로는 저지시티가 과학에서, 마이애미가 수학에서 성적이 제일 나빴다. 이런 결과에 대해서 팀스의 공동 디렉터 아이나 멀리스는 이렇게 논평했다.

"미국은 학군별 편차가 너무 크다는 점이 우려되지만, 네이퍼빌과 같은 학군이 있어서 아주 다행입니다. 미국 학생들도 최고가 될 수 있다는 가능성을 보여주니까요."

나는 네이퍼빌의 학생들이 독특한 체육 수업을 받아서 유달리 똑똑하다고 말하고 싶지는 않다. 학업 성취에 영향을 끼치는 요인은 다양하기 때문이다. 인구 구성 면에서 보더라도 네이퍼빌 203학군이 유리한 조건에 있음은 분명한 사실이다.

이 지역 인구의 83퍼센트는 백인이다. 전체 일리노이 주에서 저소득층 인구가 무려 40퍼센트에 육박하는 네 비해 이 지역은 2.6퍼센트에 불과하다. 무엇보다도 주민 대부분이 아르곤, 페르미랩, 루슨트테크놀로지스 같은 과학 관련 업체에서 일하고 있다는 사실을 미루어보면, 학부모들의 교육 수준도 높다. 결국 네이퍼빌의 학생들은 환경이나 유전적 조건이 다른 지역보다 유리하다는 점을 인정해야 한다.

그럼에도 네이퍼빌이 다른 지역과 유별나게 다른 점이 두 가지 있다. 하나는 독특한 체육 수업이 이루어지고 있다는 사실이고, 다른 하나는 학업성적이 극히 뛰어나다는 사실이다. 두 사실의 상관관계가 그냥 지나치기에는 너무나도 호기심을 자극하는 것이기에 도대체 네이퍼빌에서 무슨 일이 벌어지고 있는지 직접 확인하지 않을 수 없었다.

나는 팀스 결과가 미국 공교육의 실패를 보여주는 것을 관심 있게 지켜보았다. 그런데 놀랍게도 네이퍼빌 203학군 학생들은 최고의 성적을 거두었다. 도대체 왜일까? 미국에는 부유하고 학부모들의 교육 수준이 높은 교외 지역이 네이퍼빌 말고도 많이 있다. 더군다나 펜실베이니아 주의 타이터스빌 같은 빈곤 지역의 다른 학교들도 네이퍼빌 식의 체육 수업을 실행한 후에 학업 성취도가 눈에 띄게 향상했다. 이런 사실들 때문에 나는 네이퍼빌 특유의 체육 수업이 학생들의 학업 성취에 큰 도움을 주었다고 믿게 되었다. 그래서 네이퍼빌의 체육 수업에 매력을 느끼게 된 것이다.

새로운 체육 수업

네이퍼빌의 혁명은 필 롤러라는 중학교 체육 교사로부터 시작되었다. 미국 아이들의 건강 상태가 갈수록 나빠지고 있다는 어느 신문 기사를 우연히 읽은 것이 그 계기였다.

롤러는 큰 키에 무테안경을 쓰고 하얀 운동화에다 평상복을 입은 50대 남자였다. 그는 당시를 회고하면서 내게 이렇게 말했다.

"그 기사는 아이들이 운동을 많이 하지 않아서 건강하지 않다는 내용이었어요. 요즘에는 비만이 사회적으로 큰 문제라는 것을 누구나 알고 있습니다만, 17년 전만 해도 그런 내용의 기사는 드물었습니다. 기사를 읽고 나자 매일 아이들과 함께 생활하는 우리들이 아이들의 건강을 위해서 뭔가를 해야 한다는 생각이 들었지요. 아이들의 건강을 돌보는 것이 우리의 사업이라면, 우리는 파산 직전에 놓였다고 생각했습니다."

롤러는 그때 이미 체육을 중시하지 않는 분위기를 느끼고 있었다. 당시 교과과정에서 체육 수업을 줄여나가기 시작했기 때문이다.

대학에서 야구팀 투수로 활약했으나 메이저리그 진출에는 실패한 롤러는 성실한 세일즈맨이자 타고난 리더로서 운동과 밀접한 삶을 살고 싶어 체육 교사가 되었다. 롤러는 네이퍼빌 203학군에 있는 매디슨 중학교에서 체육을 가르치는 일 외에도 네이퍼빌 센트럴 고등학교의 야구부 코치 및 학군의 체육 수업 코디네이터로도 활동했다.

이와 같은 왕성한 활동에도 불구하고 롤러는 자신이 체육 교사라는 사실을 밝히기를 부끄러워했다. 그런데 드디어 자기 일에 자부심을 가질 기회가 왔다. 신문 기사에서 체육 수업이 사회에 중요한 공헌을 할 기회를 발견한 것이다.

우선 롤러와 매디슨 중학교의 동료 체육 교사들은 운동장에서 일어나고 있는 상황을 주의 깊게 살펴보았다. 그 결과 학생들이 몸을 많이 움직이지 않고 있다는 사실을 알게 되었다. 단체 운동경기의 특성상 어쩔 수 없는 일이었다. 야구에서는 타석에 들어설 차례를 기다리고, 미식축구에서는 센터가 공을 던져주기를 기다리며, 축구에서는 공이 자기 근처로 올 때를 기다려야 한다. 그러다보니 경기에 참가한 학생들은 대부분의 시간을 제자리에서 서성거리며 보낼 뿐이었다.

　그래서 롤러는 체육 수업을 심장혈관 운동에 초점을 맞추기로 결심하고 내용을 혁신적으로 바꾸었다. 매주 한 번 체육 시간에 학생들에게 1마일씩 오래달리기를 시킨 것이다. 매주 말이다! 그러자 아이들과 학부모들이 불만을 제기했고, 아프다는 핑계로 수업을 빼먹는 학생들이 생기기 시작했다.

　그렇다고 수업 내용을 바꾸지는 않았으나, 롤러는 학생들의 성적을 매기는 기준이 빨리 달리지 못하는 학생들의 의욕을 꺾는다는 사실을 금방 깨달았다. 그래서 고정 자전거 두 대를 마련해놓고 그것을 활용하는 학생들에게 추가 점수를 줌으로써 운동에 소질이 없는 학생도 얼마든지 좋은 점수를 받을 수 있는 길을 열어주었다. 점수를 올리고 싶은 학생은 아무 때나 편한 시간에 체력 단련실에서 8킬로미터 거리만큼 페달을 밟으면 되었다.

　"그러니까 누구든 열심히 노력을 기울이기만 하면 A를 받을 수 있었지요."

　롤러의 설명이 이어졌다.

　"그 과정에서 자신의 최고 기록을 수립하게 마련이지요. 그러면 무슨 운동을 하고 있든 상관없이 성적이 한 등급 올라가게 됩니다."

바로 이런 수업 내용이 롤러가 칭한 '새로운 체육 수업'의 창안 원리가 되었다. 즉 새로운 체육 수업은 실기 능력이 아닌 각자의 노력에 따라 학생들을 평가한다. 운동에 소질이 없더라도 체육 시간에 얼마든지 잘할 수 있는 것이다.

그런데 문제는 교사 한 명이 40명이나 되는 학생들의 개별적인 노력을 어떻게 동시에 판단하느냐 하는 것이었다. 롤러는 매년 봄마다 체육에 관한 컨퍼런스를 주최해왔는데, 바로 거기서 문제에 대한 해답을 얻어냈다.

롤러는 컨퍼런스를 참신한 아이디어와 과학 기술을 교환하는 장소로 만들려고 열심히 노력했다. 참여를 독려하기 위해서 운동기구 판매업자들로부터 참가자들에게 줄 상품도 후원받았다. 그래서 해마다 컨퍼런스가 개최될 무렵이면 여기저기 다니면서 야구 배트나 공 또는 각종 운동기구를 얻으러 다녔다.

그러던 어느 해, 당시 수백 달러에 판매되던 최신식 심장박동 측정기가 후원 상품 가운데 있었다. 롤러는 그 물건을 훔치지 않을 수 없었다고 순순히 털어놓았다.

"그놈이 눈에 띈 순간 저는 속으로 '이건 매디슨 중학교의 참가자 몫이야!'라고 외쳤지요."

롤러는 오래달리기에 새로운 측정기를 시험해보고자, 날씬하긴 하지만 운동에는 전혀 소질이 없는 6학년 여학생을 선정했다. 측정기에 나타난 여학생의 심장박동 기록을 본 롤러는 깜짝 놀랐다. 평균 심장박동 수치가 187이 나온 것이다.

열두 살짜리임을 감안한다면 최대심장박동 수치는 대략 209 정도다. 그러므로 여학생은 정말 있는 힘껏 뛰었다는 뜻이다.

"결승선을 통과할 때 심장박동 수치는 207이었어요! 다른 때 같았으면 그 아이에게 가서 '야, 좀 더 빨리 뛰지 못해!' 라고 소리를 질렀겠지요. 바로 그 순간이 체육 프로그램에 혁신적인 변화를 불러일으킨 겁니다. 심상박동 측정기가 도약의 빌판을 마련해준 것이지요. 그러자 지금까지 우리가 아이들의 노력을 인정해주지 않아서 많은 아이들이 운동에 흥미를 잃었을 거라는 생각이 들었습니다. 반에서 운동을 제일 잘하는 아이들도 그 아이만큼 열심히 운동을 하지는 못했을 거예요."

롤러는 몸이 빠른 것은 몸이 건강한 것과는 아무런 상관이 없다는 사실을 깨달았다. 롤러는 24세 이상의 성인 중에서 단체 운동경기를 해서 건강을 유지하는 사람은 3퍼센트 미만이라는 통계를 즐겨 인용한다. 바로 그 통계가 전통적인 학교 체육의 실패를 증명하기 때문이다. 그렇다고 학생들에게 매일같이 오래달리기만 시킬 수는 없었다.

그래서 마련한 것이 소규모 단체 운동경기였다. 즉 3대3 농구나 4대4 축구처럼 적은 인원으로 팀을 구성하여 학생들을 끊임없이 뛰게 만드는 프로그램이었다. 롤러는 체육 시간에 여전히 단체 운동경기를 하고 있지만 어디까지나 건강 중심의 체육 수업이라는 테두리 안에서 실시하는 것이라고 말했다. 네이퍼빌 학생들은 정규 배구 경기장의 크기가 얼마인지 따위의 사소한 문제로 평가를 받는 대신, 정해진 운동을 하면서 목표한 심장박동 수치를 얼마나 오랫동안 유지했느냐에 따라 평가를 받는다.

롤러는 사실 이론적 측면은 잘 알지 못하는 상태에서 프로그램을 개발했다고 한다. 그럼에도 그가 실행한 프로그램의 원리는 운동과 뇌에 관한 최신 연구 결과와 전혀 어긋남이 없다.

혁명의 전파

혁명적 지도자라면 누구나 훌륭한 부관을 필요로 하는 법이다. 롤러에게는 폴 젠타스키야말로 최상의 선동자였다. 젠타스키는 네이퍼빌 센트럴 고등학교의 체육 수업 코디네이터다. 그는 머리는 하얗지만 불같은 성격과 흔들리지 않는 눈빛을 지녔으며, 사실을 사실 그대로 말하는 인물이다. 롤러는 친구이자 동지인 그에게 혁명 사업을 납득시키는 데 제일 긴 시간이 걸렸다고 말하며 이렇게 덧붙였다.

"하지만 일단 혁명의 취지를 받아들이고 활동에 동참하자 정말 저돌적으로 일을 밀어붙였습니다. 폴은 혁명에 동의하지 않는 사람에게는 강요를 해서라도 일을 추진해나갔습니다."

새로운 체육 수업의 활동 규모가 점차 커지자, 롤러는 '스포츠가 아닌 건강을 위한 운동'이라는 복음을 외부 세계에 전파하는 전도사 역할을 맡기로 했다. 〈뉴스위크〉와 인터뷰도 하고, 국회에서 상원의원들에게 새로운 체육 수업에 대해 설명하기도 했다. 젠타스키는 네이퍼빌에서 흔들림 없이 자신이 맡은 임무를 수행해나갔다. 네이퍼빌 센트럴 고등학교의 체육 수업 프로그램을 새로운 체육 수업의 실제 모형으로 만드는 역할을 성공적으로 해낸 것이다.

롤러는 2004년에 대장암에 걸려서 교사직을 그만두었지만, 병마와 싸우는 와중에도 체육 수업을 매일 실시하도록 법을 바꾸기 위해 로비 활동을 계속하고 있다.

두 사람은 운동과 뇌에 관해 대중적인 전문가가 되었다. 롤러가 조직한 컨퍼런스에서 연사들에게 질문 공세를 펼치거나 운동생리학 세미나에 참석하는가 하면, 신경과학 분야의 연구 논문들을 읽고 각자가 알게 된 내용을 이메일을 통해 서로 끊임없이 주고받으면서 이론을 습득해나갔다. 또한 동료 교사들에게 자신들의 지식을 전하기도 했다. 젠타스키가 복도에서 영어 교사를 붙들고 긴 이야기를 하면서 뇌에 관한 두툼한 최신 자료를 건네는 것은 낯익은 풍경이다. 체육 교사가 숙제를 내는 것이다.

내가 두 사람을 알게 된 것도 그들의 왕성한 탐구 정신 때문이다. 일전에 공영 라디오 방송에서 대담을 나눈 적이 있었다. 그때 운동을 하면 어떤 단백질이 수치가 늘어나면서 "뇌에서 성장촉진제 역할을 한다"라고 말한 적이 있는데, 그걸 롤러가 들은 것이다. 그때부터 롤러는 인터뷰에서 내 말을 인용하기 시작했다.

나는 당시 이 책을 쓰기 위해 운동이 학습에 끼치는 효과를 설명해줄 구체적인 방법을 찾고 있던 중이었다. 그래서 학교에서 학생들에게 일어나는 현상을 사례로 삼으면 좋겠다고 생각했다. 더군다나 네이퍼빌 실험의 광범위한 규모를 고려할 때, 실험 결과의 적용 범위는 상당히 넓다고 생각했다. 실험 사례는 학생들에 관한 것이지만, 실험 결과로 얻은 교훈은 성인에게도 고스란히 적용할 수 있다는 뜻이다.

네이퍼빌 실험은 유산소운동이 신체뿐만 아니라 정신까지도 바꿔놓을 수 있다는 사실을 증명하는 매우 설득력 있는 사례다. 더 나아가 세상을 더 좋은 모습으로 바꿔놓을 수도 있는 훌륭한 모형이기도 하다.

나는 일리노이로 가서 롤러와 젠타스키를 만났다. 호텔 정원에서 이야기를 나누던 중에 그들은 내가 체육 교사로부터 들으리라고는 전혀 기대하지 못했던 말을 했다.

"우리 체육 교사들은 뇌세포를 만들어내지요. 그 속에 내용물을 채워 넣는 것은 다른 교사들 몫이고요."

똑똑한 운동선수

롤러의 방침은 수학, 과학, 영어 수업을 늘리고 체육 수업을 줄이는 미국의 일반 공립학교의 추세와는 정반대다. 일반 공립학교는 낙오학생 방지법안에 따라 실시되는 시험에서 학생들이 낙제하지 않도록 하기 위해 그런 방침을 정한 것이다. 그 결과로 체육 수업을 매일 실시하는 고등학교는 단 6퍼센트에 불과한 실정이다.

이러한 상황 속에서 아이들이 텔레비전이나 컴퓨터 또는 각종 게임기 앞에서 보내는 시간은 하루 평균 5.5시간이나 된다. 이러니 아이들의 활동량이 과거 어느 때보다도 적다는 사실은 전혀 놀랄 만한 일이 아니다.

바로 이런 이유로, 네이퍼빌에서 일어나고 있는 일에 내가 그처럼 고무되었던 것이다. 처음 네이퍼빌에 간 것은 여름 방학을 바로 앞둔 때였으나, 매디슨 중학교 체육 수업에서는 방학 직전의 분위기를 전혀 느낄 수 없었다.

30여 명의 학생들이 펄쩍펄쩍 뛰어다니며 뿜어내는 에너지와 열정은 학년 초에나 볼 수 있음직한 광경이었다. 줄지어 인공 암벽을 기어오르는 학생들이 있는가 하면, 한쪽에서는 화면이 부착된 신형 자전거를 누가 먼저 탈 것이냐에 대해 큰 소리로 의견을 나누고 있었다. 어떤 학생들은 트레드밀 위에서 열심히 달리기를 하고 있었고, 또 어떤 학생들은 DDR이라고 불리는 게임기 위에서 발판을 발로 밟아가며 춤을 추고 있었다. 학생들은 심장박동 측정기를 차고 있었으며, 무엇보다 모두가 적극적으로 운동을 하고 있었다.

미국 학생의 30퍼센트는 비만이다. 이것은 1980년에 비해 여섯 배나 늘어난 수치다. 게다가 또 다른 30퍼센트의 학생들도 준비만에 해당한다. 그런데 질병통제센터의 체질량 지수 기준에 따르면, 네이퍼빌 학군의 신입생들은 2001년에 이어 2002년에도 전체의 97퍼센트가 정상 범위에 있다는 경이적인 건강 상태를 자랑했다.

2005년 봄에 네이퍼빌 203학군 학생들만을 대상으로 실시한 평가에서는 더 좋은 결과가 나타났다. 운동생리학자 크레이그 브뢰더가 베네딕틴 대학의 제자들과 함께 6학년부터 고등학교 3학년인 네이퍼빌의 학생들 중 270명을 무작위로 뽑아서 건강 검사를 한 적이 있다. 검사결과에 대해서 브뢰더는 이렇게 말했다.

"학생들의 건강에 관한 한 네이퍼빌 학군에서 실시하는 체육 교육제도는 전국 평균을 훨씬 앞서고 있습니다. 도대체 비교가 안 됩니다. 130여 명의 학생들 중에서 딱 한 명의 남학생만이 비만이라니까요. 도무지 눈으로 보고도 믿기 힘든 사실입니다. 질병통제센터의 표준 신장과 체중을 살펴본 결과, 체지방 비율도 정부의 기준보다 훨씬 낮았습니다. 다른 종류의 건강 검사에서도 98퍼센트 정도의 학생들이 건강 기준을 통과했습니다."

브뢰더는 네이퍼빌의 인구학적 특성을 잘 알고 있었지만, 그럼에도 조사 결과는 대단히 인상적이라고 했다.

"인구학적 특성이 유일한 요인이라고 말하기에는 너무나도 높은 수치입니다. 학교의 체육 프로그램이 추가로 영향을 끼친 것이 틀림없습니다."

그렇다면 공부는 어떨까? 운동이 공부에 끼치는 영향에 대해서 우리는 정확히 무엇을 알고 있을까? 사실 이 문제를 전문적으로 연구한 사례는 거의 없다. 단지 체육 수업을 줄이는 대신 수학이나 과학 및 읽기 수업을 늘린다 해도 교육 당국자들의 선입관과는 달리 성적이 향상되지 않는다는 논문을 버지니아 공대에서 발표한 적이 있을 뿐이다.

얼마 되지 않는 연구 사례조차도 체육 수업의 의미는 아주 다양하므로, 단순히 신체적인 건강과 학업 성취도와의 상관관계를 밝히는 정도로 만족해왔다. 그런 연구 가운데에서 사실을 가장 분명하게 보여주는 것은 캘리포니아 교육부가 내놓은 자료다. 캘리포니아 교육부의 지난 5년간의 자료를 보면, 해마다 어김없이 건강 검사 수치가 높은 학생들이 성적도 더 높다.

캘리포니아 교육부는 주정부의 지시로 학생들이 받는 체력 검사인 피트니스그램FitnessGram의 점수와 학력성취도평가 점수 사이의 상관관계를 알아보려고 백만 명이 넘는 학생들의 자료를 조사했다. 피트니스그램은 폐활량, 체지방 비율, 복근력, 몸통 근력 및 유연성, 상체 근력, 전신 유연성이라는 여섯 종목을 측정한다. 종목별 기준을 통과하면 1점씩을 얻으므로 최고 점수는 6점이다. 이 검사는 학생들이 얼마나 건강한지를 측정하지 않고, 단순히 종목별 최저 기준의 통과 여부만을 가린다. 이 점을 염두에 두고 검사 결과를 한번 살펴보자.

2001년 자료를 보면, 건강한 학생들의 성적이 건강하지 못한 학생들에 비해 두 배나 높게 나왔다. 예를 들어 피트니스그램에서 만점을 기록한 학생 27만 9천 명의 스탠포드 학력평가 성적을 보면, 수학이 전체의 상위 33퍼센트(67점), 읽기가 55퍼센트(45점)였다. 이 점수가 별로 인상적이지 않다고 생각되면, 신체검사에서 한 종목의 기준만 통과한 학생들의 성적과 비교해보라. 그 학생들은 수학이 전체 상위 65퍼센트(35점), 읽기가 79퍼센트(21점)였다.

캘리포니아 교육부는 2002년에도 비슷한 조사를 했는데, 이번에는 경제적인 수준을 고려 대상으로 삼았다. 예상대로 소득이 높을수록 성적도 높았지만, 저소득층 학생들만을 대상으로 하면 건강한 학생의 점수가 건강하지 못한 학생의 점수보다 더 높게 나타났다. 이런 통계는 매우 중요한 의미를 담고 있다. 즉 가난한 부모가 비록 경제적 상황을 당장 호전시킬 수는 없다 할지라도, 최소한 자녀의 건강을 돌봄으로써 자녀의 학업성적까지 향상시킬 수는 있다는 의미다. 아이들의 학업성적이 향상되면 나중에 자라서 빈곤의 악순환을 끊을 확률이 높아지므로, 운동은 더 나아가 사회 전체에 매우 중요한 역할을 하는 셈이다.

2004년에 각 분야의 저명한 학자 13명으로 구성된 연구조사단이 운동이 학생들에게 끼치는 효과와 관련된 850여 편의 연구 논문을 검토했다. 논문 대부분은 일주일에 3회 이상 매회 30~45분간 보통 이상의 강도로 운동을 하는 데 따른 각종 효과를 다룬 것들이었다. 주제는 비만, 심장혈관 운동, 혈압, 우울증, 불안증, 자아상, 골밀도, 학업 성취도 등 아주 다양했다. 조사단은 각 분야에서 나타난 강력한 증거자료를 바탕으로 학생들이 매일 최소 한 시간 정도 보통 이상의 강도로 운동해야 한다는 권고를 담은 보고서를 발표했다. 특히 운동이 기억력과 집중력, 수업 태도에 긍정적인 영향을 끼친다는 내용이 들어 있다.

평생을 책임지는 체육 수업

"저는 학자가 아니라 그저 체육 선생일 뿐입니다."

젠타스키는 학교 사무실을 꽉 채운 열댓 명의 사람들에게 캘리포니아 교육부가 발간한 자료를 나누어주면서 말했다. 모인 사람들은 인접한 학군인 시카고 남부 교외 지역과 오클라호마 털사 시골 지역의 체육 교사들이었다. 모두 네이퍼빌 203학군에서 실시하는 피이포라이프 PE4life라는 비영리 단체의 교사 연수에 참여하고자 찾아온 것이다.

피이포라이프는 새로운 체육 교육의 철학 이념을 보급하는 단체다. 체육 수업이 매일 있는 주는 미국에서 일리노이밖에 없다. 피이포라이프는 모든 학교의 체육 수업 내용을 네이퍼빌처럼 바꾸기 위해서, 그리고 다른 주도 일리노이처럼 체육 수업을 매일 하도록 만들기 위해서 로비활동을 펼치고 있다. 젠타스키가 일어나면서 말했다.

"자, 이제 현장을 둘러보겠습니다."

그는 마치 노련한 잠수함 함장같이 침착하게 발걸음을 옮기며 복도를 따라 그들을 인솔했다. 제일 먼저 들른 곳에서는 세 명의 학생 조력자들이 트라이피트TriFit라는 건강 측정 시스템을 이용하여 2학년 학생들의 건강 상태를 측정해주고 있었다. 젠타스키는 각 학생의 심장박동, 혈압, 체지방 등의 목표 수치를 정해주면, 학생들이 자발적으로 운동을 해서 건강을 유지한다는 사실을 사람들에게 알려주었다.

그의 말이 맞다. 심지어 과체중인 사람이 매일 아침 저울에 올라서는 것만으로도 몸무게가 줄어들 확률이 높아진다는 연구 결과도 나와 있다. 하지만 롤러와 젠타스키의 관심사는 학생들의 체질량 지수를 개선하는 데 그치지 않는다.

"저는 학생들에게 체육 교사로서 내가 해야 할 일은 그들을 건강하게 만드는 것이 아니라 스스로 건강을 유지하기 위해 알아야 할 모든 사항을 가르쳐주는 거라고 말합니다."

그러면서 젠타스키는 말을 이었다.

"운동 그 자체야 뭐 그리 재미있겠습니까? 저는 그래서 운동은 일종의 일이라고 설명합니다. 일단 그런 사실을 납득시키고 나면 운동이 주는 혜택들을 설명해줍니다. 생각을 전환하면 아이들이 교사의 말을 잘 이해하고 자발적으로 따르거든요. 일사불란함을 좋아하는 우리 체육 교사들에게는 그 점이 특히 중요합니다. 저는 구령 한 마디로 아이들을 한 줄로 정렬시킬 수 있습니다. 우리는 벌써 몇 년 동안 그렇게 해왔습니다."

네이퍼빌 203학군은 인터넷을 설치하기 이전부터 이미 심장박동 측정기를 갖추고 있었다. 요즘 203학군에 있는 어느 학교의 체력 단련실에 들어가보더라도 최신식 성인용 헬스클럽에 와 있는 듯한 느낌이 든다. 학교마다 트라이피트 건강 측정 시스템과 각종 근육운동 기구가 있는데, 중학교에 있는 기구는 학생들의 나이에 따른 체형에 맞게 주문 제작된 것들이다. 또한 인공 암벽과 유산소운동을 위한 비디오 게임기 등을 갖추고 있다.

수업 과정은 건강의 원리 및 중요성에 대한 내용과 실습으로 짜여져 있다. 고등학교에 진학하면 선택의 폭이 넓어진다. 카약이나 무용, 암벽등반에서부터 전통적인 단체 운동경기인 배구나 농구에 이르기까지 종목이 다양해지며, 스스로 운동 계획을 세우는 방법도 배우게 된다.

이런 교과과정은 모두 초등학교 5학년 때부터 매년 검사받는 트라이피트의 결과를 토대로 이루어진다. 최초 측정 결과를 기준 삼아서 장래 계획을 세우고 매년 어느 정도 향상되었는지를 검사하는데, 졸업할 때 받는 건강 보고서는 14쪽에 달한다. 거기에는 혈압과 콜레스테롤의 수치, 항목별 건강 점수뿐만 아니라 생활방식과 가족의 질병 자료까지 포함되어 있어서 걸릴 확률이 높은 질병의 종류와 그 질병에 걸리지 않으려면 어떻게 해야 하는지도 알 수 있다.

이 보고서야말로 성인 세계에 막 발을 내딛는 청소년에게는 실로 귀한 자료이며, 여러 건강 전문 기관의 기준에 비추어보아도 결코 손색이 없다. 불행하게도 우리 세대는 그 혜택을 누리지 못했지만 말이다.

네이퍼빌에서 연구 조사했던 크레이그 브뢰더는 네이퍼빌의 체육 수업에는 학생들이 선택할 수 있는 운동이 18가지나 된다면서 그 장점에 대해 설명했다.

"학생들이 무리하지 않고도 잘할 수 있다는 느낌이 드는 운동을 선택하는 것이 매우 중요합니다. 그래야만 운동에 재미를 붙이니까요. 그런데 사람들은 흔히 이런 사실을 간과합니다. 예컨대 학생들에게 농구 따위의 제한된 종목만을 하라고 해놓고 마치 벌을 주듯이, 아니면 훈련을 시키듯이 운동을 강요한다면 그들이 성인이 된 후에도 그 운동을 계속할까요? 네이퍼빌에는 모든 아이들이 자신이 잘할 만한 운동을 고를 수 있게끔 그 종류가 다양합니다. 평생 건강을 지켜줄 운동을 찾도록 해주는 것이지요."

우리 성인들 또한 건강을 위해서 운동할 때에는 자신에게 맞는 운동을 골라야 한다는 점을 염두에 두어야 한다.

젠타스키는 센트럴 고등학교의 체육 수업 프로그램 중에서 가장 자랑할 만한 수업이 벌어지고 있는 고학년 여학생용 체육관으로 일행을 안내했다. 얼마 전부터 리더십 함양 수업에 사용되기 시작한 인공 암벽과 고공 줄타기 코스가 설치된 곳이다. 높이는 7미터가 조금 넘고 폭은 27미터다. 여기서는 상호 신뢰와 의사소통 능력을 길러주기 위한 훈련을 실시하는데, 암벽을 기어오르는 학생은 눈가리개를 하고 있기 때문에 다음 잡을 곳을 찾으려면 짝의 말에 의지해야만 한다. 최근에는 정신적으로나 신체적으로 장애가 있는 학생들을 위해 초보자용 구간도 마련해놓았다. 그는 안전사고에 대해서 염려하는 사람들에게는 이제껏 사고가 거의 없었다는 말로 안심시켰다.

"사고가 없었던 이유는 학생들이 서로 경쟁하기보다는 협력하기 때문입니다. 그리고 바로 그 점이 우리들이 가르치고자 하는 가장 중요한 교훈입니다."

그는 이렇게 설명하며 말을 이었다.

"사람들에게 우리 학교 졸업생들이 어떤 능력을 갖추면 좋겠느냐고 질문하면 어떤 대답들을 할까요? 아이들이 의사소통 능력을 갖추었으면 좋겠다거나, 소규모 집단 내에서 동료와 협력하며 일할 줄 알았으면 좋겠다거나, 혹은 곤란한 문제의 해결사 역할이나 모험을 할 수 있는 용기를 지녔으면 좋겠다는 식으로 말하겠지요. 그럼 이런 역량을 어떤 수업에서 길러줄 수 있을까요?"

여기서 말을 잠시 멈춘 그는 사람들을 둘러본 후 마지막으로 질문을 던졌다.

"과학 수업에서요?"

뇌 건강은 신체 건강에 비례한다

어바나 샴페인 일리노이 주립대학은 네이퍼빌에서 남쪽으로 217 킬로미터 떨어진 곳에 있다. 거기서 근무하는 신경생리학자 찰스 힐먼은 초등학교 3학년과 5학년 학생 216명을 대상으로 캘리포니아 교육부가 한 것과 똑같이 건강과 성적 간의 상관관계를 분석해보았다.

결과는 캘리포니아 교육부의 조사와 마찬가지였는데, 힐먼과 공동 참여자인 다나 카스텔리는 한 가지 흥미로운 사실을 발견했다. 피트니스그램이 측정한 여섯 종목 중에서도 특히 두 종목이 성적과 아주 밀접한 관련이 있다는 사실을 밝혀낸 것이다. 카스텔리는 이렇게 말했다.

"체질량과 폐활량이 성적과 가장 밀접한 상관관계를 보였는데, 그 관계가 너무 뚜렷해서 오히려 믿기 어려울 정도였습니다."

힐먼은 여기에 만족하지 않고, 신경학적인 측면에서 좀 더 심도 있게 조사하고자 했다. 그래서 건강한 아이와 그렇지 않은 아이를 반씩 섞어놓은 40명의 학생을 대상으로 집중력, 암기력, 계산 처리 속도를 측정했다. 이 인지능력 실험에 참여한 아이들은 뇌의 전기적 활동을 측정하기 위해 전극봉이 부착된 수영 모자 같은 것을 쓰고 실험에 임했다.

뇌파 측정기에 나타난 결과를 보니 건강한 아이의 뇌에서 일어나는 활동이 훨씬 활발했다. 그것은 주어진 과제를 해결하기 위해 주의를 집중하는 데 훨씬 많은 뉴런이 동원된다는 사실을 의미한다. 힐먼은 이런 실험 결과로 증거가 더욱 명확해졌다고 말한다. 달리 설명하자면, 신체가 건강하면 집중력도 높아져서 성적 또한 좋아진다는 말이다.

또한 힐먼은 학생들이 실수를 한 뒤에 그것에 대응하는 태도에서도 중요한 사실을 발견했다. 힐먼은 학생들의 뇌파를 측정하면서 이른바 플랭커 테스트flanker test를 이용했다. 이 실험은 H와 S로 이루어진 연속된 다섯 개의 글자를 잠시 화면에 보여주는 것인데, 가운데 글자만 중요하고 나머지는 혼동을 일으키기 위한 글자들이다.

예를 들면 HHSHH와 같은 모양이 1초에 한 개씩 화면에 나타나는데, 그러면 피실험자는 가운데에 있는 글자, 즉 S에 해당하는 단추를 누르면 된다. 막상 해보면 알겠지만 실수하기가 십상이다. 힐먼은 이 실험에서 건강한 아이들은 실수한 다음에도 서두르지 않고 다음 문제를 확실하게 맞추려고 마음을 가다듬는다는 사실을 알게 되었다.

지도자를 따르라

제시 볼프룸의 이야기는 운동이 사람을 혁신적으로 변모시킬 수 있다는 네이퍼빌의 신념을 증명하는 대표적인 사례다. 할 줄 아는 거라고는 공부밖에 없는 사람이라고 자신을 소개하는 제시는 실제로 센트럴 고등학교 재학 당시 줄곧 A학점을 받았고, 2003년에 졸업한 뒤에는 엠브리리들 항공대학에 입학하여 응용물리학을 전공하고 있다. 제시는 숫기가 없어서 친구들과 어울리기보다는 주로 쌍둥이 언니 베키에게 의지하며 학창 생활을 지냈다.

"초등학교 3학년 때 엄마가 피아노와 축구 중에서 하나를 선택하라고 하셨어요."

이제는 과거에 대해 웃으면서 이야기할 만큼 성숙해진 제시가 말을 계속했다.

"잘하지도 못할 게 뻔한 축구를 다른 아이들과 함께 해야 한다고 생각하니 겁이 났어요. 그래서 좋아하지도 않는 피아노를 선택했지요. 그때부터 자그마치 8년 동안이나 피아노를 쳤지 뭐예요."

물론 매디슨 중학교에 입학해서 만난 체육 선생 필 롤러는 제시에게 축구 대신 피아노를 치게 할 인물이 절대로 아니었다. 그래서 제시는 어쩔 수 없이 다른 학생들과 마찬가지로 체육 활동에 참여할 수밖에 없었다. 원래 운동에는 별 관심이 없었는데, 한번 해보니 그런 대로 괜찮았고 전혀 고통스러운 일이 아니라는 것을 깨달았다. 제시는 체육 활동을 통해서 자신의 신체에 대해서 알게 되었다.

제시 자매는 센트럴 고등학교에 진학한 뒤부터 각기 다른 반에 편성되었기 때문에 예전처럼 서로 의지할 수 없게 되었다. 그래서 제시는 내키지는 않았지만 다른 아이들과 이전보다 자주 얘기를 나눌 수밖에 없었다. 난생 처음 또래들과 사회적인 관계를 맺다보니 자신의 사교성 부족을 절감하게 되어서 웅변 수업을 듣기도 했다.

하지만 제시의 사교 활동에 정작 도움이 되었던 것은 체육 수업 프로그램의 일환인 카약 타기였다. 제시는 상당한 기술을 요하는 카약 타기에 금방 빠져들면서 자신이 공부 이외의 것에도 소질이 있다는 것을 알게 되었다. 그 순간이 제시가 완전히 새롭게 바뀌게 된 전환점이었다. 제시는 자신이 변화한 과정을 이렇게 묘사했다.

"카약을 탄다는 사실이 알려지면서 저는 주목을 받게 되었어요. 저는 점점 용감해졌어요. 아무리 부끄럼을 타는 아이라도 다른 학생들이 관심을 보이며 '그거 어떻게 하는 거니?' 하고 물어보면 부끄러움은 어디론가 사라지고 침착하게 설명을 하게 되잖아요. 머리는 어느 방향으로 돌리라든지, 노는 어떻게 저으라든지 하는 식으로 말이에요."

제시가 변한 데에는 수영장 또한 다른 방식으로 한몫했다.

"일단 수영복으로 갈아입고 나면 인기 있는 학생과 인기 없는 학생이 구별되지 않고 모두 평등해지니까요."

카약 타기로 전보다 훨씬 대담해진 제시는 젠타스키가 지도하는 리더십 과목을 수강했다. 젠타스키가 맨 먼저 한 일은 제시 자매처럼 친밀한 관계에 있는 사람들을 서로 떨어뜨려놓는 것이었다. 제시는 리더십 과목을 수강하는 학생들이 암벽등반을 배운다는 점에 특히 마음이 끌렸다. 그래서 모험반에도 가입했다. 모험반은 암벽등반이나 카약 타기를 할 시간을 더 원하는 학생들을 위해서 마련된 특별 수업으로 아침 6시 30분에 시작한다.

제시 자매는 주에서 실시하는 학력평가 시험날 아침에도 카약을 탔다. 그들은 시험 공부를 충분히 한 데다가 운동이 두뇌 활동에 도움이 된다는 이론을 믿고 있었기 때문에 중요한 시험을 앞두고도 편안하게 노를 저을 수 있었던 것이다. 고등학생 중에서 그럴 수 있는 학생이 과연 또 있을까?

"우리는 몸이 젖어 한기를 느끼는 상태에서 시험장으로 갔어요. 교실에 들어가보니 몸이 완전히 깨어 있는 사람은 우리밖에 없는 것 같았어요. 당연히 시험을 아주 잘 치렀지요."

시험 점수는 둘 다 1,600점 만점에 1,400점으로 그야말로 최상위권이었다.

제시는 대학에 들어가서도 여전히 공부와 사회 활동 둘 다 열심히 했다. 성적도 상위권인 데다가 정말 놀랍게도 기숙사 학생지도 고문이 되었다. 하급생들을 감독하거나 훈육하고, 어려움을 겪을 때 위로와 상담을 해주는 제시는 더 이상 소극적인 사람이 아니었다.

대학에 진학하고서도 운동을 지속하기란 상당히 어려운 일이었지만 제시는 운동을 결코 게을리 하지 않았다. 신입생 시절에는 스트레스 상황이 닥칠 때마다 룸메이트와 함께 기숙사의 계단을 뛰어 오르내리곤 했다. 제시는 운동을 통해 뇌를 관리하는 법을 네이퍼빌에서 배운 것이다. 이 책에서 내가 이야기하고 싶은 것도 제시같이 운동으로 뇌를 통제하는 방법이다. 제시의 말을 계속 들어보자.

"요즘은 기숙사에서 하급생들을 돌보고 수업을 듣느라 정말 눈코 뜰 새 없이 바빠요. 운동을 할 시간이 없을 때에는 '운동할 수만 있다면 얼마나 좋을까?' 하고 한숨을 쉬기도 하지요. 시험 여러 개가 한꺼번에 닥쳐올 때마다 사실 대단히 긴장이 되긴 하지만 기댈 수 있는 방법을 알고 있다는 건 큰 위안이 돼요. 저는 운동이 뇌의 활동을 활발하게 해준다는 사실을 알기 때문에 긴장되는 상황이 닥치더라도 운동만 하면 해결될 일이라고 생각해요. 네이퍼빌에서 받은 체육 수업이 아니었더라면 이런 방법을 결코 몰랐을 거예요."

건강 이상의 것을 가르치다

대부분 사람들이 그렇듯이 나 역시도 체육 수업은 그리 중요하지 않은 과목이라고 생각하면서 자랐다. 학창 시절을 돌아보면 체육 수업은 재미야 어느 정도 있었지만 배우는 것은 별로 없었다. 어른이 된 후 교사나 의사들을 상대로 운동이 집중력이나 자기 존중감을 키우고, 기분 전환과 사교 활동에 긍정적인 영향을 끼친다고 강연할 때조차도 체육 수업이 해결 방안이라고는 생각하지 않았다. 내 경험상 체육 수업은 운동을 가까이 하게 하기는커녕 오히려 멀리하게 했기 때문이다.

과거 체육 수업의 가장 큰 모순은 부끄럼이 많거나, 운동을 잘하지 못하거나, 혹은 몸매가 균형 잡히지 않은 학생들이 정작 수업 시간에 운동을 하지 못하고 구경꾼 신세로 전락한다는 사실이었다. 그러니까 제시 같은 학생들은 체육 시간이 되면 무시당한 채 홀로 수치심을 삭이게 마련이었다.

지난 수년간 정신과 상담을 하면서 체육 시간의 수치스러운 기억이 오랫동안 사라지지 않는다고 고백하는 환자들을 수없이 만났다. 그러니까 운동의 순기능 중 하나는 사회적으로 소외를 당해서 정신적인 상처를 받은 사람이 정서적으로 안정을 되찾는 데 도움을 주는 것인데, 과거의 체육 수업은 운동을 못하는 학생들을 소외시킴으로써 오히려 상처를 주어왔던 것이다.

롤러와 젠타스키는 이런 문제를 더없이 훌륭하게 극복하여 네이퍼빌의 신화를 창조하는 데 기여했다. 젠타스키는 아주 못마땅한 말투로 이렇게 말했다.

"예전에는 학생들에게 턱걸이를 강제로 시켰어요. 턱걸이를 한 번도 못 하는 학생이 65퍼센트나 되는데도 말이에요. 멀쩡한 학생들이 체육 시간만 되면 바보가 되었던 거지요."

젠타스키는 체육 선생의 역할을 단순한 훈련 조교에서 신체와 두뇌와 정신을 가꿔나가는 조각가로 전환했다. 나는 체육 수업의 개념을 끝없이 확장해나가는 그의 모습에 깊은 감명을 받았다. 그가 일으킨 가장 혁신적인 변화 중 하나는 둘씩 짝을 지어 네 쌍이 마주 보고 추는 스퀘어 댄스를 신입생 필수 과목에 포함시킨 것이다. 그게 뭐 그리 파격적이냐고 말할 사람도 있겠지만, 운동을 통해 사교 기술을 가르치고자 한 것은 여러모로 훌륭한 아이디어라고 하지 않을 수 없다.

수업에 참여하는 학생들은 모두 처음 몇 주 동안은 주어진 대본에 따라 상대방과 대화를 시작한다. 그리고 춤이 끝날 때마다 상대를 바꾼다. 그러다가 몇 주가 지나면 학생들은 대본 없이 대화를 하게 되며, 대화 시간도 30초에서 시작해서 점차 늘어난다. 기말시험은 여학생과 남학생이 서로 15분 동안 대화를 나눈 뒤, 상대방에 관한 사실 열 가지를 얼마나 정확하게 기억하느냐로 평가한다.

일부 소심한 아이들은 다른 사람과 대화하는 법이나 교우 관계를 넓히는 법에 대해 배울 기회를 갖지 못한다. 그래서 다른 사람을 대할 때 더욱 움츠러들게 되고, 상대가 이성인 경우에는 더욱 심하다. 그런데 스퀘어 댄스에서는 모든 학생들이 우호적인 환경 속에서 자연스럽게 다른 사람과 대화하고 어울리는 연습을 할 기회를 갖게 된다.

스퀘어 댄스는 수줍음을 가시게 하고 자신감을 키워준다. 수업을 통해 사교 기술을 완전히 터득하는 학생도 있고 단순히 사교 행위를 하는 데 따른 두려움을 극복하는 수준에 그치는 학생도 있겠지만, 어찌됐든 모두가 함께 하기 때문에 학생들은 창피함을 덜 느끼게 된다.

동료들에게 네이퍼빌에서 벌어진 이야기를 전하며 그곳 아이들이 체육 시간에 사교 기술까지 배운다고 말하면, 언제나 모두들 충격에 휩싸인다. 내가 그랬듯이 그들도 경외감에 사로잡히는 것이다. 그동안 정신과 의사로서 일하면서 사교생활을 원만하게 하지 못하는 사람들이 지닌 문제를 규명하고, 그들에게 도움을 줄 방법을 찾으려고 많은 노력을 기울여왔다. 그런데 현대 사회의 고립감과 소외감을 극복하는 데 도움을 주는 완벽한 해결책을 찾아낸 것이다. 다름 아닌 체육 수업에서 말이다!

사교 활동에 두려움을 가진 학생들은 수업 시간에 설정된 상황을 바탕으로 다른 사람에게 어떤 식으로 접근하고 어느 정도의 거리를 두어야 하며, 언제 상대방에게 말할 기회를 주어야 하는지에 대한 긍정적인 기억들을 뇌에 저장한다. 운동은 사교 활동에 윤활제 역할을 하면서 불안감도 줄여주기 때문에 사교 기술을 습득하는 데 큰 도움이 된다.

운동을 해서 기능이 최고조에 달한 학생들의 두뇌는 새로운 회로를 형성해서 스퀘어 댄스 경험을 기록한다. 처음에는 고통스러울 수 있으나 모든 학생들이 함께 겪는 것이기 때문에 그 고통은 참을 만하다. 실로 자의식이 강해서 상처받기 쉬운 나이의 아이들을 자신만의 둥지에서 나오게 만드는 탁월한 방법이라 할 수 있다.

젠타스키는 학생 모두가 똑같은 입장에 서도록 상황을 만들어놓고,

자신감을 키우는 데 사용할 적절한 도구를 학생들에게 쥐어주고 격려해준다. 춤이 이 모든 것을 가능하게 하는 것이다. 바로 이런 점 때문에 네이퍼빌의 많은 학부모들은 자신의 아이들이 가장 좋아하는 과목은 체육이라고 말한다. 매디슨 중학교를 거쳐서 센트럴 고등학교를 졸업한 두 딸을 둔 올팻의 말이다.

"네이퍼빌의 학교들은 단순히 운동만을 가르치는 것이 아니에요. 아이들의 마음에 어떤 변화를 일으킵니다. 체육 수업이라기보다는 동기 부여 프로그램에 가깝습니다. 덕분에 우리 아이들은 이제 자신의 역량을 믿고 있어요. 두 아이 모두 자신감에 차 있지요. 아이들이 처음부터 그랬던 것은 아니에요. 모두가 203학군에서 실시하는 체육 수업 덕분이라고 생각해요."

널리 퍼지는 체육 수업

모든 학생들이 네이퍼빌 식의 체육 수업을 통해 혜택을 입게 된다면, 분명 우리 세대보다 건강하고 행복하고 똑똑한 세대가 될 것이다. 이런 궁극적인 목표를 위해 피이포라이프는 체육 교사들에게 '스포츠가 아닌 건강을 위한 운동'이라는 철학 이념과 그것을 실천하는 방법을 가르치고 있다. 지금까지 약 350개 학교에서 온 천여 명의 교사가 연수를 받았으며, 대다수가 그런 교육 방식을 자기 식으로 변형해서 실행하고 있다.

펜실베이니아 타이터스빌 학군의 체육 수업 코디네이터 팀 맥코드도 그런 교사들 가운데 한 명이다. 타이터스빌은 피츠버그와 이리호Lake

Erie 사이의 산골 자락에 위치해 있으며, 인구 6천 명의 쇠락한 산업도시로 오래전부터 생기를 찾아보기 힘든 곳이다. 1859년 세계 최초로 유정을 개발하는 데 성공한 곳이지만 유정의 수명이 다하면서부터 경제도 함께 쇠퇴했다. 평균 소득이 2만 5천 달러에 불과하고 주민의 16퍼센트가 극빈층인 데다가 몇 년 전까지 이 지역 유치원생의 75퍼센트는 학교 급식비를 정부로부터 지원받았다. 한마디로 부유층이 사는 동네가 아니다.

1999년 네이퍼빌을 방문한 맥코드는 연수를 받고 돌아오자마자 거의 하룻밤 사이에 타이터스빌의 체육 수업을 완전히 뜯어고쳤다. 학군에는 고등학교, 중학교, 유치원이 각각 하나씩 있었고 초등학교가 4개 있었다. 총 학생 수는 2천6백 명이었다. 타이터스빌은 중고등학교에 체력 단련실을 마련하고 심장박동 측정기를 구입했다. 또 현지 병원의 재정 지원을 받아 트라이피트 건강 측정 시스템도 장만해주었다. 하루 체육 수업 시간을 10분 늘리고, 다른 과목 수업 시간을 그만큼 줄였다. 맥코드가 말했다.

"낙오학생 방지법안과 관련해서는 정말 엄청난 모험이었습니다. 다른 학교와 반대 방향으로 가는 셈이었으니까요."

이제 타이터스빌의 중고등학교에는 인공 암벽이 설치되어 있고, 각학교의 체력 단련실에는 기증받은 최신식 운동기구들이 넘쳐난다. 예를 들어 사이클링 트레이너cycling trainer라는 페달 밟기 운동기구를 이용하면 스크린 상에서 다른 학생들과 경주도 가능하고, 심지어 투르 드 프랑스프랑스 전역을 도는 사이클 대회에 참가해서 가상의 암스트롱들과 경주를 할 수도 있다.

맥코드는 학교 건강센터를 지역 노인복지센터의 회원들에게 개방하기도 했다. 또한 학교 안에서는 다른 과목 교사들이 건강센터를 수업에 활용할 수 있도록 했다. 예를 들면 영어 시간에 연단에서 발표를 하는 학생에게 심장박동 측정기를 착용하게 한다든지, 수학 시간에 체력 단련실 자료를 이용해서 그래프를 그리는 법을 가르치는 식이다.

2000년 이 프로그램이 도입된 이래, 예전에는 주 평균에도 못 미치던 타이터스빌 학생들의 학력평가시험 점수가 읽기에서는 17퍼센트, 수학에서는 18퍼센트나 주 평균보다 높게 나왔다. 실로 경이적인 실력 향상이었다. 그뿐만이 아니다. 맥코드는 이 프로그램이 심리사회적으로도 중요한 결과를 가져왔다는 사실을 알게 되었다. 2000년 이후 550명의 중학생들 사이에서 주먹다짐이 단 한 건도 발생하지 않았던 것이다. 이런 놀라운 성공 사례가 알려지면서 주의회 대의원들의 방문이 쇄도했으며, 심지어 질병통제센터 총재까지 학교를 방문했다.

이런 일도 있었다. 어느 날 맥코드가 참관인단을 이끌고 중학교 인공 암벽 앞을 지나가고 있을 때 스테파니라는 여학생이 암벽 중간쯤을 기어오르고 있었다. 책만 보는 아이인 데다 약간 과체중인 스테파니는 누가 보더라도 추락할 게 거의 확실한 상황에 처해 있었다. 그때였다. 스테파니가 안간힘을 쓰고 있다는 것을 알아차린 반 친구들이 "힘내, 스테파니!" 하고 외치면서 응원하기 시작했다. 스테파니는 결국 끝까지 올라갔다. 맥코드는 그 상황을 이렇게 전했다.

"꼭대기에 올라간 스테파니는 울음을 터뜨렸어요. 다른 아이들이 자신을 응원했다는 사실이 믿기지 않았던 거지요."

예상치 않은 친구들의 성원에 감격한 나머지, 능력 이상의 힘을 발휘해 꼭대기까지 올라간 것이다.

🏃 미주리 캔자스시티에 있는 우드랜드 초등학교는 거의 모든 학생들이 정부로부터 급식비를 지원받을 만큼 경제적인 형편이 좋지 않은 학생들이 다니는 곳이다. 2005년 이 학교는 일주일에 한 번이던 체육 시간을 대폭 확대해서 매일 45분씩 실시했고, 수업 내용도 유산소운동에 초점을 두었다. 그렇게 일 년이 지나자 학생들의 건강 상태가 급격히 좋아졌고, 교내 폭력 사건도 전년도 228건에 비해 95건으로 대폭 줄어들었다. 대도시 중심부의 저소득층 거주 지역에 있는 학교가 이처럼 급격하게 바뀐 것은 타이터스빌과 같은 암울한 지역이 활기차게 되살아난 것만큼이나 놀라운 일이다.

맥코드가 있는 학군 공동체는 미식축구팀이 아니라 스테파니 같은 학생들의 세계에 중심이 맞춰져 있다. 이들이 커감에 따라 점점 더 많은 학생들이 꾸준히 운동을 하고 활동적으로 생활할 것이다. 전자오락을 하는 대신 카약이나 자전거를 탈 것이며, 그럼으로써 성격이 밝아지고 정신도 맑아질 것이다.

나는 이런 사례들이 새로운 문화 현상을 초래해서 나중에 신체와 뇌의 재결합이 이루어지기를 희망한다. 이제부터 계속 살펴보겠지만, 사실 둘은 결코 분리될 수 없다.

숲에서 반복하여 걸으면 새로운 길이
다져지는 것과 마찬가지로,
학습을 반복하면 뇌에 새로운 회로가 자리를 잡는다.

chapter **2**

학습 능력을
위해
뇌세포를
키우기

네이퍼빌이나 타이터스빌의 학생들은 체육 시간에 오래달리기를 하면서 다른 수업 시간에 학습 능률이 더욱 높아졌다. 감각이 예민해지고 집중력이 높아지는 데다가 기분까지 좋아졌다. 더군다나 안절부절못하거나 긴장하지 않고 학습 의욕과 기운이 솟구치니 공부가 잘되지 않을 턱이 없다.

운동은 삶이라는 수업 현장에 있는 우리 성인에게도 같은 효과를 끼친다. 우리가 어떻게 새로운 지식을 습득하는지를 이해하는 데에는 혁명적인 신과학이 중요한 역할을 한다. 운동은 정신 상태를 고양시킬 뿐만 아니라 세포 차원에서 새로운 정보를 처리하는 뉴런의 잠재력을 향상시킴으로써 학습에 직접적인 영향을 끼친다.

다윈은 인간이 학습이라는 생존 수단을 통해 끊임없이 변화하는 환경에 적응하며 살아간다는 사실을 우리에게 가르쳐주었다. 이 점을 뇌라는 미세 환경에 적용해본다면, 뇌세포들끼리 서로 정보를 주고받기 위해서 연결이 이루어진다는 의미가 된다. 불어를 배우든, 살사 댄스를 배우든 우리가 무언가를 배울 때 세포들은 정보를 기억하기 위해서 자신의 형태를 바꾼다. 즉 기억이 물리적인 형태로 뇌의 일부분이 되는 것이다.

이 이론이 통용되기 시작한 것은 한 세기가 넘었다. 하지만 과학적으로 입증된 것은 극히 최근의 일이다. 우리는 이제 뇌가 유연하다는, 신경과학자들의 용어로 '가소성이 있다plastic'는 사실을 알고 있다. 비유하자면, 뇌는 딱딱한 도자기라기보다 찰흙놀이용 점토에 가깝다. 역기를 들면 근육이 형성되는 것과 마찬가지로 두뇌도 입력되는 정보에 따라 형태가 변하는 신체 기관이다. 그러므로 다른 근육과 마찬가지로 뇌도 사용할수록 더욱 강하고 유연해진다.

가소성이란 개념은 뇌가 어떻게 작동하는지, 운동이 어떻게 뇌의 기능을 촉진해서 최대의 능력을 발휘하게 하는지를 이해하는 데 아주 중요하다. 인간의 모든 행위와 생각과 느낌은 뇌세포가 서로 어떻게 연결되느냐에 따라 좌우된다. 거의 모든 사람들이 심리적인 기질이라고 생각하는 것도 자세히 들여다보면 이런 연결이 빚어내는 생물학적인 현상에 불과하다. 이와 동시에 우리의 생각과 행위와 환경 또한 뉴런에 영향을 끼쳐서 그 연결 구조를 변화시킨다.

뇌세포 간의 연결은 과학자들이 한때 상상했던 것처럼 고정된 것이 절대로 아니다. 끊임없이 새로운 연결이 일어난다. 이 책의 목적은 바로 뇌에서 일어나는 그런 연결을 스스로 지배하는 방법을 가르쳐주는 것이다.

의사 전달 수단

뇌세포가 하는 모든 활동은 결국 의사소통이다. 뇌는 천억 개에 달하는 다양한 형태의 뉴런으로 이루어져 있다. 뉴런은 수백 종의 화학물질을 이용해서 서로 의사소통을 하면서 인간의 모든 사고와 행위를 주관한다. 각각의 뇌세포는 주변에 있는 수많은 뇌세포로부터 받은 신호의 양이 특정 분기점을 넘으면 자신의 신호를 내보낸다.

세포 가지들이 연결되는 부분을 시냅스synapse라고 하는데, 바로 여기서 의사소통이 이루어진다. 정확히 말하면 시냅스는 실제로 직접 닿아 있지 않지만, 세포 간에 의사소통이 일어날 때 신경과학자들이 '서로 연결한다'고 표현하기 때문에 다소 혼란이 빚어지기도 한다.

시냅스가 의사 전달을 하는 과정은 이렇다. 우선 전기적인 형태의 신호가 축색돌기(세포의 출구에 해당하는 가지)를 따라 나간다. 신호가 시냅스에 도달하면 이 신호가 화학적인 형태로 바뀌어 신경전달물질에 실려서 시냅스 사이를 가로질러 간다. 신호를 싣고 간 신경전달물질은 수상돌기(세포의 입구에 해당하는 가지)의 끝부분인 수용체에 마치 자물쇠에 열쇠가 들어가듯이 딱 달라붙는다. 그러면 세포막에 있는 이온 통로가 열려서 신호가 다시 전기적인 형태로 바뀐다. 만약 신호를 받는 뉴런에서 전하가 일정 수준 이상으로 높아지면 이 신경세포는 자신의 축색돌기를 따라 신호를 내보내고, 지금까지의 과정이 반복된다.

뇌에서 이루어지는 신호의 약 80퍼센트는 글루탐산염과 감마아미노부티르산이라는 두 가지 신경전달물질에 의해 전달된다. 두 물질은 서로 각자가 뇌에 끼치는 효과의 균형을 잡아준다. 글루탐산염은 활동을 부추겨서 뉴런이 신호를 내보내게 하는 반면, 감마아미노부티르산은 활동을 억제한다.

글루탐산염은 서로 의사교환을 해본 적이 없는 뉴런 간에 신호를 전달할 때 분비량이 증가한다. 연결이 자주 일어날수록 뉴런 간에 끌어당기는 힘은 더욱 강해지는데, 바로 이러한 현상을 신경과학자들은 결합이라고 부른다. 서로 의사소통을 자주 하는 뉴런들은 결국에는 서로 결합된다. 이런 이유 때문에 글루탐산염은 학습을 하는 데 매우 중요한 물질이다.

실제로 일을 수행하는 신경전달물질은 글루탐산염이지만 신경과학자들은 조절인자 역할을 하는 신경전달물질에 더 관심을 둔다. 조절인자란, 신호를 보내는 과정 및 뇌가 수행하는 모든 것을 조절하는 노르에피네프린, 도파민, 세로토닌을 말한다. 이것들을 생성하는 뉴런은 천억 개의 뇌세포 중 단 1퍼센트에 불과하지만 그 영향력은 막대하다.

예를 들면 더 많은 글루탐산염을 생성하라고 뉴런에 지시를 내리기도 하고, 뉴런을 보다 효율적으로 만들거나 뉴런 수용체의 감응도를 변화시키기도 한다. 또한 시냅스로 들어오는 신호들을 지워서 불필요한 의사 전달을 줄이거나 반대로 그 신호를 증폭시키기도 한다. 글루탐산염이나 감마아미노부티르산과 마찬가지로 신호를 직접 전달할 수도 있지만, 주로 정보의 흐름을 조정함으로써 뇌에 존재하는 신경화학물질의 전반적인 균형을 잡아주는 일을 한다.

노 르 에 피 네 프 린

신경과학자들이 기분을 이해하려고 가장 먼저 연구한 신경전달물질이다. 신호를 증폭시켜서 집중력, 인지력, 의욕, 각성 등에 영향을 준다.

도 파 민

일반적으로 학습과 보상(만족감), 집중력, 그리고 행동과 관련된 신경전달물질이라고 알려져왔다. 하지만 뇌의 다른 부분에서는 전혀 다른 역할을 맡기도 한다. ADHD주의력 결핍 과잉행동 장애의 치료제로 쓰이는 리탈린은 도파민을 증가시켜 마음을 진정시키는 기능을 한다.

세 로 토 닌

뇌 활동을 통제하기 때문에 '뇌의 경찰'이라고도 불린다. 세로토닌은 기분과 충동, 분노 및 공격성에 영향을 끼친다. 항우울제로 쓰이는 플루옥세틴(프로작) 같은 약품에 사용되는데, 지나치게 활동적인 뇌를 진정시켜서 우울증이나 불안증, 강박증 등에 이르지 않도록 도움을 주기 때문이다.

정신건강을 위한 약품의 대부분은 이 세 가지 신경전달물질을 목표로 한다. 그러나 뇌의 체계는 너무나 복잡하기 때문에 신경전달물질을 조정한다고 반드시 의도한 결과만을 가져오지는 않는다. 한 가지 신경전달물질을 인위적으로 조정하면 뇌의 다른 부분에서는 그것에 따른 파급효과가 반드시 일어나게 마련이다.

운동은 신경전달물질의 수치를 늘려주기 때문에 달리기는 항우울제나 신경안정제를 복용하는 것과 마찬가지다. 더 자세히 설명하자면, 다양한 신경전달물질과 신경화학물질이 뇌에서 균형을 잘 이루는 데 운동이 도움이 된다는 뜻이다. 뇌의 균형을 잘 유지하면 새로운 인생이 펼쳐진다.

공부를 하면 뇌세포가 성장한다

약 15년 전부터 뇌에 신경전달물질 못지않게 중요한 마스터 분자가 있다는 사실이 밝혀지면서 뇌세포 간의 연결에 대한 이해, 더 나아가 뇌세포의 발달과 성장에 대한 이해에 근본적인 변화가 일어났다. 소위 '인자'라고 뭉뚱그려서 부르는 한 무리의 단백질이 그것인데, 가장 대표적인 것이 신경세포 성장인자다. 신경전달물질이 신호를 전달하는 일에 관여하는 반면, 신경세포 성장인자 같은 신경영양인자는 신호 전달의 기반 시설에 해당하는 세포의 회로를 구축하고 유지하여 신호 전달이 원활하게 이루어지도록 한다.

1990년대에 신경과학자들이 기억의 기전을 규명하기 시작하면서부터 신경세포 성장인자는 새로운 연구 분야의 핵심으로 자리 잡았다. 1990년 이전에는 관련 논문이 십여 편에 불과했다. 그러다가 그 해에 뇌에 존재하는 신경세포 성장인자가 뉴런에 영양을 공급하는 비료와 같은 역할을 한다는 사실이 밝혀졌다. 스웨덴의 카롤린스카 연구소에서 신경세포 성장인자 연구에 참여했던 에로 카스트렌의 말에 따르면, 그때부터 온갖 연구 기관과 제약회사들이 한꺼번에 그 연구에 뛰어들었다. 또 신경세포 성장인자가 기억이나 학습에 관여하는 해마에 존재한다는 점이 명확해지면서 학자들은 신경세포 성장인자가 과연 기억이나 학습 과정에 필수적인 요소인지를 밝혀나가기 시작했다.

학습이 이루어지려면 신경 연결의 장기 강화long-term potentiation라는 역동적인 과정을 통해 뉴런 간의 인력이 장기적으로 강화되어야 한다. 정보를 받아들이라는 요구가 뇌에 전달되면, 그 요구에 따라 뉴런들 사이에서 자연스럽게 활동이 일어난다. 활동이 활발해질수록 뉴런 간의 인력이 더욱 강해지면서 서로 신호를 보내고 연결이 되기가 한결 쉬워진다.

뉴런이 활동을 시작하면 저장되어 있던 글루탐산염이 축색돌기에 나란히 정렬해서 시냅스 사이를 건널 준비를 하고, 상대편 뉴런에서는 신호를 받아들이기 위해 수용체의 형태를 바꾸게 된다. 시냅스에서 신호를 받는 쪽의 전압이 더 커지기 때문에 마치 자석처럼 글루탐산염 신호를 끌어들인다. 신호를 계속 보내면 뉴런의 세포핵 안에 있는 유전자가 활성화되어서 시냅스를 형성하기 위한 물질을 더 많이 만들어내고, 이로써 시냅스의 구조가 강화되면서 새로운 정보가 기억으로 자리 잡게 된다.

예를 들어 불어를 배운다고 해보자. 어떤 단어를 처음 듣게 되면 새로운 회로를 위해 동원된 신경세포들이 서로에게 글루탐산염 신호를 내보낸다. 그런데 만약 단어 연습을 더 이상 하지 않게 되면 그것과 관련된 시냅스 간의 인력이 자연히 줄어들면서 신호가 약화된다. 그러면 결국 그 단어를 잊어버리게 된다.

기억에 관해 연구하는 학자들을 놀라게 한 사실은 반복 활동이나 연습이 시냅스를 증가시키고 뉴런 간의 연결을 더욱 강하게 한다는 점이었다. 이것은 콜롬비아 대학의 신경과학자 에릭 캔들이 발견했으며, 그는 이 발견으로 2000년에 노벨상을 공동 수상했다. 뉴런을 나무에 비유하자면, 가지(수상돌기)를 따라서 잎사귀 대신 시냅스가 달려 있는데, 나무에서 새로운 가지가 뻗어나오면 거기에 새로운 시냅스가 생겨나면서 연결이 더욱 강화된다. 이런 변화는 세포가 상황에 적응하는 형태의 하나이며 '시냅스 가소성'이라고 부른다. 그리고 이런 과정에서 신경세포 성장인자가 중요한 역할을 한다.

일찍이 과학자들은 뉴런을 배양 접시에 넣고 그 위에 신경세포 성장인자를 뿌려주면, 학습을 할 때 생겨나는 것과 똑같은 형태의 가지가 자라난다는 사실을 알아냈다. 바로 이 점 때문에 나는 신경세포 성장인자가 뇌에는 성장촉진제와 같은 것이라고 생각한다.

신경세포 성장인자는 시냅스에서 수용체와 결합한다. 그러면 이온이 자유롭게 흐르면서 전압이 높아지고, 곧이어 신호의 강도도 높아진다. 세포 내부에서 신경세포 성장인자는 유전자를 활성화해서 시냅스를 형성하는 단백질과 세로토닌, 그리고 더 많은 신경세포 성장인자를 생산하라는 명령을 내리게 한다.

신경세포 성장인자는 물질이 흘러갈 통로를 만들고, 그 통로의 흐름도 통제한다. 전반적인 측면에서 보았을 때, 신경세포 성장인자는 뉴런의 기능을 강화하고 성장을 촉진함으로써 세포의 소멸을 더디게 한다. 그리고 생각과 감정과 행동을 연결하는 중요한 생물학적 연결고리가 된다.

우리가 무언가를 배울 때

인간이 진화함에 따라 몸을 움직이는 기술도 추상적인 능력으로 발전했다. 그리하여 예측, 추론, 평가, 계획, 연습, 관찰이 가능해지고, 더 나아가 잘못을 바로잡거나 전술을 바꿀 줄도 알게 되었다. 불을 만들어 쓰기 위해 고대 조상들이 사용한 뇌 회로는 오늘날 우리가 외국어를 배우기 위해 사용하는 뇌 회로와 전혀 다르지 않다.

근육의 움직임을 관장하는 소뇌를 예로 들어보자. 테니스 공을 받아넘기는 일에서 뛰어오르는 일까지 근육을 사용하는 모든 활동은 소뇌가 지배한다. 소뇌는 생각이나 집중력, 감정, 심지어 사고 기술까지 리듬 있게 조화시킨다.

그래서 나는 소뇌를 '리듬 앤 블루스' 센터라고 부른다. 복잡한 근육의 움직임을 필요로 하는 운동을 하면, 인지 기능을 담당하는 뇌 부위도 더불어 운동을 한다. 즉 운동과 인지 기능은 똑같은 뇌세포로 이루어진 회로를 사용해서 다른 뉴런에 신호를 전달하기 때문에, 운동을 통해서 강화된 뇌 회로는 인지 기능 또한 향상시킨다.

우리가 뭔가를 배울 때에는 학습과 관련된 다양한 뇌 영역이 활동한다. 해마는 전전두엽 피질의 지휘 없이는 일을 제대로 수행하지 못한다. 전전두엽 피질은 정신 활동과 육체 활동을 지휘한다. 뇌의 광범위한 연결망을 통해 정보를 받아들이고, 그 정보를 토대로 명령을 내리는 사령탑인 셈이다. 그러므로 기업의 최고경영자와 같은 전전두엽 피질은 뇌의 최고운영책임자인 운동 피질과 밀접한 관계를 유지해야 한다.

굳이 생각을 하지 않고도 저절로 이루어지는 기계적인 사고 패턴과 행동 패턴은 기저핵, 소뇌, 뇌줄기에 저장된다. 기초적인 지식이나 기술 등을 기저핵과 소뇌, 뇌줄기라는 무의식의 영역으로 보냄으로써 부담을 덜어낸 뇌의 다른 부위는 계속해서 생존에 필수적인 환경에 적응하게 된다.

생각이나 행동을 할 때마다 잠깐 멈추어 사고 과정을 생각하고, 동작 하나하나를 어떻게 해야 할지를 일일이 기억해야 한다고 상상해 보라. 그러면 아마 우리는 아침에 일어나 커피 한 잔을 마시려다가 커피를 채 따르기도 전에 지쳐서 쓰러지고 말 것이다.

뇌 건강의 주요 변수는 운동

1995년 나는 우연히 〈네이처〉에 실린 한 쪽짜리 기사를 읽었다. 쥐 실험을 통해 운동과 신경세포 성장인자의 관계를 밝혀낸 것으로, 글은 아주 짧았으나 필요한 내용은 모두 담고 있었다. 바로 운동이 세포 성 장촉진제의 수치를 높여준다는 혁명적인 내용이었다. 그 연구를 계획 했던 어바인 캘리포니아 대학의 노화 및 치매 연구소 소장 칼 코트먼은 이렇게 회고했다.

"우리는 뇌에서 운동과 관련 있는 운동 감각 부위, 즉 운동 피질이나 소뇌, 감각 피질과 같은 부위에서 큰 변화가 일어날 것이고, 어쩌면 기 저핵에서도 변화가 조금 일어날 것으로 예상했습니다. 그런데 사진을 보니 당혹스럽게도 해마에서 큰 변화가 일어났더군요. 해마는 퇴행성 질환에 극도로 취약하고 학습에 꼭 필요한 부분이라는 점에서 실험 결 과는 매우 중요한 의미였습니다."

이 실험 결과는 내게도 전혀 뜻밖의 소식이었다. 나는 그동안의 치료 경험과 함께 운동이 신경전달물질에 미치는 영향에 대한 지식을 바탕 으로, 운동이 ADHD 및 여러 심리적인 장애를 치료하는 데 큰 도움이 된다고 오랫동안 주장해왔다. 그런데 코트먼의 연구는 내 주장과 다른 차원에서 접근하고 있었다. 코트먼은 운동을 하면 학습 과정에서 주도 적 역할을 하는 마스터 분자가 자극받는다는 사실을 보여줌으로써 운 동과 뇌 사이에 생물학적으로 직접적인 관련이 있다는 사실을 확실히 증명한 것이다. 이로써 코트먼은 이후 신경학계에서 운동의 효과에 대 한 연구가 활발하게 이루어질 수 있도록 길을 터놓았다.

코트먼이 실험을 했을 때에는 뇌에 신경세포 성장인자가 있다는 사실이 밝혀진 지 얼마 되지 않았기 때문에 운동이 신경세포 성장인자와 관련이 있다는 것을 암시할 만한 사항은 전혀 없었다. 따라서 코트먼의 가설은 완전히 독창적인 것이었다.

당시 그는 장기간에 걸친 노화에 관한 연구를 막 끝낸 시점이었다. 그 연구는 최상의 정신 상태를 유지하고 있는 사람들이 공통적으로 지니고 있는 것이 무엇인지를 밝히기 위해 기획된 것이었다. 연구한 결과 4년 전에 비해서 인지 능력 감소가 가장 적었던 사람들의 세 가지 특성은 교육, 자기 효능감, 운동인 것으로 나타났다. 처음 두 가지는 예상했던 것이지만 운동에 대해서는 코트먼도 선뜻 이해하기 힘들었다고 한다.

"운동이 뇌에 영향을 주지 않는다고 가정하고 실험을 했는데, 실험 결과를 보면 운동이 뇌에 영향을 끼치는 것으로 볼 수밖에 없었습니다."

당시 전문가들에게 전반적인 뇌의 건강과 관련해서 가장 중요한 변수가 무엇인지 물었다면 대부분이 신경세포 성장인자라고 대답했을 것이다. 왜냐하면 코트먼의 말처럼 신경세포 성장인자에 관한 연구가 당시 유행이었고, 실험실에서 배양하고 있는 뉴런이 생존하는 데에는 신경세포 성장인자가 도움이 된다는 사실을 모두가 알고 있었기 때문이다.

따라서 운동이 뇌 건강의 주요 변수라는 것을 알아낸 것만으로도 상당한 도약이라 할 수 있었다. 그러나 코트먼은 운동과 신경세포 성장인자를 연계시키지 못했기 때문에 노화 연구에서 나타난 현상에 대해 설득력 있는 설명을 하지 못했다.

코트먼은 운동을 시킨 쥐의 뇌에서 신경세포 성장인자의 수치를 측정해보았다. 주의할 점은 쥐가 스스로 운동을 하게 해야 한다는 것이었다. 만약 쥐에게 강제로 운동을 시킨다면, 강요에 따른 스트레스 때문에 그런 결과가 나왔다고 반론이 제기될 수도 있기 때문이다.

스트레스 문제는 쳇바퀴를 이용하여 해결했다. 이 실험이 얼마나 새로운 것인지는 실험 도구를 마련하는 데에서부터 드러났다. 학교 당국이 실험 도구로 승인해줄 만한 쳇바퀴를 찾기가 힘들었던 것이다. 많은 노력 끝에 결국 승인받을 만한 스테인리스 쳇바퀴를 찾아내기는 했는데, 가격이 하나에 무려 천 달러나 했다.

그러나 무엇보다 힘든 일은 실험을 도와줄 학생을 찾는 것이었다. 박사과정 중인 학생 누구도 실험에 관심을 보이지 않았기 때문이다. 결국 몇몇 학생들에게 의사 타진을 하고 나서야 겨우 물리치료가 전공인 학생 한 명을 찾아냈다.

사람과 달리 설치동물은 태생적으로 운동을 좋아하는 것 같다. 코트먼이 실험한 쥐들은 매일 밤 수킬로미터를 달렸다. 쥐들은 네 집단으로 나뉘었다. 각각 2일, 4일, 7일 동안 운동시킨 쥐를 실험집단으로 하고, 쳇바퀴를 넣어주지 않아서 달리기를 전혀 하지 않은 쥐를 비교집단으로 삼았다. 달리기를 시킨 뒤에 쥐의 뇌에 신경세포 성장인자와 결합하는 분자를 주입하고 촬영한 결과, 비교집단의 쥐보다 달리기를 한 쥐에서 신경세포 성장인자가 더욱 증가한 것으로 나타났고, 그 수치 또한 운동을 많이 한 쥐일수록 한층 높게 나타났다. 결과를 들여다본 코트먼은 자기 눈을 믿을 수가 없었다.

"저는 뭔가 분명히 잘못됐다고 말했어요. 해마에 밝은 빛이 나타났거든요. 너무 엉뚱한 결과가 나와서 할 수 없이 다시 실험을 했습니다. 그런데 처음과 똑같은 결과가 나왔습니다."

신경세포 성장인자와 운동에 관한 연구가 진행되면서 신경세포 성장인자는 뉴런의 생존에만 중요한 것이 아니라 뉴런이 새로운 가지를 뻗어나가 성장하는 데에도 중요하며, 따라서 당연히 학습에도 중요하다는 사실이 명확해졌다.

콜롬비아 대학 캔들 연구소의 수전 패터슨과 스웨덴의 신경과학자 에로 카스트렌 역시 쥐에게 학습을 시키면, 즉 장기 강화를 활기 띠게 하면 신경세포 성장인자의 수치가 높아진다는 사실을 발견했다. 실험을 한 학자들은 쥐의 뇌 내부를 살펴보고 나서 신경세포 성장인자가 없는 쥐는 장기 강화 능력을 상실하고, 반대로 뇌에다 신경세포 성장인자를 직접 주입한 쥐는 장기 강화 능력이 향상된다는 결론을 내렸다. 코트먼에게서 박사 후 과정을 이수한 신경외과 전문의 페르난도 고메즈 피니야도 쥐의 신경세포 성장인자를 무력화하면 미로 찾기 능력이 떨어진다는 실험 결과를 내놓았다. 이 모든 실험 결과는 운동이 학습을 할 때 뇌에 많은 도움을 준다는 사실을 신빙성 있게 입증한다. 코트먼은 이렇게 말했다.

"운동의 가장 두드러진 장점 가운데 하나는 학습의 속도를 빠르게 해준다는 점입니다. 그런데 이러한 사실의 중요성을 올바로 인식하지 못하는 연구가 종종 있습니다. 반드시 기억해두어야 할 중요한 정보인데도 말이지요. 몸이 건강하면 공부나 그 밖의 다른 일을 더욱 능률적으로 할 수 있다는 말이니까 실제 생활에도 얼마나 많은 도움이 되겠습니까?"

2007년 실제로 독일 학자들이 사람을 대상으로 실시한 연구 결과에 따르면, 운동을 하면 어휘 학습 속도가 운동 전에 비해 20퍼센트나 빨라지며 학습 속도는 신경세포 성장인자의 수치와 비례한다. 따라서 신경세포 성장인자를 소멸시키는 변이 유전자를 지닌 사람은 학습 부진아가 될 가능성이 아주 높다. 성장촉진제가 없으면 뇌는 세상과 단절될 수밖에 없는 것이다.

그동안 정신과 의사들은 운동이 학습에 유익한 환경을 만들어줌으로써 정신 상태를 향상시키는 데 도움이 된다는 주장을 흔쾌히 받아들이지 않았다. 그러나 코트먼의 연구는 운동이 학습을 수행하는 세포의 기능을 강화한다는 사실을 증명하는 기초를 마련했다. 신경세포 성장인자는 시냅스가 정보를 받아들여서 처리한 뒤 다른 정보와 비교하고 그 정보를 기억하고 있다가 상황에 맞게 적용하는 데 필요한 도구를 제공한다. 그렇다고 해서 무작정 달리기만 하면 누구나 천재가 된다는 뜻은 아니다. 코트먼은 이렇게 지적했다.

"신경세포 성장인자를 주입한다고 해서 당장 더 똑똑해지는 것은 아닙니다. 학습을 하려면 두뇌가 뭔가에 다른 방식으로 반응해야 합니다. 하지만 우선 그 뭔가가 있어야 어떤 식으로든 반응을 하는 일이 가능하겠지요."

여기서 '뭔가'가 중요하다는 것은 두말할 나위가 없다.

풍요로운 환경은 뇌를 바꾼다

어느 날 맥길 대학에서 근무하는 심리학자 도널드 헤브는 자녀들에게 며칠 동안만 애완동물로 주려고 실험용 쥐 몇 마리를 집에 가져갔다. 당시만 해도 실험실 규정이 느슨했던 시절이라 그렇게 해도 괜찮다고 생각했을 것이다. 그런데 그 일은 뜻밖의 결과를 가져다주었다. 쥐를 실험실에 다시 가져다놓은 헤브는 그 쥐가 우리에만 갇혀 있던 쥐에 비해서 학습 능력이 월등하다는 사실을 알아차렸다. 아이들이 만져주고 놀아주었던 색다른 경험을 통해 학습 능력이 향상된 것이다. 헤브는 이 현상을 '사용 의존적 가소성use-dependent plasticity'이라고 칭했다. 학습을 함으로써 자극을 받으면 시냅스는 스스로를 재구성한다는 이론이었다.

헤브의 연구 결과는 운동과 밀접한 관련이 있다. 적어도 뇌에 관한 운동은 '색다른 경험'과 마찬가지 역할을 하기 때문이다. 1960년대에 버클리 대학의 몇몇 심리학자들은 사용 의존적 가소성을 검증할 수 있는 방법으로 '환경 풍요화'라고 부르는 실험 모형을 구성했다. 쥐를 집으로 데려가는 대신에 실험실 우리 안에 각종 장난감을 넣어주고 장애물과 쳇바퀴를 설치해주었을 뿐만 아니라, 음식을 숨겨놓기까지 하는 등 실로 풍요로운 환경을 조성해준 것이다. 게다가 서로 어울려서 놀라고 여러 마리를 함께 넣어주었다.

실험실에 사랑과 평화만이 흘러넘쳤던 것은 아니다. 결국 쥐의 뇌를 해부해보았으니까 말이다. 어쨌든 환경으로부터 감각적으로나 사회적으로 자극을 많이 받은 쥐일수록 뇌의 구조와 기능이 훨씬 많이 변했다는 실험 결과가 나왔다. 텅 빈 우리에서 홀로 지낸 쥐와 비교했을 때, 이 쥐들은 뛰어난 학습 능력을 발휘했을 뿐만 아니라 뇌의 무게도 더욱 무거웠다.

그러나 헤브가 내린 가소성의 정의에는 뇌의 성장이 포함되지 않았다. 신경과학자 윌리엄 그리노프는 당시 대학원에 다니고 있었는데, 이 실험 결과에 비상한 흥미를 느꼈다고 말하면서 이렇게 덧붙였다.

"경험을 통해서 뇌가 변할 수 있다고 말하는 것, 특히 뇌의 물리적인 구조가 변한다고 말하는 것은 당시로서는 거의 금기나 마찬가지였습니다."

그리노프는 환경 풍요화에 따른 뇌의 변화 가능성을 연구하고 싶었지만, 지도 교수로부터 "그것을 연구 과제로 삼으면 틀림없이 베트남으로 끌려가게 될 것"이라는 경고를 받고 포기했다. 하지만 버클리 대학에서 실시된 실험에서도 동일한 결과가 나옴에 따라 경험이 뇌에 상당히 영향을 끼친다는 주장은 타당한 이론으로 자리를 잡아갔다.

하버드 연구진도 비슷한 실험을 해서 그 명제의 역 또한 참이라는 사실을 증명했다. 즉 열악한 환경은 뇌를 수축시킨다는 사실을 증명한 것이다. 그들은 고양이의 한쪽 눈을 꿰매고 키워보았는데, 그 결과 고양이의 시각 피질이 눈에 띄게 줄어들었다. 즉 뇌도 근육과 마찬가지로 쓰지 않으면 기능이 상실된다는 사실을 보여주었다.

그후 일리노이 대학 교수가 된 그리노프는 환경이 풍요로워지면 시냅스가 새로운 가지(수상돌기)를 만들어낸다는 연구 논문을 발표했다. 학습이나 운동을 하거나 사교 활동을 하여 환경적인 자극을 받으면, 뉴런 간에 연결이 더욱 많이 이루어지게 되고 신경을 둘러싸고 있는 신경수초가 두꺼워진다. 뉴런은 이처럼 두꺼워진 신경수초 덕분에 신호를 보다 효율적으로 내보내게 된다.

오늘날 우리는 뉴런의 성장에 신경세포 성장인자가 필요하다는 사실을 알고 있다. 이처럼 시냅스의 구조를 바꿔주면 정보를 처리하는 회로의 용량이 대폭 늘어나게 되는데, 이것은 너무나도 반가운 소식이다. 자신의 두뇌를 바꿀 능력이 우리 모두에게 있다는 뜻이기 때문이다. 방법도 간단하다. 그저 운동화 끈만 졸라매면 된다.

생물 선생의 말은 틀렸다

두뇌는 일단 완전히 성장한 뒤에는 평생 **변하지 않기** 때문에 한 사람의 두뇌에 있는 뉴런의 숫자는 태어날 때부터 이미 정해져 있다는 것이 20세기 전반에 걸친 학계의 정설이었다. 시냅스를 얼마든지 재배열할 수는 있으나, 뉴런의 숫자는 점점 줄어들 뿐이라고 생각한 것이다. 물론 어떤 행위는 뇌세포의 감소를 촉진하기도 한다. 술은 뇌세포를 파괴하고 파괴된 뇌세포는 절대로 재생하지 않는다고 학생들에게 겁을 주던 생물 선생의 엄포처럼 말이다.

그런데 생물 선생의 말은 틀렸다. 뇌세포는 분명 재생한다. 그것도 수천 개씩 다시 생겨난다. 과학자들은 최근 들어 뇌세포를 자세히 들여다볼 수 있는 첨단 영상기구를 사용해서야 뇌세포가 재생한다는 결정적인 증거를 찾아냈다. 그리고 그 결과가 1998년에 학술 논문으로 발표되었다.

새로운 발견은 전혀 예상치 않은 곳에서 이루어졌다. 가끔 암 환자들에게 물감을 투입해서 암세포가 증식하는 모습을 추적하는 경우가 있다. 물감으로 불치병 환자의 뇌를 관찰하던 연구진은 해마에 염료 표시가 집중적으로 몰려 있는 모습을 발견했다. 이런 현상은 뉴런이 분열하고 증식한다는 증거였다. 몸의 다른 부위에 있는 세포와 마찬가지로 해마에서도 '신경재생'이 이루어지고 있다는 뜻이었다.

그 이후로 스톡홀름에서 남부 캘리포니아, 프린스턴, 뉴저지에 이르는 다양한 지역의 신경과학자들이 앞 다투어 새로운 세포의 역할을 연구하기 시작했다. 연구 결과의 적용 범위는 실로 넓었다. 파킨슨병이나 알츠하이머병과 같은 퇴행성 질환의 근본 원인이 세포가 죽거나 손상되는 데 있기 때문이다. 노화란 것도 결국 신체를 이루고 있는 세포가 죽어가는 현상인데, 갑자기 우리의 뇌에 노화에 대항할 수단이 내장되어 있다는 사실이 발견된 것이다. 이러한 발견은 신경재생을 유도하는 법만 알아내면 뇌의 일부를 대체할 새로운 세포를 만들 수도 있다는 중요한 의미였다.

그렇다면 이것이 건강한 뇌에는 어떤 의미일까? 연구 초창기에 신경재생에 관한 단서를 제공해준 것은 박새였다. 박새는 해마다 봄이 되면 새로운 노래를 배우는데, 이때 해마에서 새로운 세포가 폭발적으로 생겨난다는 사실이 밝혀졌다. 우연의 일치였을까? 확실하게 증명하지는 못하고, 그저 새로 생겨난 세포들이 학습에 어떤 역할을 하는 것 같다고 추측만 할 뿐이었다.

뉴런이 처음 생성될 때에는 아무런 기능도 없는 줄기세포에 불과하지만 발달 과정을 거치면서 자기 역할을 찾아낸다. 대부분의 뉴런은 자기 역할을 찾지 못하는데, 그러면 결국 소멸하고 만다. 새로 생겨난 세포가 기존의 네트워크에 융합하는 데에는 약 28일 정도가 걸린다. 그리고 다른 뉴런과 마찬가지로 헤브가 말하는 소위 '활동 의존적 학습'이라는 개념의 적용을 받는다. 즉 새로 만들어진 뉴런은 사용하지 않으면 소멸하고 만다.

솔크 연구소의 신경과학자 프레드 게이지는 환경 풍요화 모형을 쥐에게 사용해서 이 개념을 실험해보았다.

"처음 실험할 때에는 갖가지 방법을 다 시도해보았습니다. 별 뾰족한 수가 없었거든요. 그런데 놀랍게도 쳇바퀴를 우리 안에 넣어주는 방법이 새로운 세포 생성에 가장 큰 효과가 있었습니다. 문제는 같은 비율의 뇌세포가 죽어서 결국 운동을 하지 않은 쥐와 같아진다는 점이었습니다. 말하자면 달리기 직후에는 뇌세포 숫자가 많아지지만, 새로 생겨난 세포가 살아남아서 기존의 네트워크에 융합하려면 가지(축색돌기)를 뻗어야 합니다."

다시 말해서 운동을 하면 뉴런이 대량으로 생성되지만, 생성된 뉴런이 살아남게 하려면 풍요로운 환경을 만들어 자극을 주어야 한다는 뜻이다.

신경재생과 학습 간의 관계를 처음으로 확실하게 밝힌 사람은 게이지의 동료 헨리에타 반 프라그였다. 그는 쥐가 수영하기에 적합한 크기의 통에 불투명한 물을 채워 넣었다. 통의 한쪽 면, 수면보다 약간 낮은 곳에 위치한 발판을 보지 못하게 하기 위함이었다. 실험의 목적은 물을 싫어하는 쥐가 이전의 경험으로부터 얼마나 빨리 발판으로 가는 길을 기억해내는지를 측정하는 것이었다.

매일 밤 4, 5킬로미터를 달린 쥐와 운동을 전혀 하지 않은 쥐를 비교했더니 달리기를 한 쥐가 더 빨리 길을 기억해냈다. 수영 속도는 같았으나, 운동을 한 쥐는 똑바로 발판을 찾아간 반면 앉아 있기만 한 쥐는 이리저리 헤맨 끝에야 겨우 발판을 찾아갔다. 나중에 두 쥐의 뇌를 해부해보았더니 운동을 한 쥐는 해마에 새로운 줄기세포가 두 배나 많았다. 실험 결과를 놓고 게이지는 이렇게 결론을 내렸다.

"해마의 세포 숫자와 복잡한 일에 대한 수행 능력 사이에는 분명히 밀접한 관계가 있습니다. 그리고 쥐의 신경재생을 억제하면 쥐는 입력된 정보를 기억하지 못합니다."

비록 이 실험은 쥐를 대상으로 한 것이지만, 최소한 네이퍼빌 학생들에게 일어나고 있는 현상을 이해하는 데에는 도움이 된다. 체육 수업은 학생들의 두뇌에 학습에 사용되는 세포를 만들어주고, 다른 과목 수업은 새로 생긴 세포가 기존의 네트워크와 융합하는 데 필요한 자극을 준다. 그러면 그 세포는 정보를 전달하는 공동체의 중요한 일원이 되는 것이다. 운동의 결과로 생성된 뉴런에게 자신만의 고유한 임무가 주어지는 것이다.

신경재생과 학습의 관계를 연구하는 신경학계 전문가들에게 운동은 가장 중요한 실험 도구다. 그런데 흥미로운 점은 운동 자체에 관심이 있어서 운동을 연구하는 사람은 거의 없다는 사실이다. 단지 운동이 신경재생을 급격히 높여주고, 따라서 그 과정의 배후에 있는 신호의 연결고리를 살펴볼 기회를 얻을 수 있기 때문에 쥐에게 달리기를 시킬 뿐이다. 제약회사가 신약을 개발하기 위해서는 이런 과정이 반드시 필요하다. 제약회사들의 목표는 새로운 뉴런을 재생시켜 기억이 손상되지 않도록 하는 알츠하이머 약을 개발하는 것이다.

신체와 뇌의 연결

신경과학자들은 새로운 세포를 생성하려면 양분이 필요할 것이라고 생각해서 연구 초창기부터 신경세포 성장인자에 관심을 집중해왔다. 성장촉진제가 없이는 뇌가 새로운 정보를 습득하지 못한다는 사실은 진작부터 알고 있었다. 그러다가 최근 들어서 새로운 세포를 만드는 데에도 신경세포 성장인자가 필요하다는 사실을 알게 되었다.

신경세포 성장인자는 시냅스 근처에 있는 저장소에 모여 있다가 혈액순환이 빨라지면 방출된다. 그 과정에서 다양한 종류의 호르몬이 도움을 주기 위해 신체 곳곳에서 분비된다. 분비되는 호르몬은 인슐린 유사 성장인자, 혈관 내피세포 성장인자, 섬유아세포 성장인자 등이다. 운동을 하면 이 인자들이 혈액뇌장벽을 뚫고 뇌로 들어간다. 혈액뇌장벽은 세포가 빽빽하게 들어 있는 촘촘한 모세혈관망으로, 박테리아처럼 크기가 큰 침입자들을 막아주는 역할을 한다.

최근에 밝혀진 바에 따르면, 이 인자들은 뇌에 들어가 신경세포 성장인자와 함께 학습을 위한 분자 기전을 가동시킨다. 또한 뇌에서 생성되어 세포분열을 촉진하기도 하는데, 특히 운동을 할 때 그렇다. 이와 같은 인자들의 다양한 역할은 신체와 뇌가 서로 연계되어 있다는 사실을 보여준다.

인슐린 유사 성장인자를 예로 들어보자. 인슐린 유사 성장인자는 근육이 활동을 하다가 더 많은 연료가 필요하다는 것을 감지하면 분비된다. 포도당은 근육의 주요 에너지원이며 뇌의 유일한 에너지원이다. 포도당을 세포로 운반하는 일은 인슐린 유사 성장인자와 인슐린이 함께한다. 흥미로운 점은 인슐린 유사 성장인자의 역할이 뇌에서는 연료 공급이 아닌 학습과 관련이 있다는 사실이다. 어쩌면 주변에 음식이 있는 위치를 기억하기 위해서 그렇게 진화했을지도 모른다.

운동을 할 때에는 신경세포 성장인자가 뇌로 하여금 인슐린 유사 성장인자를 빨리 받아들이도록 도와주는데, 그러면 뉴런이 활성화되어서 신호 신경전달물질인 세로토닌과 글루탐산염이 생성된다. 그 결과로 더 많은 신경세포 성장인자 수용체가 생성되어 기억을 저장하기 위한 연결을 두껍게 강화해준다. 신경세포 성장인자는 특히 장기 기억에 중요한 역할을 하는 듯이 보인다.

이런 기능은 진화의 측면에서 볼 때 너무나도 당연하다. 가장 원초적인 면만 살펴본다면 학습을 하는 능력은 식량을 발견하고, 획득하고,

저장하기 위해 필요한 것이다. 다시 말해서 학습을 하기 위해서는 연료가 필요한데, 그 연료의 원천이 되는 음식을 찾으려면 학습 능력이 필요하다. 신체에서 생성되는 모든 전달물질은 이런 과정을 계속 유지시키며 인간이 환경에 적응해서 생존할 수 있게 해준다.

새로운 세포에 연료를 공급하기 위해서는 새로운 혈관이 필요하다. 운동을 해서 근육이 수축할 때 주로 그러하듯이 세포 내에 산소가 부족할 때에는 혈관 내피세포 성장인자가 신체와 뇌에 새로운 모세혈관을 만들어낸다. 또한 혈관 내피세포 성장인자는 운동을 할 때 다른 인자들이 혈액뇌장벽을 투과할 수 있도록 투과성을 변화시키는 극히 중요한 역할을 하는 것으로 추측되고 있다.

신체에서 생성되어 뇌로 들어가는 또 하나의 중요한 물질로는 섬유아세포 성장인자가 있다. 이 인자 또한 인슐린 유사 성장인자나 혈관 내피세포 성장인자와 마찬가지로 운동을 하면 분비가 촉진되며, 신경 재생에 필요한 물질이다. 섬유아세포 성장인자는 신체에서는 세포 조직의 성장을 도우며, 뇌에서는 장기 강화 과정에 중요한 역할을 한다.

나이가 들면 이 세 가지 인자와 신경세포 성장인자의 생성이 자연스럽게 줄어들면서 신경재생도 함께 줄어든다. 하지만 젊어서도 스트레스를 받거나 우울증에 빠지면 마찬가지의 경우가 생길 수 있다. 우리에게는 이 사실이 오히려 희망을 준다. 왜냐하면 운동을 함으로써 인자들의 생성을 늘릴 수 있다면 우리가 신체에 대한 주도권을 어느 정도 잡을 수도 있다는 뜻이기 때문이다.

성장하느냐 소멸하느냐는 활동을 하느냐 하지 않느냐에 달려 있다. 신체는 운동을 하도록 설계되었고, 신체가 운동을 하면 결과적으로 뇌도 운동을 하게 된다. 학습과 기억은 우리 선조들이 음식을 찾아다니는 데 사용하던 운동 기능과 함께 진화해왔으며, 따라서 뇌의 입장에서는 우리가 움직이지 않으면 뭔가를 배울 필요를 전혀 못 느낀다.

두뇌를 위한 운동법

지금까지 우리는 운동이 세 가지 면에서 학습 능력을 높여준다는 사실을 살펴보았다. 첫째, 정신적인 환경을 최적화해서 각성도와 집중력을 높여주고 의욕을 고취시킨다. 둘째, 신경세포가 서로 결합하기에 적합한 환경을 조성하여 결합을 촉진함으로써 세포 차원에서 새로운 정보를 받아들일 태세를 갖추게 한다. 셋째, 해마에서 줄기세포가 새로운 신경세포로 발달하는 과정을 촉진한다.

그러면 이제 운동을 어떤 방식으로 하면 제일 좋을지를 배울 차례다. 뇌세포의 형성을 위해 가장 이상적인 운동의 종류와 양을 제시할 수 있다면 좋겠지만, 유감스럽게도 그 문제에 관한 연구는 이제 막 걸음마 상태다. 그렇지만 현재 존재하는 연구 결과만으로도 어느 정도의 결론은 이끌어낼 수 있다.

밝혀진 사실에 의하면, 강도 높은 운동을 하는 동안에는 어려운 지식을 습득할 수 없다. 그 이유는 혈액이 운동을 하는 데 사용되느라 전전두엽 피질에서 빠져나가면서 최고 인지 기능이 둔화되기 때문이다. 예를 들어 몇몇 대학생들은 트레드밀이나 고정 자전거로 자신의 최대심장박동 수치의 70~80퍼센트를 유지할 정도로 강도 높은 운동을 20분 동안 하면서 어려운 내용의 공부를 했다. 나중에 공부한 내용을 시험 본 대학생들은 결과가 형편없었다. 그러나 운동이 끝난 직후에는 혈액의 흐름이 정상으로 돌아오며, 그 순간이야말로 날카로운 사고와 복잡한 분석을 요구하는 일을 처리할 최적의 시점이다.

2007년에 트레드밀에서 35분 동안 보통 강도의 달리기를 한 번만 해도 인지력의 유연성이 높아진다는 주목할 만한 실험 결과가 나왔다. 이때 보통 강도란 최대심장박동 수치의 60~70퍼센트를 유지하는 정도를 말한다. 이 실험에서는 평범한 물건을 두고 40명의 성인(50~64세)이 원래의 용도 외에 다른 용도를 얼마나 독창적으로 많이 말할 수 있는지를 측정해보았다. 가령 신문은 원래 읽는 것이지만 생선을 싸거나 접시를 포장할 때에도 사용할 수 있다.

우선 피실험자들을 두 집단으로 나눈 뒤, 한 집단에게는 영화를 보여주고 다른 집단에게는 운동을 시켰다. 검사는 활동 전후에 한 번씩, 그리고 활동 후 20분이 지난 시점에 다시 한 번 했다. 영화를 본 집단은 활동 전후에 전혀 차이가 없었으나, 운동을 한 집단은 단 한 번만 달리기를 했을 뿐인데도 대답 속도와 인지력의 유연성이 향상되었다.

인지력의 유연성이란 상투적인 대답을 그저 반복하기보다는 창조적인 아이디어와 해결책을 끊임없이 내놓을 수 있는 능력, 그리고 사고를 전환할 수 있는 능력을 반영하는 최고 인지 기능을 말한다. 이것은 지적인 능력을 요구하는 업무에서 얼마나 능률적으로 업무 수행을 하느냐와 깊은 관련이 있다. 그러므로 만일 오후에 중요한 브레인스토밍 회의에 참석할 예정이라면 점심시간에 강도 높은 달리기를 해볼 것을 추천한다.

학습을 위해 두뇌를 최적의 상태로 만들려면 유산소운동을 얼마나 해야 할까? 규모는 작지만 여기에 관해서 정밀하고 과학적인 연구가 일본에서 실시된 적이 있다. 그 연구의 결과에 따르면, 12주 동안 매주 두세 번씩 30분 동안 천천히 달리기만 해도 전전두엽 피질의 기능, 즉 최고 인지 기능이 향상된다.

학습 과정에서 전전두엽 피질은 정보를 분석해서 순서대로 배열한 뒤 모든 정보를 연결한다. 그 과정에서 소뇌와 바닥핵은 정보가 오가는 리듬을 균형 있게 유지시켜 전전두엽 피질의 기능이 제대로 이루어지도록 돕는다. 학습은 뇌 전반에 걸쳐 뉴런을 보다 건강하고 무성하게 하고 뉴런 간의 연결도 단단하게 한다. 이러한 네트워크가 많이 형성될수록 기억과 경험의 저장고는 더욱 풍부해진다. 그래서 뇌에 일단 저장된 지식을 바탕으로 한층 복잡한 생각을 할 수 있기 때문에 학습이 수월해진다.

그저 한 발씩 앞으로 내딛는 달리기도 좋지만, 여러 근육의 조화로운 움직임을 필요로 하는 복잡한 운동을 섞어서 하면 더욱 좋다. 몇 년 전에 그리노프가 쥐를 대상으로 실험을 했다. 한 집단은 달리기만 시켰고, 다른 집단은 평균대나 불안정한 물체, 혹은 고무줄로 만든 사다리 위를 걷는 등의 복잡한 운동을 시켰다. 2주 동안의 훈련을 마친 뒤 검사해보니 복잡한 운동을 한 쥐는 소뇌의 신경세포 성장인자가 35퍼센트 늘어난 반면, 달리기만 한 쥐의 소뇌에서는 아무런 변화가 없었다.

유산소운동과 복잡한 운동은 각기 다른 측면에서 뇌에 유익한 결과를 가져다준다. 다행인 점은 서로 보완적인 역할을 한다는 사실이다. 그리노프는 이렇게 조언한다.

"두 운동을 함께 하는 것이 좋습니다. 아직 모든 것을 알지는 못하지만, 건강을 위한 운동을 할 때에는 유산소운동과 기술 습득이 필요한 복잡한 운동을 병행해야 한다는 것만은 확실합니다."

그러므로 건강을 향상시키는 것이 목적이라면, 심장혈관계와 뇌를 동시에 운동시킬 수 있는 테니스 같은 운동이 좋다. 아니면 암벽등반이나 균형 운동과 같이 기술 습득 위주의 무산소운동을 하기 전에 유산소운동을 10분 정도 하는 것이 좋다.

유산소운동은 신경전달물질의 생성을 촉진하고 성장인자의 통로인 혈관과 새로운 세포를 만들어낸다. 반면에 복잡한 운동은 유산소운동이 만들어낸 모든 것을 사용할 수 있도록 네트워크를 강화하고 확장한다. 움직임이 복잡할수록 시냅스 간의 연결도 복잡해진다. 또한 운동을 함으로써 만들어진 회로라 할지라도 생각 등 다른 활동을 하는 데에도 이용이 가능하다. 바로 이런 이유 때문에 아이가 피아노를 배우면 수학도 더 잘하게 된다. 전전두엽 피질이 신체의 숙련된 기술에서 정신적인 부분을 끄집어내어 다른 상황에 적용시키는 것이다.

요가나 발레, 체조나 피겨스케이팅, 필라테스나 태권도를 배울 때에는 뇌 전체에 퍼져 있는 신경세포가 관여한다. 예컨대 무용가를 대상으로 한 연구를 보면, 규칙적인 리듬보다는 불규칙적인 리듬에 맞춰 춤을 출 때 뇌의 가소성이 더욱 커지는 것으로 나타났다. 요구되는 동작이 부자연스러운 움직임이기 때문에 '활동 의존적 학습'을 하는 것이다. 헤브의 쥐들이 더욱 영리해지고, 그리노프의 시냅스가 더욱 무성해진 것도 같은 맥락이다.

복잡한 운동 기술은 어떤 것이든 학습을 해야 익힐 수 있으므로 뇌가 활동을 해야 한다. 처음에는 어느 정도 서툴고 거칠게 움직이게 마련이지만, 소뇌와 기저핵과 전전두엽 피질을 연결하는 회로가 운동에 관여하면서 동작이 점차 정확해진다. 동작을 계속 반복하면 신경섬유 주위에 두꺼운 미엘린이 형성된다. 그러면 신호의 속도와 질이 향상되면서 회로의 효율성이 높아진다.

가라테를 예로 들어보자. 일단 어떤 품세를 익히면, 그 품세를 보다 복잡한 동작을 하는 데 응용할 수 있다. 그리고 머지않아 낯선 상황에 직면해도 자연스럽게 새로운 동작을 펼칠 수 있게 된다. 탱고를 배울 때도 마찬가지다. 다른 사람의 행동에 보조를 맞추어야 한다는 사실 때문에 집중력과 판단력, 정확도가 높아지면서 상황의 복잡성이 기하급수적으로 늘어난다. 여기에 재미와 사교성까지 보태게 되면 뇌와 신체의 모든 근육이 최고로 높은 수준까지 활성화된다. 그러면 몸은 다음에 하게 될 일을 수행하기에 최적의 상태가 된다. 바로 이것이 우리가 운동을 해야 하는 이유다.

chapter 3

스트레스는
뇌를
부식시킨다

수전의 스트레스는 극에 달했다. 집을 고치러 온 사람들이 부엌을 점령한 지가 일 년이 넘어가자 이제는 집안이 조용해지면 오히려 요란한 소음이 들릴 때보다 불안했다. 고요함은 어떤 이유로 일을 멈추었다는 뜻이며, 그러면 공사가 더욱 지연될 것이라는 생각 때문이었다. 수전은 도대체 언제쯤이면 예전의 생활로 돌아갈 수 있을지 알 수 없었다.

겪어본 사람은 누구나 인정하겠지만, 보수공사는 정말 사람의 마음을 불안정하게 만든다. 낯선 사람들이 하루 종일 집 안을 들락거리고, 자질구레한 일들이 끊임없이 생기며 온 집안에 먼지가 가득한, 그야말로 난장판이다. 그런 가운데 공사 업자는 가끔 한 번씩 들러서는 마치 제 집인 양 편안하게 행세한다.

40대 여성인 수전은 세 아들의 엄마로서 학부모 교사 협의회 회장직을 맡고 있으며, 승마와 자원봉사 등의 활동을 하며 이제껏 활동적이고 사교적으로 살아온 사람이었다. 그런데 갑자기 하루 종일 집에 머무르며 인부들이 오기를 기다리는 신세가 된 것이다. 그날은 일을 하지 말아달라는 말 한 마디를 전하기 위해 기다리는 경우도 있었다. 누구라도 미칠 지경에 이를 만한 상황이었다.

엉망이 된 집에 갇혀버린 수전은 도대체 무얼 하면 좋을지 알 수 없었다. 그러다가 언제부터인가 날카로워진 신경을 누그러뜨리기 위해 포도주를 마시기 시작했고, 그 양은 점차 늘어갔다. 그리고 머지않아 점심시간도 채 되기 전부터 포도주를 마시는 지경에 이르렀다.

수전의 행동반경은 점차 좁아져갔다. 동시에 두뇌도 줄어들고 있었다. 마침내 수전은 스트레스를 씻어내리던 음주 습관이 점차 알코올 중독 수준으로 발전할까 두려워 내게 진료를 받으러 왔다.

상담 내용은 어떻게 하면 스트레스를 받을 때마다 술을 마시는 습관을 떨쳐버릴 수 있을지에 관한 것이었다. 나는 수전이 당장 집에서 할 수 있는 뭔가를 찾아주고 싶었는데, 그것은 술의 유혹을 떨치고 스트레스 자체를 줄일 수 있는 활동이어야 했다. 수전은 운동을 별로 즐기지 않았지만 운동신경은 좋은 편이었고, 대화를 하다 보니 줄넘기를 좋아한다는 사실을 알게 되었다.

"잘됐군요. 앞으로 스트레스를 느낄 때마다 줄넘기를 해보세요."

나중에 다시 진료를 받으러 온 수전은 집 안 곳곳에 줄넘기를 두었더니 포도주를 마시는 습관이 고쳐졌다고 말했다. 운동을 한 기간은 아주 짧았지만, 수전은 벌써 자제력이 강해졌고 불안한 마음이 줄어 안도감을 느낀다고 했다. 수전이 말했다.

"두뇌를 껐다가 다시 켠 느낌이에요."

다시 생각해보는 스트레스의 개념

누구나 스트레스에 대해서 안다고 생각하지만 정말 그럴까? 스트레스는 종류마다 양상과 강도가 다르고, 급성과 만성으로 나뉜다. 몇 가지 예를 들자면 사회적 스트레스, 신체적 스트레스, 대사 스트레스 등이 있다.

대부분의 사람들은 스트레스의 원인과 결과를 분별하지 않고 모두 스트레스라고 부른다. 즉 환경이 우리에게 가하는 입력을 지칭할 때에도 "요즘 스트레스가 너무 많다"라고 말하고, 감당하기 힘든 상황 때문에 생기는 감정도 "스트레스가 너무 쌓여서 생각을 제대로 할 수가 없다"라는 식으로 표현한다. 심지어 전문가들조차도 스트레스를 느끼게 만드는 상황과 그런 상황에 대한 심리적인 반응을 구별하지 않는 경우가 종종 있다.

스트레스의 정의가 그처럼 느슨한 이유는 스트레스가 경미한 긴장 수준에서부터 인생의 굴곡에 완전히 압도당하는 느낌까지 실로 다양한 감정 상태를 포괄하기 때문이다. 스트레스가 극도에 다다른 외로운 사람은 약간 어려운 정도의 문제도 극복할 수 없는 장애물처럼 느낀다.

이런 상태가 지속되는 현상을 만성 스트레스라고 부른다. 이 시점에 이르면 정서적인 긴장이 물리적인 긴장으로 바뀐다. 그렇게 되면 신체적 스트레스 반응의 파급 효과는 고혈압이나 심장 질환, 암과 같은 질병뿐만 아니라 불안증이나 우울증 같은 본격적인 정신장애로 이어질 수 있다. 심지어 뇌 구조까지 손상되기도 한다.

그렇다면 스트레스라는 애매한 개념을 어떻게 이해하면 좋을까? 한 가지 방법은 생물학적인 정의를 기억하는 것이다. 스트레스는 기본적으로 몸의 평형 상태에 대한 위협이다. 반응을 하라는 도전이고, 적응을 하라는 요구이다. 뇌에서는 세포를 활동하게 하는 것은 무엇이든 스트레스라고 간주한다. 뉴런이 신호를 전달하려면 에너지가 필요하고, 필요한 에너지를 만드는 과정은 세포를 지치고 피로하게 만들기 때문이다. 그러므로 스트레스라는 느낌은 뇌세포에 가해지는 부담이 감정에 반영되어서 겉으로 드러나는 현상에 불과하다.

의자에서 일어나는 행위가 스트레스를 준다고 생각하는 사람은 없을 것이다. 실제로도 스트레스를 주지 않는다. 그렇지만 생물학적으로 말하면 분명 스트레스를 주는 행위다. 직장을 잃는 데 따르는 스트레스와 강도 면에서 차이는 나겠지만, 중요한 사실은 두 가지 사건이 신체와 뇌에서 동일한 경로 부위를 활성화한다는 점이다. 일어서는 행위는 움직임을 조율하기 위한 뉴런을 활성화하며, 실직에 따른 근심은 더욱 많은 뉴런의 활동을 초래한다는 차이가 있을 뿐이다. 감정은 뉴런이 서로 신호를 주고받으며 생기는 산물이므로 뉴런의 활동량이 더 많은 것에 불과하다.

이와 마찬가지로 외국어를 배우거나 새로운 사람을 만나는 일, 근육을 움직이는 일 등은 모두 뇌를 활동하게 한다. 그러므로 모두가 일종의 스트레스인 셈이다. 뇌에게는 단지 정도의 차이만 있을 뿐 모두가 똑같은 스트레스다.

면역력을 길러라

신체와 뇌가 스트레스에 반응하는 데에는 많은 요인들이 관여한다. 유전적인 배경과 개인적인 경험도 상당한 영향을 끼친다. 현대 사회는 과거 어느 때보다 인간의 생물학적인 진화와 사회 발전의 간극이 크다. 예를 들면 오늘날에는 흔히 '투쟁 혹은 도주'라고 불리는 스트레스 반응이 상황에 그다지 적합하지 않은 경우가 많다. 직장에서 스트레스를 받는다고 상사의 따귀를 갈기겠는가? 아니면 그 자리에서 돌아서서 도망쳐 나오겠는가? 해결책은 스트레스에 대응하는 방식에 있다. 스트레스를 극복하는 방법에 따라 스트레스가 감정과 뇌에 끼치는 영향은 달라진다. 예컨대 수동적으로 대응하거나 해결책이 없다고 체념하게 되면 스트레스는 우리에게 심각한 해를 끼친다.

만성적 스트레스는 대부분의 정신질환과 마찬가지로 뇌가 동일한 패턴, 즉 비관주의, 두려움, 도피 등에 갇힐 때 발생한다. 스트레스를 극복하려는 적극적인 행동을 취하면 그 패턴에서 빠져나올 수 있다. 본능을 제외하고 말한다면, 우리는 분명 스트레스가 우리에게 끼치는 영향을 어느 정도 통제할 수 있다. 또 스스로 주변 상황을 통제하고 있다고 느끼는 것이야말로 문제를 해결하는 열쇠다.

운동은 스트레스를 받는다는 느낌을 정서적·육체적으로 통제해주며, 세포 차원에서도 마찬가지 역할을 한다. 운동 자체가 일종의 스트레스라면 도대체 어떻게 이런 일이 가능할까?

운동을 하게 되면 뇌는 세포를 손상할 수 있는 분자를 부산물로 만들어낸다. 그러나 정상적인 상황에서는 복구 기전이 작동해서 손상된 세포를 더욱 강하게 만든다. 단단한 근육이 형성되는 것과 마찬가지로 뉴런도 일단 찢어졌다가 더욱 강하게 새로 형성되는 것이다. 다시 말해서 스트레스는 뉴런의 회복력을 키워준다. 이런 방식으로 운동은 신체와 정신이 상황에 적응하는 능력을 강화해준다.

스트레스와 복구라는 기본적인 생물학의 패러다임은 때로 강력하고 놀랄 만한 결과를 불러일으킨다.

1980년대의 일이다. 미국 에너지성이 전문가들에게 방사능에 지속적으로 노출된 사람에게 일어나는 현상을 연구하는 일을 맡겼다. 전문가들은 볼티모어의 핵 조선소에서 근무하는 두 집단의 근로자들을 비교해보았다. 작업 조건은 거의 비슷했으나 한 가지가 달랐다. 한 집단은 일을 하면서 취급하는 물질로부터 미량의 방사능에 노출되었고, 다른 집단은 방사능에 전혀 노출되지 않았다. 에너지성은 그들을 1980년부터 1988년까지 정밀하게 추적 조사했다. 그런데 연구 결과는 충격적이었다. 방사능이 근로자들을 더 건강하게 만들었기 때문이다.

방사능에 노출된 2만 8천 명의 근로자들이 방사능에 노출되지 않은 3만 2천 명의 근로자들보다 사망률이 24퍼센트나 더 낮았다. 이 결과는 건강을 해치는 독소로 여기고 두려워했던 물질이 오히려 정반대의 역할을 한다는 점을 보여준다.

방사능은 세포에 손상을 입힌다는 점에서 일종의 스트레스다. 그리고 수치가 높아지면 세포를 파괴해서 암 같은 질병을 일으킬 수도 있다. 그런데 이 경우에는 방사능 수치가 아주 낮아서 거기에 노출된 근로자들의 세포를 죽이는 게 아니라 오히려 강하게 만들어놓았다. 그러니 어쩌면 스트레스는 그리 나쁜 것이 아닐지도 모른다. 하지만 이 연구 결과는 원래의 목적인 방사능의 해로운 효과를 보여주는 데 실패하여 공개되지 않았다.

🏃 스트레스와 복구라는 생물학적인 현상을 보면, 스트레스가 뇌에 끼치는 영향은 백신이 면역체계에 끼치는 영향과 유사하다. 적당량의 스트레스는 뇌세포로 하여금 손상된 부위를 원래보다 더 단단하게 복구하게 함으로써 이후에 닥칠 어려움에 대한 대처 능력을 키워준다. 신경과학자들은 이런 현상을 '스트레스 예방접종'이라고 부른다.

오늘날 우리는 스트레스를 줄이는 방법에 너무 몰두한 나머지, 오히려 위협적인 상황 때문에 우리가 열심히 노력해서 배우고 성장한다는 사실을 잊고 있다. 세포 차원에서 본다면, 스트레스는 뇌의 성장을 자극하는 일종의 스파크다. 스트레스가 너무 심하지 않고 뉴런이 회복될 수 있는 시간만 있다면, 뉴런 간의 연결은 더욱 강화되어 결과적으로 정신적 기능이 향상된다. 스트레스는 유익함의 여부를 따질 대상이 아니다. 우리 삶에 필수불가결한 요소다.

경보 체계

스트레스에 대한 신체 반응은 원시적인 생존 본능에서 비롯된 진화의 산물로, 그것이 없었다면 인간은 오늘날까지 살아남지 못했을 것이다. 스트레스에 대한 반응은 원인에 따라 경미한 것에서 극심한 것에 이르기까지 실로 다양하다.

극심한 스트레스는 흔히 '투쟁 혹은 도주' 반응이라고 부르는 급박한 심리 상태를 일으킨다. 투쟁 혹은 도주 반응은 신체와 뇌가 비상사태에 대처할 태세를 갖추는 데 모든 자원을 결집하고, 무슨 일이 일어났는지를 기억해서 다음에 똑같은 사태를 방지하는 복잡한 생리적 반응이다.

신체가 스트레스에 대응하려면 위협의 강도가 상당히 높아야 한다. 하지만 기본적인 기능인 집중력과 에너지, 기억력을 관장하는 부위는 아주 사소한 자극에도 반응한다. 다른 요소들을 모두 배제한다면, 스트레스에 대한 우리의 본능적인 반응은 위협적인 상황에 관심을 집중하고 대응한 다음 그 대응 과정을 앞날을 위해 기억해두는 것이다. 나는 이 마지막 과정이 바로 '지혜'라고 생각한다.

투쟁 혹은 도주 반응은 신체에서는 가장 강력한 호르몬 몇 가지를, 뇌에서는 신경화학물질 수십 가지를 활성화한다. 두뇌의 비상 단추에 해당하는 편도는 신체의 평형 상태에 위협이 될 만한 상황을 감지했다는 정보를 받으면 연쇄반응을 작동시킨다. 사냥을 당하는 입장에 처하면 물론이거니와, 사냥을 할 때에도 비상사태가 선포된다.

> 🏃 편도는 정보를 받으면 현재 상황이 생존과 얼마나 관련이 있는지를 결정한다. 공포감 외에 긴장된 감정 상태, 가령 황홀감이나 성적인 흥분도 스트레스 반응을 불러일으킨다. 복권에 당첨되거나 슈퍼모델과 함께 식사를 해도 편도가 반응할 수 있다. 이런 일은 스트레스를 줄 것 같지 않지만, 뇌는 상황이 우리에게 이로운지 해로운지를 구별하지 않는다는 사실을 기억하라. 편도는 뇌의 많은 부위와 연결되어 있어서 다양한 정보를 얻는다. 일부는 최고 인지 기관에 해당하는 전전두엽 피질을 통해 들어오며, 다른 일부는 전전두엽 피질을 통하지 않고 직접 들어온다. 이런 이유로 무의식적인 지각이나 기억조차도 스트레스 반응을 불러일으킨다.

비상사태를 감지하자마자 편도는 부신에게 여러 가지 호르몬을 단계마다 분비하라는 신호를 보낸다. 제일 먼저 노르에피네프린이 교감신경계를 통해서 온몸에 빛처럼 빠른 전기적인 신호를 보내면, 부신은 에피네프린(아드레날린)이라는 호르몬을 혈액 내에 퍼뜨린다. 그러면 우리는 혈압이 높아지고 심장박동과 호흡이 빨라지는 등 스트레스에 따른 신체적인 흥분을 느끼게 된다.

이와 동시에 노르에피네프린과 부신피질 자극호르몬 방출인자가 편도에서 시상하부까지 전달한 신호들을 신경전달물질이 건네받아 혈액을 타고 천천히 온몸으로 퍼진다. 이 신호들을 받은 뇌하수체가 부신의 다른 부분을 자극하면서 스트레스 대응에서 두 번째로 중요한 호르몬인 코르티솔이 분비된다.

시상하부에서 뇌하수체를 거쳐 부신에 이르는 연결 통로를 스트레스 축 또는 시상하부–뇌하수체–부신 축이라고 부른다. 스트레스 축은 코르티솔의 분비를 촉진하여 스트레스 대응을 시작하기도 하고 끝내기도 하는 아주 중요한 역할을 담당한다.

한편 편도는 해마에게 기억을 저장하라고 신호를 보낸다. 또한 당면한 위험에 어느 정도로 대응할 것인지를 결정한 뒤에 상황에 적절한 행동을 취하도록 전전두엽 피질이 신호를 올려 보낸다.

굳이 명백한 위험이 눈앞에 닥치지 않더라도 스트레스 반응을 나타낸다는 점에서 인간은 다른 동물과는 구별된다. 위험을 미리 예상하거나 기억할 수 있으며, 개념화 또한 가능하다. 바로 이러한 능력이 삶을 대단히 복잡하게 만든다. 록펠러 대학의 신경과학자 브루스 매큐언은 《우리가 알고 있는 의미의 스트레스의 종말The End of Stress as We Know It》에 이렇게 썼다.

"우리의 정신은 위협적인 상황을 상상하는 것만으로도 스트레스 대응을 촉발할 수 있을 정도로 강력하다."

다시 말해서 우리는 생각만으로도 격분 상태에 이를 수 있다는 뜻이다. 여기에는 이면에 중요한 뜻이 담겨 있다. 격분 상태에서 '달려서' 도망쳐 나올 수도 있다는 뜻이기 때문이다. 정신이 신체에 영향을 주는 것과 마찬가지로 신체 또한 정신에 영향을 끼칠 수 있다. 문제는 신체를 움직임으로써 정신 상태를 바꿀 수 있다는 개념을 일반인들은 물론이고 대부분의 의사들도 받아들이지 않고 있다는 것이다.

정신과 의사로서 내가 전문적으로 하는 일은 주로 정신과 신체의 상호관계와 관련된 것이며, 그 상호관계는 특히 스트레스 상황과 밀접한 관련이 있다. 투쟁 혹은 도주 반응의 목적은 결국 신체가 행동하게 만드는 것이다. 따라서 신체 활동은 스트레스의 부정적인 영향을 방지하는 자연스러운 방법이다. 스트레스를 느낄 때 운동을 하는 것은 수백만 년 동안 진화해온 인간의 스트레스 대응 방법이다.

초점

투쟁 혹은 도주 반응의 가장 중요한 원칙은 현재 당면한 상황에서 필요한 자원을 동원하는 것이다. 미래를 위한 대비는 나중 문제다.

에피네프린이 분비되면 심장박동이 빨라지고 혈압이 높아지며, 폐의 기관지가 확장되어 근육에 산소 공급이 더 많이 되는 등의 신체 변화가 일어난다. 에피네프린은 근육방추에 결합해서 활동하기 직전 상태인 근육의 긴장도를 높인다. 그러면 근육은 활동할 준비가 갖추어진다.

상처를 입어도 피를 최소한으로 흘리도록 피부의 혈관은 수축된다. 또 고통을 줄이기 위해 신체에 엔도르핀이 분비된다. 이런 상황에서는 음식물 섭취나 생식 행위와 같은 생물적인 본능은 뒤로 미루어진다. 침 분비와 소화기관은 작동을 멈추고, 방광을 죄던 근육은 포도당을 낭비하지 않기 위해 이완된다.

청중 앞에서 연설을 하면서 긴장을 해본 경험이 있는 사람은 이처럼 입이 마르고 심장이 요동치는 신체 변화를 경험해보았을 것이다. 근육과 뇌가 경직되면서 여유 있게 연설에 몰두할 가능성이 사라진다. 혹시라도 전전두엽 피질이 편도에 보내는 신호가 끊어지면 생각이 멈추고 그 자리에 얼어붙게 된다. 그러므로 엄밀하게 말하자면, 극도의 스트레스에 대한 대응은 '동결 혹은 투쟁 혹은 도주'라고 불러야 마땅하다. 일단 연단 위에 서게 되면 이러한 지식은 아무런 도움도 주지 못하지만, 배고픈 사자를 바라보든 어수선한 청중을 내려다보든 신체는 기본적으로 동일하게 반응한다.

뇌를 경계 상태로 만드는 신경전달물질은 노르에피네프린과 도파민이다. 노르에피네프린이 일단 경각심을 불러일으키면 도파민이 집중력을 날카롭게 만든다. ADHD를 지닌 사람들이 스트레스 중독자처럼 행동하는 것은 두 신경전달물질의 균형이 잘 맞지 않기 때문이다. 그들은 스트레스를 받아야만 집중을 할 수 있는 것이다. 행동이 굼뜬 것도 주로 이러한 이유 때문인데, 스트레스가 노르에피네프린과 도파민을 분비시킬 때를 기다리는 것이다. 그런 연후에야 차분히 앉아서 일을 할 수 있기 때문이다.

이렇게 스트레스가 필요하기 때문에 ADHD 환자는 가끔 자신의 기반을 일부러 무너뜨리는 것처럼 보인다. 모든 일이 잘 되어갈 때에는 상황을 휘저어야만 스트레스를 받을 수 있기 때문에 무의식적으로 위기 상황을 창출하는 방법을 모색한다. 예전에 어떤 여성 환자는 일련의 관계 기능장애를 겪은 후 마침내 자신에게 잘 대해주는 맘에 드는 남자를 만나게 되었다. 그런데 관계가 잘 진전될 때마다 그녀는 상대에게 괜히 시비를 걸었다. 그래서 스트레스 중독자의 전형적인 행동에 대해 설명해주었더니 그제야 비로소 자신의 성향을 인식하게 되었다.

연료

스트레스 대응 활동이 예상되면, 에피네프린은 근육과 뇌에 필요한 연료를 공급하기 위해 글리코겐과 지방산을 즉시 포도당으로 전환한다. 코르티솔은 혈액을 따라 신체를 돌면서 에피네프린보다도 천천히 일을 하지만 효과는 믿기 힘들 만큼 광범위하다. 스트레스에 대응하면서 이루어지는 코르티솔의 역할은 다음과 같다.

- 신진대사의 교통을 정리한다.
- 에피네프린의 역할을 넘겨받아 더 많은 포도당을 혈액 속에 분비하라고 간에 신호를 보낸다.
- 중요하지 않은 조직과 기관의 인슐린 수용체를 차단하고, 그 밖의 여러 통로도 차단하여 스트레스 대응에 필요한 부분에만 연료가 공급되게 한다. 즉 뇌에 포도당이 충분히 공급되도록 신체로 가는 인슐린을 차단한다는 전략이다.
- 에피네프린이 활동하면서 소모한 저장 에너지를 다시 채워 넣는다. 단백질을 글리코겐으로 전환하고, 지방을 저장한다.

만일 만성 스트레스 상황처럼 이러한 과정이 지속되면 코르티솔의 활동으로 여분의 연료가 복부 지방의 형태로 배에 축적된다. 이런 이유로 마라톤 선수들은 격심한 훈련에도 불구하고 배에 약간의 지방질이 축적되어 있다. 신체가 균형을 완전히 회복할 틈이 없기 때문이다. 이처럼 우리의 신체에 내장된 스트레스 반응은 사용하지 않을 에너지를 저장한다는 점이 문제다.

스트레스 대응의 초기 단계에는 코르티솔이 인슐린 유사 성장인자의 분비를 촉진하기도 하는데, 이것은 세포에 연료를 공급하는 데 매우 중요하다. 뇌는 무게가 신체의 3퍼센트에 불과하지만 전체 포도당의 무려 20퍼센트를 소비한다. 하지만 뇌에는 포도당을 저장할 장소가 없다. 그래서 뇌가 정상적으로 작동하려면 코르티솔이 포도당을 끊임없이 공급해주어야 한다.

이처럼 공급되는 연료의 양이 한정되어 있기 때문에 뇌는 필요에 따라 에너지 자원을 적절하게 옮기도록 진화되었다. 다시 말해서 다양한 정신 활동은 연료를 두고 서로 경쟁하는 관계다. 모든 뉴런이 동시에 신호를 보낼 수는 없으므로 뇌의 한 가지 기능이 활성화되면 다른 기능은 잠시 활동을 멈추어야 한다. 만성 스트레스 때문에 스트레스 축이 스트레스에 대비하느라 모든 연료를 소모하면, 사고 기능은 모든 에너지를 빼앗기게 된다.

지혜

진화의 결과로 스트레스 상황을 기억에 저장할 수 있게 되자, 인간은 환경에 더 쉽게 적응했다. 우리 선조들이 겪은 경험이 결집된 지혜들 덕분에 인간은 오늘날까지 살아남을 수 있었으며, 코르티솔은 그 과정에서 가장 중요한 역할을 수행했다.

신경과학자 브루스 매큐언이 1960년대에 쥐의 해마에서 코르티솔 수용체를 처음 발견한 이래로 붉은 털 원숭이에게도, 마침내는 인간에게도 코르티솔 수용체가 있다는 사실이 밝혀졌다. 처음에 과학자들이 여기에 놀란 이유는 코르티솔이 실험실의 세균 배양 접시에 들어 있는 뇌세포를 파괴한 사실을 알고 있었기 때문이다.

"기억을 저장하는 데 코르티솔이 하는 역할은 무엇일까요? 현재까지 우리가 아는 거라고는 해마에서 기억이 형성될 때 적정량의 코르티솔이 없으면 학습 능률이 떨어진다는 사실입니다."

매큐언은 이렇게 말하면서 아직 자세한 과정은 밝혀지지 않았다고 덧붙였다.

스트레스와 마찬가지로 코르티솔도 유익하다거나 해롭다고 말하기가 어렵다. 양이 적절할 때에는 기억 형성에 도움이 되지만, 양이 너무 많으면 오히려 학습 능력을 억제하기 때문이다. 실제로 과도한 양의 코르티솔은 뉴런 간의 연결을 부식시키고 기억을 파괴한다. 해마는 어떤 사건이 언제 어디서 어떻게 일어났는지 그 상황을 기억하고, 편도는 공포나 흥분 같은 감정 상태를 기억한다. 전전두엽의 명령을 받은 해마는 현재 상황과 저장된 기억을 비교하고 이렇게 대답한다.

"걱정 마. 이건 나뭇가지야. 뱀이 아니라고."

해마는 스트레스 축의 정보 흐름을 차단하고 스트레스 대응을 끝낼 능력을 갖고 있다. 이미 과도하게 흥분을 한 상태가 아니라면 말이다.

비상사태가 발생하면 몇 분 이내로 뇌의 주요 스트레스 물질인 코르티솔, 부신피질 자극호르몬 방출인자, 노르에피네프린이 세포 수용체에 달라붙는다. 그러면 해마에서 모든 신호를 내보내는 책임을 맡고 있는 흥분성 신경전달물질 글루탐산염이 활성화된다. 글루탐산염의 활동이 증가하면 해마에서는 정보의 흐름이 빨라진다. 또한 시냅스에서는 동력 구조가 변화해서 신호를 보다 용이하게 보낼 수 있게 되어 글루탐산염을 덜 요구하게 된다. 그렇다면 처음부터 스트레스 반응은 기억을 하는 주요 기전인 장기 강화를 도와주는 셈이다.

단기 기억은 이와 같이 해마에 있는 뉴런의 흥분도가 맨 처음 높아지는 시점에 형성되는 듯하다. 그런 다음 코르티솔의 수치가 정점에 도달하면서 코르티솔이 세포 내부에 있는 유전자를 활성화하고, 새로운 세포를 만들기 위한 재료인 단백질이 더욱 많이 생성된다. 그 결과 수상돌기와 수용체가 많아지고, 시냅스 또한 두꺼워진다.

바로 이 시점이 호기심을 끄는 부분이다. 두터워진 세포는 생존에 필요한 기억을 강화하고, 거기에 관련된 회로를 구성하는 뉴런들이 다른 목적을 위해 차출되지 못하게 보호막을 친다. 일반적인 상황이라면 그 뉴런들은 다른 목적을 위한 회로의 일부분이 될 수도 있다. 하지만 스트레스 상황에서는 이미 설명한 것처럼 새로운 정보가 뉴런을 불러 모아 자기 기억 회로를 형성하기가 매우 어렵다. 스트레스의 영향 아래에 있는 뉴런을 차출하려면 상당한 강도의 자극이 있어야만 하기 때문이다.

스트레스에 대응하는 동안에 스트레스와 관계 없는 기억들이 차단되는 현상은 바로 이러한 이유 때문일 확률이 높다. 또한 높은 코르티솔의 수치가 계속 유지되는 만성 스트레스 상황이나 기분이 우울할 때에는 왜 학습에 곤란을 겪는지도 설명이 가능하다. 이런 경우 사람들은 의욕이 부족해서 학습을 하지 못하는 것이 아니다. 해마의 뉴런이 글루탐산염의 활동을 강화하고 보다 덜 중요한 활동을 억제하기 때문에 학습 능력이 떨어지는 것이다. 즉 뇌의 모든 자원이 스트레스 대응에 집중하기 때문이다.

사람을 대상으로 한 실험에서 밝혀진 또 다른 사실은 과잉 코르티솔이 뇌에 저장된 기존의 기억을 꺼내는 과정까지 방해한다는 점이다. 그래서 실제로 불이 났을 때 사람들이 비상구의 위치를 기억해내지 못하는 경우가 종종 있다. 스트레스가 과중한 상황에서는 다른 기억을 저장하는 능력이 현저히 떨어지며, 저장되어 있는 기억조차 꺼내기가 어려운 경우도 있다. 즉 과잉 스트레스 상황에서는 코르티솔이 뉴런을 부식시키는 효과가 발생한다.

본능에 저항하기

스트레스 반응은 오래전부터 정교하게 설계된 적응 행위이지만, 오늘날에는 위기 상황을 극복하기 위해서 먼 거리를 움직일 필요가 없기 때문에 저장해둔 에너지를 사용할 기회가 없다. 그러므로 마치 스트레스에 대처하는 것처럼 의식적으로 신체적인 활동을 하여 에너지를 소모해야 한다.

사람의 신체는 정기적으로 활동을 하도록 설계되었다. 그럼 과연 활동량은 어느 정도여야 할까? 200만 년 전의 호모 사피엔스 시절에서 만 년 전의 농업혁명에 이르기까지 살았던 모든 인간은 사냥과 채집을 통해서 식량을 구했다. 그들은 강도 높은 신체 활동을 한 뒤 며칠간 휴식을 취하는 형태, 즉 폭식과 기아가 반복되는 삶을 영위했다.

우리 선조들이 얼마나 많은 운동을 했는지 계산해보고, 그것을 현대인이 운동에 할애하는 시간과 비교해보면 문제는 명확해진다. 우리의 에너지 소모량은 석기시대 선조들의 38퍼센트에 불과하다. 게다가 우리는 선조들보다 상당히 많은 칼로리를 섭취한다고 해도 과언이 아니다. 정부에서 권고하는 운동량 가운데 가장 강도 높은 프로그램을 따라 매일 30분간 운동을 한다 해도 우리의 유전자에 내장된 에너지 소모량의 반도 사용하지 못한다. 구석기시대 사람들은 단순히 식량을 구하기 위해서 하루 평균 8~16킬로미터나 걸어야 했다.

오늘날에는 식량을 구하는 데 그만큼 많은 에너지를 소모할 필요가 없다. 더군다나 다음에 먹을 식량을 어디서 찾을 것인지 궁리하기 위해 두뇌를 사용할 일은 더더욱 없다. 이런 상황은 불과 한두 세기 전부터 시작된 데 반해서 생물학적인 진화는 수만 년에 걸쳐서 이루어진 것이다. 바로 여기서 우리의 생활방식과 유전자의 괴리가 발생한다.

인간의 유전자는 저축심이 왕성하므로 우리가 책상 앞에 앉아 있는 동안에도 끊임없이 에너지를 비축한다. 코르티솔을 차단함으로써 뱃살을 빼준다는 광고를 본 적이 있을 것이다. 그런데 사실 배는 기아가 닥칠 때를 대비해서 에너지를 저장해두는 자신의 임무에 충실한 것뿐이다.

만성 스트레스 상황에서는 저장된 에너지가 배 주변에 자동차 타이어 모양으로 쌓인다. 그러면 보기에도 별로 좋지 않을뿐더러 건강에도 해롭다. 저장된 지방이 종종 심장으로 거슬러 올라가 동맥경화를 일으키기 때문이다.

스트레스 상황을 겪은 뒤에는 자신을 위로하기 위한 음식을 간절하게 원함으로써 지방 축적을 더 부추긴다. 우리의 몸은 포도당을 더 달라고 애원하고, 그래서 섭취한 탄수화물과 지방(예컨대 설탕을 탐스럽게 입힌 도넛)은 손쉽게 연료로 전환된다. 그리고 현대인들은 부족 공동체 생활을 하지 않으므로 친구가 별로 없고 주위로부터 도움도 받지 않는다. 홀로 생활을 하는 것은 뇌에 별로 이롭지 않다.

과학자들이 쥐에게 생리적인 스트레스 반응을 유발하기 위해 주로 사용하는 방법은 무리로부터 떼어놓는 것이다. 단순히 격리만 시켜놓아도 스트레스 호르몬은 활성화된다. 인간도 마찬가지다. 다른 사람들과 접촉하지 않거나 고립된 생활을 하면 스트레스가 발생한다. 외로움은 생존을 위협한다.

운동을 삶의 일부로 만들면 사회적인 활동이 더욱 활발해진다는 연구 결과도 있다. 운동이 자신감을 높여주고 다른 사람을 만날 기회를 제공하기 때문이다. 운동을 하면서 생기는 활력과 의욕은 사회적인 연결망을 확립하고 유지하는 데 도움을 준다.

일을 하지 않고 쉬려는 욕구에는 아무런 문제가 없다. 쉬는 시간을 어떻게 보낼 것이냐가 중요한 문제다. 어떤 사람은 지방과 당분이 듬뿍 함유된 음식을 섭취하여 기운을 되찾으려 하고, 또 어떤 사람은 술을 마시며 긴장을 푼다. 심지어 마약이나 그 밖의 중독성 물질에서 위안을 찾으려다가 곤경에 빠지는 사람도 있다. 이런 방법 대신 운동을 하거나 최소한 다른 사람들과 교제하는 것이 스트레스에 대처하는 보다 진화된 수단이다.

수전의 경우처럼 운동이 단순한 대체 행위에 불과할 정도로 쉬울 때도 있다. 수전이라고 해서 항상 줄넘기를 열성적으로 하는 것은 아니다. 그렇지만 한동안 운동을 하지 않으면 스스로에게 운동 후의 기분을 상기시킨다고 한다.

"규칙적으로 운동을 하면, 포도주를 마시거나 맛있는 음식을 먹을 때 느끼는 것과 똑같은 유쾌함이나 행복을 느끼게 돼요. 그런 느낌은 뇌에서 일어나는 욕구나 갈망을 잠재워주기 때문에 자유로이 앞날에 대해 생각할 여유를 주지요."

경미한 스트레스는 뇌에 좋다

근육을 키우려면 우선 근육을 파괴한 다음에 휴식을 취해야 한다. 이와 마찬가지로 적당한 양의 스트레스는 세포에 내장된 회복 기능과 복구 기전을 활성화한다. 운동의 커다란 장점은 바로 이처럼 근육과 뉴런의 회복 과정을 활성화한다는 점이다. 운동을 하면 신체와 정신은 보다 강건해지고 회복력도 커진다. 또 판단력이 빨라지고 상황에 보다 쉽게 적응하게 되면서 역경을 헤쳐나갈 능력이 향상된다.

규칙적인 유산소운동은 심장박동이 빨라지고 스트레스 호르몬이 분비되는 등의 심각한 반응이 일어나기 전에 스트레스를 조절할 수 있도록 신체를 안정시킨다. 운동의 효과로 신체의 스트레스 한계점이 높아지는 것이다. 뇌에서는 운동이라는 적당한 스트레스가 특정 유전자를 활성화해서 파괴나 질병으로부터 세포를 보호해주는 단백질이 생성된다. 그래서 신경세포의 기초 구조가 튼튼해진다. 운동은 뇌세포의 스트레스 한계점 또한 높여준다.

세포가 스트레스를 받고 회복하는 역동적 기능은 산화, 대사, 흥분이라는 세 가지 방면에서 일어난다.

신경세포가 자극을 받고 활동을 시작하면 세포 속에 있는 대사 기관이 마치 아궁이 속 점화용 불씨처럼 점화된다. 세포가 포도당을 흡수하면 미토콘드리아는 포도당을 세포의 주요 연료인 ATP삼인산 아데노신로 변화시킨다. 이 과정에서 다른 모든 에너지 전환 과정에서처럼 쓸모없는 부산물이 생성된다. 이것을 산화 스트레스라고 부른다.

정상적인 상황에서는 세포가 효소를 생성하기도 하는데, 이때 효소의 역할은 세포의 구조를 파괴하는 불량 전자를 함유한 분자 또는 자유라디칼과 같은 폐기물을 청소하는 일이다. 이처럼 산화 스트레스로부터 몸을 보호하는 효소는 우리 몸에 있는 항산화제다.

대사 스트레스는 세포가 적절한 양의 ATP를 생성하지 못할 때 일어나는 현상이다. 그 원인은 포도당이 세포 속으로 들어갈 수 없어서일 수도 있고, 포도당의 양이 충분하지 않아서일 수도 있다.

흥분독성 스트레스는 글루탐산염의 활동이 너무 활발해서 증가된 정보의 흐름에 필요한 에너지를 공급해줄 ATP가 충분하지 않을 때 발생한다. 회복할 시간이 주어지지 않고 이런 현상이 지속되면 심각한 문제가 발생한다. 파괴된 부분을 복구할 음식이나 그 밖의 자원이 없이 계속 일을 하면 세포는 죽어가기 시작한다. 수상돌기가 점차 오그라들다가 결국에는 세포 자체가 소멸하는 것이다. 이런 현상이 바로 알츠하이머병이나 파킨슨병, 혹은 노화의 근원적 기전인 신경퇴행이다. 과학자들이 세포 스트레스에 대한 신체의 대응 수단을 발견한 것은 주로 이런 질병들을 심도 있게 연구한 결과다.

2장에서 밝혔듯이 손상된 세포를 복구하는 연쇄반응에서 가장 강력한 요소는 신경세포 성장인자, 인슐린 유사 성장인자, 섬유아세포 성장인자, 혈관 내피세포 성장인자다. 스트레스를 연구하는 학자들은 신경세포 성장인자에 큰 관심을 기울이는데, 그 이유는 에너지 대사와 시냅스 가소성이라는 신경세포 성장인자의 양면적인 역할 때문이다.

신경세포 성장인자는 글루탐산염에 의해 간접적으로 활성화되어 세포에서 보호 단백질뿐만 아니라 항산화제의 생성을 늘려준다. 그리고 장기 강화 및 새로운 신경세포의 성장을 촉진하기도 하며 스트레스에 대한 뇌의 저항력을 높여준다. 스트레스로부터 뇌를 보호하기 위한 예방 조치로 운동을 선택하게 되면, 다른 어떤 방법을 이용하는 것보다 성장인자의 활동이 더욱 왕성해진다.

섬유아세포 성장인자와 혈관 내피세포 성장인자는 뇌에서도 생성되지만 근육이 수축될 때에도 만들어져서 혈액의 흐름을 따라 뇌로 들어가 뉴런에 도움을 준다. 이런 과정이야말로 신체가 정신에 어떻게 영향을 끼치는지 가장 극명하게 보여주는 예라 하겠다.

성장인자는 스트레스, 신진대사, 기억력을 이어주는 중요한 연결고리다. 국립노화연구소의 신경과학자 마크 매트슨은 이렇게 말했다.

"뇌는 제한된 자원을 획득하기 위한 경쟁에서 유리한 위치를 차지하려고 지금처럼 복잡한 구조로 진화한 것입니다. 원시시대에는 식량을 찾는 방법을 두고 서로 지적인 경쟁을 벌여야 했으니까요."

매트슨이 최근에 발표한 연구 결과를 보면, 건강에 좋은 음식에 대한 우리의 개념을 바꾸어야 할 것 같다. 항암 효과나 항산화 효과가 있는 식품과 관련된 산업체의 논리는 주로 이렇다.

"항산화제가 풍부하게 들어 있는 브로콜리를 먹어라. 그러면 건강하게 장수할 것이다."

브로콜리가 몸에 좋은 것은 맞지만 이런 이유 때문은 아니다. 물론 항산화제를 함유하고 있지만, 그보다는 독소를 포함하고 있기 때문에 몸에 좋다는 사실이 밝혀졌다. 매트슨은 이렇게 덧붙였다.

"과일과 야채에 함유된 유익한 물질들은 원래 곤충 및 다른 동물로부터 자신을 보호하기 위한 유독 물질에서 비롯된 것입니다. 이런 물질이 인체에 들어가면 세포가 이겨낼 수 있을 정도로 약한 스트레스를 유발합니다. 예컨대 브로콜리에는 설포라판이라 불리는 물질이 들어 있는데, 이 물질은 뇌의 대사 경로에 스트레스 반응을 불러일으켜 항산화 효소를 늘려주지요. 브로콜리에 항산화제가 들어 있다는 말은 맞지만,

양이 너무나 미미해서 음식물 섭취로 몸으로 들어오는 정도로는 뇌에서 항산화제 역할을 할 수 없습니다."

앞에서 예로 든 핵 조선소 근로자들의 이야기처럼 브로콜리에 들어 있는 유독 물질이 스트레스에 대한 적응 현상을 불러일으켜 세포를 강화하는 것이다. 음식물의 섭취를 제한하거나 운동을 할 때 몸에서 일어나는 현상도 이와 똑같다.

매트슨은 여러 가지 실험을 하면서 쥐에게 주는 음식의 양을 제한했다. 그러면 적당한 양의 ATP를 생성하기에는 포도당이 모자라기 때문에 쥐들은 경미한 세포 스트레스를 겪는다. 나중에 결과를 살펴본 매트슨은 다른 쥐보다 적은 음식을 섭취하느라 스트레스를 겪은 쥐들의 수명이 무려 40퍼센트나 연장되었다는 놀라운 사실을 발견했다.

회복력이란 폐기물 처리 효소, 신경보호인자, 세포의 예정된 죽음을 늦춰주는 단백질 등이 증강되는 것이다. 이런 요소들은 앞으로 닥칠 스트레스의 침략에 대비해 신체를 방비하는 군대와 같다. 이 요소들을 신체에 쌓아두는 가장 좋은 방법은 스스로 경미한 스트레스를 가하는 것이다. 학습으로 두뇌에, 운동으로 신체에 스트레스를 주고, 섭취 열량을 줄이는 동시에 몸에 좋은 야채를 먹으면 좋다.

이 모든 활동은 세포에 부담을 주고 폐기물을 생성해서 적당한 스트레스를 유발한다. 적응하고 성장하는 인간의 놀라운 능력이 스트레스가 있어야만 발휘된다는 사실은 역설적이다. 하긴 나쁜 면이 조금도 섞여 있지 않은 좋은 일이란 없는 법이다.

비록 경미한 스트레스라 할지라도 일단 만성이 되면, 끊임없이 분비되는 코르티솔은 유전적인 활동을 불러일으켜 시냅스 간의 연결을 끊고 수상돌기를 수축시키며 세포들을 죽게 만든다. 그래서 결국에는 해마가 건포도처럼 오그라든다.

신체가 스트레스 호르몬의 분비를 멈추지 못하는 이유는 다양하다. 그 가운데 가장 명백한 것은 지속적인 스트레스다. 신체가 쉬지 못하면 회복 기능이 작동할 기회가 없어지고, 편도는 계속 신호를 내보내며 코르티솔의 분비량은 건강한 수준을 넘어서게 된다.

종종 유전적인 원인도 있다. 전염병학 표본조사에 따르면, 무작위로 사람들을 뽑아 청중 앞에서 연설을 시켰을 때 부모가 고혈압 증세가 있는 사람은 24시간이 지난 뒤에도 여전히 코르티솔 수치가 높았다. 또 환경적인 원인일 경우도 있다. 임신한 쥐가 스트레스 상황에 반복해서 노출되면, 그 쥐가 낳은 새끼는 그렇지 않은 쥐보다 스트레스 한계점이 낮아서 스트레스가 육체적으로나 심리적으로 쉽게 극한까지 도달한다.

자기 존중감이 낮은 사람들도 스트레스 한계점이 낮은데, 어느 쪽이 원인이고 어느 쪽이 결과인지는 아직 분명하게 밝혀지지 않았다. 그리고 타고난 성향이나 자라온 환경과는 상관없이, 욕구불만을 해소할 길이 없거나 상황을 통제하지 못한다는 느낌이 들 때, 또는 주변으로부터 아무런 도움을 받지 못할 때에는 만성 스트레스의 악영향이 나타난다. 특히 희망이 없을 때에는 뇌가 스트레스 반응을 멈추지 않는다.

스트레스 한계점은 사람마다 다르며, 뇌에서 일어나는 신경화학적인 변화와 마찬가지로 환경이나 유전, 행동 등의 영향을 받아 끊임없이 변한다. 노화가 진행됨에 따라 스트레스 한계점이 점차 낮아지기는 하지만, 유산소운동을 해서 한계점을 높일 수도 있다. 정확히 어느 지점에서 유익한 스트레스가 세포를 파괴하는 스트레스로 전환하는지는 과학자들도 모른다. 그렇지만 최소한 겉으로 드러난 효과가 어느 스트레스로부터 생긴 것인지는 확실하게 말할 수 있다.

스트레스는 뇌를 부식시킨다

스트레스는 생존에 중요한 기억을 뇌에 새기는 역할을 하지만, 너무 많은 양의 스트레스는 뇌에 새겨놓은 기억을 망가뜨리기도 한다. 코르티솔은 처음에는 해마에서 글루탐산염, 신경세포 성장인자, 세로토닌, 인슐린 유사 성장인자 등의 흐름을 증가시켜 장기 강화에 도움을 주는 반면, 결국에는 같은 회로에 접근하는 정보를 차단하는 유전자를 활성화한다. 스트레스 대응이라는 아주 중요한 역할 하나가 보다 덜 중요한 다양한 역할들을 압도하는 것이다. 그렇게 되면 신체 시스템은 덜 유연해지고, 스트레스 대응이라는 단순한 역할에만 집중하게 된다.

과다한 양의 글루탐산염은 해마를 물리적으로 파괴하기도 한다. 글루탐산염은 산화칼슘 이온이 세포 속으로 들어오는 것을 허용하고, 산화칼슘 이온은 세포 속에서 자유라디칼을 생성한다. 이때 충분한 항산화제가 없으면 자유라디칼이 벽에 구멍을 뚫음으로써 세포가 찢어져서 죽게 된다.

문제 상황은 세포 바깥에 있는 수상돌기에서도 발생한다. 매큐언의 말에 따르면, 만성 스트레스 상태가 오래 지속되면 세포가 죽는 현상을 방지하기 위해서 수상돌기는 마치 "거북이가 머리를 몸 안으로 집어넣듯이" 세포 속으로 퇴각한다. 그리고 성장인자와 세로토닌이 흐르지 않기 때문에 신경재생은 활동을 멈춘다. 매일 새로 태어나는 줄기세포는 새로운 뉴런으로 발달하지 못하며, 따라서 신호 전달 회로를 새로 형성해서 악순환을 끊으려고 해도 건축 재료가 모자란다.

미시간 대학의 모니카 스타크먼은 쿠싱증후군을 연구하고 있다. 이 질병은 몸에서 코르티솔이 끊임없이 과다하게 분비되는 내분비 기능장애다. 고코르티솔혈증이라는 의미심장한 학명을 지니고 있는데, 증세는 으스스할 정도로 만성 스트레스와 똑같다. 배 둘레에 지방질이 축적되고, 불필요한 포도당과 지방을 생성하기 위해 근육조직이 파괴된다. 인슐린 저항의 결과로 당뇨병에 걸리기 쉬우며, 공황장애 및 불안증, 우울증, 심장 질환 또한 걸릴 확률이 높아진다. 해마가 수축되면 기억이 상실되는데, 스타크먼은 이런 현상이 코르티솔 농도의 증가와 직접적인 비례관계가 있다는 사실을 연구를 통해 밝혀냈다.

만성 스트레스가 해마의 뉴런을 죽이고 수상돌기를 잘라내는 동시에 신경재생마저 억제하는 등 해마를 빈곤에 빠뜨리는 동안에 편도는 너무 과다한 풍요를 겪는다. 과중한 스트레스로 편도에서 뉴런 간의 연결이 촉진되면, 편도는 이미 코르티솔이 충분한데도 불구하고 코르티솔을 더 분비하라고 신호를 보내는 악순환이 반복된다.

코르티솔이 많이 분비될수록 뉴런 간의 연결은 더욱 강화된다. 그러다가 마침내 편도가 해마와의 관계에서 주도권을 장악하고 현실과 연결된 상황을 통제함과 동시에 현재 상황을 '공포'라고 규정한다.

일단 스트레스가 이처럼 일반화되면, 그 느낌은 막연한 두려움에서 언제든지 불안감으로 손쉽게 발전한다. 그러면 주변의 모든 것이 스트레스 요인이 될 수 있으며, 당연히 인식에도 영향을 끼쳐서 스트레스는 더욱 심해진다. 매큐언의 말에 따르면, 이런 상황에 처한 동물은 인지력이 쇠퇴하는데도 불안감은 오히려 증가하는 모습을 보인다.

만성 스트레스를 겪고 있는 사람은 저장해놓은 기억과 현재의 상황을 비교할 능력을 상실한다. 또한 줄넘기를 손에 쥐기만 하면, 혹은 친구와 이야기만 하면 스트레스로부터 당장 벗어날 수 있다는 생각 자체도 못 하며, 현재 상황이 세상이 끝날 정도는 아니라는 평범한 생각조차 하지 못하게 된다. 긍정적이고 현실적인 사고 활동이 둔화되어 결국 불안감이나 우울증으로 발전하는 것이다. 그렇다고 해서 만성 스트레스가 불안감이나 우울증의 유일한 원인은 아니며, 언제나 불안감이나 우울증을 유발하는 것도 아니다. 그러나 심리적으로나 생리적으로 우리의 다양한 고뇌의 뿌리에 자리 잡고 있다는 것만은 분명하다.

어떻게 보면 만성 스트레스가 많은 문제를 일으킨다는 사실은 참으로 반가운 점이다. 스트레스에 잘 대처하기만 하면 우리의 삶에 상당히 많은 변화를 일으킬 수도 있다는 뜻이기 때문이다. 인간의 몸에서 일어난 진화는 사냥과 채집을 하던 옛날에 오랜 기간을 두고 이루어졌다. 그러므로 진화의 경험을 변화시키는 것은 불가능하지만, 그 경험에 대한 지식을 활용하는 것은 얼마든지 가능하다.

뇌가 기능을 최고로 발휘할 때

뇌가 하는 일이란 결국 한 시냅스에서 다른 시냅스로 정보를 전달하는 것이다. 그 과정에는 에너지가 필요하다. 그런데 운동은 신진대사에 영향을 주므로 시냅스의 기능뿐만 아니라 생각과 감정에도 막대한 영향을 끼친다고 할 수 있다.

운동은 신체의 모든 곳에서 혈액의 흐름과 사용 가능한 포도당의 양을 증가시킨다. 혈액과 포도당은 세포가 생존하는 데 가장 필수적인 요소다. 세포가 포도당을 ATP로 전환하기 위해서는 산소가 필요한데, 혈액의 흐름이 증가하면 혈액이 나르는 산소의 양 또한 증가한다. 뇌는 혈액을 전전두엽 피질에서 뇌 중앙부로 보내며, 바로 그 부분이 우리가 살펴본 편도와 해마가 있는 곳이다. 이처럼 운동 중에는 우선순위가 바뀐다. 가령 격렬한 운동을 할 때에는 혈액이 전전두엽 피질에서 빠져나가기 때문에 고도의 인지력을 발휘할 수 없다.

뇌가 기능을 최고로 발휘할 때는 운동을 한 뒤다. 운동은 스트레스 한계점을 높일 뿐만 아니라 세포의 복구 기능도 활성화한다. 세포의 에너지 생성 효율 또한 높여주어서 유독한 산화 스트레스가 늘어나지 않고도 필요한 연료를 만들 수 있게 한다. 그 과정에서 불순물이 생겨나기는 하지만, 동시에 효소가 분비되어 불순물을 없앤다. 효소는 DNA 조각들도 깨끗이 청소하고 정상적인 세포의 활동과 노화에서 비롯된 부산물도 말끔히 없애주기 때문에 신경퇴행과 암을 방지하는 데 도움이 된다. 운동이 스트레스 반응을 불러일으키기는 하지만, 활동량이 너무 많지만 않다면 신체 시스템에 코르티솔이 넘쳐나는 일은 발생하지 않는다.

운동이 에너지 사용을 최적화하는 방법 중 하나는 인슐린 수용체가 더 많이 생기게 하는 것이다. 신체에 인슐린 수용체가 많아지면, 포도당을 보다 효율적으로 사용할 수 있게 되고 세포는 더 강해진다. 더군다나 일단 생성된 수용체는 신체에 그대로 남아 있으므로 높은 효율성이 계속 유지된다.

운동을 규칙적으로 하면 인슐린 수용체가 늘어난다. 그래서 혈당 수치나 혈액의 흐름이 감소할 때에도 세포가 혈액으로부터 포도당을 충분히 구할 수가 있다. 운동을 하면 인슐린이 포도당의 수치를 조절하도록 도와주는 인슐린 유사 성장인자의 양도 늘어난다.

신체와 달리 뇌에서는 세포가 에너지를 생성하는 데 인슐린 유사 성장인자가 별로 도움이 되지 않는다. 대신 해마에서 다른 매력적인 역할, 즉 장기 강화, 신경 가소성, 신경재생 능력을 높이는 역할을 한다. 이것은 운동이 뉴런 간의 연결을 강화하는 데 도움을 주는 또 다른 방법이다.

운동은 섬유아세포 성장인자와 혈관 내피세포 성장인자를 생성해서 뇌에 새로운 모세혈관이 생겨나고 혈관의 통로가 확장되는 데에도 도움을 준다. 이처럼 혈관의 숫자와 크기가 늘어나면 당연히 혈액의 흐름의 효율성도 높아진다. 유산소운동은 신경세포 성장인자의 생성량도 늘려준다.

운동으로 생기는 성장인자는 뇌의 발달에도 좋고, 만성 스트레스로 인한 뇌 손상을 막아주기도 한다. 또 세포의 복구 기전을 활성화함과 동시에 코르티솔의 수위도 조절하고, 조절 신경전달물질인 세로토닌과 노르에피네프린, 도파민의 수치를 높여준다.

신진대사에서는 운동이 근육방추의 휴지기 긴장을 이완시켜 뇌로 돌아가는 스트레스의 되먹임 고리feedback loop를 끊어준다. 신체가 스트레스를 받지 않을 때에는 뇌 스스로 쉬어도 되겠다고 생각하는 것이다. 장기적으로 볼 때 규칙적인 운동은 심장혈관계의 효율은 높이고 혈압은 낮춘다.

최근 연구 결과에 따르면, 운동을 할 때 심장에 있는 근육조직에서 생성되는 ANP심방나트륨 이뇨펩티드라는 호르몬이 신체의 스트레스 대응을 가라앉히는 것으로 나타났다. ANP는 스트레스 축의 활동을 중지시키고, 뇌에서 일어나는 소란을 진정시킨다. 여기서 ANP 역시 운동을 해서 심장박동이 빨라지면 분비된다는 점이 중요하다. 결론적으로 이런 과정 또한 운동이 스트레스에 대한 뇌의 감정과 신체의 대응을 동시에 이완시키는 또 다른 경로이기 때문이다.

운동으로 인한 스트레스는 자신의 의지에 따른 행동이므로 예상이 가능하고 적절하게 통제할 수 있다. 예측과 통제는 심리적인 변화를 일으키는 데 아주 중요한 변수다. 운동을 하면 상황을 스스로 지배하고 있다는 자신감이 생긴다. 부적절한 수단을 사용하지 않고도 스트레스를 통제할 수 있는 자신의 능력을 인식하면 실제로 스트레스로부터 빠져나오는 역량이 길러진다. 자신의 문제 해결 능력을 믿는 법을 배우게 되는 것이다. 수전 역시 줄넘기를 하면서 스트레스에 대한 감정은 물론, 통제를 벗어난 뇌의 활동을 억제할 수 있었다.

"두뇌에서 일어나는 화학적 현상을 안 것이 큰 도움이 되었어요. 덕분에 운동을 시작하고 싶은 의욕이 생겼지요. 일단 운동이 습관이 되면 의욕을 찾기가 더 쉬워져요. 그때부터는 줄넘기가 거의 필수품이 되어버리거든요."

운동은 만성 스트레스가 유발하는 나쁜 결과들을 방지할 뿐만 아니라 그 과정을 되돌려놓기까지 한다. 만성적으로 스트레스를 받은 쥐에게 운동을 시키면 오그라들었던 해마가 원래의 크기로 다시 커진다는 연구 결과도 있다.

우리의 생각과 감정을 변화시키는 데에는 운동이 약물이나 술, 심지어 도넛보다 훨씬 효과가 좋다. 수영을 한 뒤나 빠른 걸음으로 걸은 뒤에 기분이 좋아졌다고 말한다면, 기분뿐만 아니라 실제로 몸 자체가 좋아진 것이다.

몸에 좋으면 마음에도 좋다

1969년 파일러스는 스트레스가 극에 달했다. 당시 레지던트 과정을 마친 파일러스가 보스턴의 해군기지에서 제대한 지 얼마 되지 않았을 때였다. 파일러스는 젊고 상당히 유능한 정신분석 전문의였으므로 직장에서는 아무런 문제가 없었다. 문제는 사생활에서 비롯되었다. 아버지와 장인이 거의 동시에 세상을 떠나자, 청소년기에 어머니를 잃었을 때 애써 무시했던 감정이 한꺼번에 몰아닥쳤던 것이다.

건강 또한 엉망이 되었다. 파일러스는 스트레스가 너무 심한 나머지 가끔 숨이 막히는 원인 모를 발작이 일어났는데, 그러면 숨을 쉬기가 힘들었다. 파일러스는 치명적인 뇌의 염증인 바이러스성 수막뇌염에 걸려서 일 년 정도 고통스럽게 지내다가 최근에야 비로소 회복되었다. 그래서 다시 병원에서 근무하기 시작했는데 또 그런 증세가 발생한 것이다. 후두암일 수도 있었다. 당시에는 훗날 자신이 미국정신분석협회 회장이나 하버드 대학의 교수가 될 것이라는 것도, 메이저리그 신인 선수의 경력개발 컨설턴트가 될 것이라는 것도 몰랐다. 아니, 심지어 서른셋이던 자신이 다음 해까지 살아 있을지도 몰랐다.

진찰을 해보니 파종성 사르코이드증에 걸렸다는 사실이 밝혀졌다. 파종성 사르코이드증은 암과 유사한 림프계 질병으로, 보통 다른 장기에 퍼져서 사망에 이르게 된다. 병의 원인에 대해 파일러스는 이렇게 말했다.

"그때 격심한 스트레스와 우울증을 겪고 있어서 그런 병에 걸린 게 확실해요. 그러니까 몸의 면역체계가 너무 허약했던 것이지요."

만성 스트레스가 뇌에 끼치는 해악은 이미 설명했지만, 파일러스의 경우를 보면 신체에도 뇌에 못지않은 피해를 입히는 것을 알 수 있다.

만성 스트레스는 분명 상당수의 치명적인 질병과 밀접한 관련이 있다. 고혈압의 반복적인 공격으로 혈관이 손상을 입으면 그 부위에 플라크가 형성되어 죽상동맥경화증을 초래할 수도 있다. 앞에서도 말했듯이 스트레스 반응을 억제하지 않으면 배 둘레에 지방이 쌓일 수 있으며, 이 지방은 다른 지방보다 위험하다는 연구 결과도 있다.

만성 스트레스로 코르티솔이 과다하게 분비되면, 혈액 내의 포도당 수치는 일정하게 유지되는 가운데 인슐린 유사 성장인자의 수치가 낮아진다. 그렇게 되면 신진대사의 불균형 때문에 당뇨병이 생길 수도 있다. 전반적으로는 코르티솔이 끊임없이 분비되어 면역체계를 강력히 압박해서 신체가 질병에 취약해진다. 즉 치명적인 병에 걸릴 가능성이 높아지는 것이다.

파일러스에게는 희망이 없었다. 당시만 해도 파종성 사르코이드증을 완치하는 것은 고사하고 치료법조차 존재하지 않았기 때문이다. 새로운 가정을 이루고 의사로서 직업 생활을 막 시작한 하버드 출신의 젊은 의사가 어느 날 갑자기 자신이 불치병에 걸린 사실을 알게 된 것이다.

"어떻게 하면 좋을지 정말 모르겠더군요. 점점 공포심에 사로잡히면서 스트레스도 커져갔습니다. 그러다가 시작하게 된 것이 달리기였습니다."

학창 시절에 파일러스는 운동을 꽤 잘했으나, 졸업한 뒤로는 운동을 거의 하지 않아서 175센티미터의 키에 몸무게가 무려 86킬로그램이나 나갔다.

"처음에는 반 마일 정도만 뛰었는데, 그 이후로 꾸준히 달리기를 했더니 마침내는 1마일을 끝까지 뛸 수 있게 되었어요. 그러고는 3마일, 5마일, 8마일 하는 식으로 점차 그 거리를 늘려갔지요. 달리기를 하다가 깨달은 사실인데, 아주 힘든 지점을 통과하고 나면 정신적으로 어떤 느낌이 들고, 그런 순간이 지난 뒤부터는 별로 힘들지 않고 오랫동안 계속 달릴 수 있겠더군요."

파일러스는 계속 달렸다. 살기 위해서가 아니라 가만히 있으면 미쳐버릴 것 같아서 미치지 않으려고 달렸다. 당시 파종성 사르코이드증 환자가 할 수 있는 일이라고는 그저 3개월에 한 번씩 엑스선 사진을 찍어보고 종양이 얼마나 늘었는지 확인하는 일뿐이었다. 그런데 몇 마일을 달리던 것이 마라톤으로 변해갔고, 시간이 지나면서 엑스선 사진은 점차 깨끗해졌다. 그러다가 5년이 지난 뒤에는 병이 아예 사라졌다.

당시만 해도 환자들에게 의사가 맨 먼저 건네는 조언은 휴식을 취하라는 것이었다. 케네스 쿠퍼가 에어로빅스aerobics라는 새로운 용어를 만들어내기는 했지만, 사람들은 여전히 심장혈관 운동이 건강에 이롭다는 사실을 받아들이지 않았다. 그러므로 의사 수련을 전문으로 받은 파일러스, 심지어 담당의사조차도 스트레스가 우울증을 불러일으켰다는 사실을 깨닫지 못한 것은 당연했다. 당시를 회고하며 파일러스는 이렇게 말했다.

"달리기를 함으로써 스스로 상황을 통제하고 있다는 느낌을 갖게 된 것이 가장 중요해요. 우울증과 질병 때문에 아무것도 할 수 없다는 무력감을 절실히 느끼고 있었거든요. 당시 저는 우울증과 질병을 극복하겠다는 생각은 꿈조차 꿀 수 없는 형편이었습니다."

담당의사는 파일러스의 회복 과정을 기적적인 치유 사례로 보고, 그 이야기를 글로 써서 의학 잡지에 기고했다. 파일러스가 완치의 원인이 어쩌면 달리기와 관련이 있을지도 모른다고 말하자 담당의사는 냉소의 표정을 지었다.

의도한 일은 아니었지만, 달리기는 파일러스의 인생에서 가장 중요한 부분이 되었다. 흡연과 육식은 몸이 무거워지는 것 같아서 끊어버렸다. 운동에 관한 개인적인 관심을 의사라는 직업에 접목하기도 했다. 부상 때문에 운동을 하지 못해서 우울증이 생긴 운동선수들에게 운동 심리상담 전문의로서 상담을 해주기 시작한 것이다.

파일러스도 운동 중에 다리가 부러져서 도중에 그만둔 적이 있기는 하지만, 일 년에 두 차례씩은 꼭 마라톤 경주에 참가한다. 지금까지 그렇게 47회나 마라톤을 완주했다.

"당시 의사들은 운동이 건강에 어떤 식으로든 도움이 된다는 사실을 절대 인정하지 않았습니다. 심지어 지금 상황도 그다지 나아지지 않았습니다. 정신의학 분야에서는 특히 그렇습니다. 지식인들 중에도 그런 개념에 반감을 가지는 사람들이 상당히 있습니다."

파일러스는 이런 현상이 프로이트 정신분석의 기본 원리에 어느 정도 원인이 있다고 생각한다. 자신이 느끼는 감정을 말로 표현하지 않으려고 애를 쓰다가 무의식적인 행동으로 보여주는 경우를 '행동으로 말한다'고 한다. 정신분석을 할 때 환자를 침대에 고정시켜놓는 관습은 이런 개념 때문에 시작되었다. 즉 환자가 감정을 말로 표현할 수밖에 없게끔 몸을 꼼짝 못하게 만드는 것이다.

이런 관점에서 보자면 운동은 감정을 행동으로 표현하는 전형적인 예다. 문제를 해결하려고 하지 않고 회피하는 전형적인 행위라고 간주되는 것이다. 현재 72세인 파일러스는 이와는 정반대의 경우에 해당한다. 그의 경우에는 어려운 상황을 극복하려는 적극적인 활동이 삶을 극적으로 변화시켰다.

"운동이 나를 살려준 셈이지요. 달리기가 다시 내 몸과 마음을 하나로 만들어주었습니다. 사실 우리 몸과 마음은 별개의 존재가 아닙니다. 둘 다 하나의 통일된 유기체를 구성하는 요소이지요."

운동과 일

사무실은 대부분의 사람들에게 스트레스를 유발하는 주요 장소이므로 운동의 효과가 가장 잘 나타나는 곳이기도 하다. 사내에 체력 단련실을 마련하거나 사원들을 인근 헬스클럽의 회원으로 등록시키는 회사들이 점점 늘고 있다. 심지어 고객의 헬스클럽 회원비를 대신 내주는 건강보험회사까지 있다. 바로 운동이 스트레스를 줄이고 사원들의 생산성을 높인다는 연구 결과에 자극을 받은 덕분이다.

2004년 영국 리즈 메트로폴리탄 대학의 과학자들이 연구한 결과에 따르면, 회사 내의 체력 단련실을 이용하는 사원이 다른 사원들보다 생산성이 더 높았으며 자신의 업무 수행 능력에 자신감을 보였다. 210명의 사원이 실험에 참여했는데, 대부분은 점심시간에 45~60분 동안 에어로빅 운동 강습에 참여했고, 나머지는 30~60분 동안 근육운동이나 요가를 했다.

그들은 하루 일과를 끝마칠 때마다 설문지에 답변을 적었다. 질문 내용은 동료들과의 관계는 원만했는가, 시간은 잘 관리했는가, 주어진 시간 내에 업무를 완수했는가 등에 관한 것이었다. 결과를 보니 65퍼센트 정도가 운동을 한 날에는 질문한 분야에서 더 좋은 성과를 얻은 것으로 나타났다. 전반적으로 볼 때 그날 운동을 한 사원은 업무에 대해 긍정적인 반응을 보였고 스트레스도 덜 느꼈다. 또한 점심시간에 에너지를 소모했는데도 오후에 피로를 덜 느꼈다.

　　이와 유사한 어느 연구에서는 규칙적으로 운동하는 사원이 몸이 아파서 결근하는 경우도 적은 것으로 나타났다. 노던 가스컴퍼니의 종업원 가운데 회사가 운영하는 운동 프로그램에 참여한 종업원은 질병으로 인한 결근율이 80퍼센트나 낮았다. 또한 제너럴 일렉트릭 항공 부서에서 근무하는 종업원들 가운데 헬스클럽에 회원으로 등록한 사원은 의료비를 청구하는 사례가 27퍼센트 하락한 반면, 반대의 경우에는 17퍼센트 증가했다는 연구 결과도 있다. 1990년대 후반에 코카콜라가 발표한 연구 사례도 비슷한 결과를 보여준다. 회사의 운동 프로그램에 참여한 사원이 청구한 의료비 액수가 다른 사원들보다 500달러가 낮았던 것이다.

　　이 밖에도 운동이 스트레스와 관련된 질병을 퇴치하여 사람들이 일을 계속하도록 도움을 준다는 연구 결과는 많다. 스트레스와 비활동성은 신경통, 만성피로증후군, 섬유근육통, 그 밖의 자가 면역 장애를 유발하는 주요 원인이다. 그러므로 이런 질병을 겪고 있는 환자의 스트레스를 운동으로 줄여주면 병을 고치는 데 도움이 된다. 이런 질병은 면역체계가 약해져서 생긴 것이며, 파일러스의 이야기가 보여주듯이 운동은 놀라울 정도로 면역 기능을 향상시키기 때문이다.

최근에는 의사들도 암 환자들에게 운동을 권하기 시작했다. 운동은 면역 기능도 강화시켜줄 뿐만 아니라 스트레스와 우울증을 씻어주기 때문이다. 운동이 암을 고친다고 말하는 사람은 없다. 단지 운동이 이런저런 종류의 질병을 고치는 데 확실히 도움이 된다는 연구 결과가 있을 뿐이다. 예를 들면 비활동적인 여성이 유방암에 걸릴 확률이 더 높은지를 조사한 35개의 연구 가운데 23개가 그렇다는 결과가 나왔다. 또한 활동적인 여성이 결장암에 걸릴 확률이 50퍼센트 더 낮다는 연구 결과도 있다. 운동을 하는 65세 이상의 남성은 치명적인 전립선암에 걸릴 확률이 70퍼센트나 낮다.

과거에 비해 생존하기가 훨씬 쉬워진 현대에 오히려 스트레스를 더 받는다는 것은 역설적이다. 우리가 선조들보다 활동량이 훨씬 적다는 사실은 이런 상황을 더욱 악화시킨다. 기억하라. 스트레스를 많이 받을수록 신체는 더 많은 양의 운동을 해야 한다. 그래야만 뇌가 원활하게 작동한다.

인간은 몸을 움직이도록 되어 있다는 자연의 순리에 따라,
운동을 하기만 하면 뇌가 스스로 이상이 있는 부분을
고친다는 사실에 나는 경이에 사로잡힌다.

chapter 4

불안보다
빨리
달리기

변호사가 의사인 나의 전문 분야와 경력, 읽은 책 따위를 물어보는 가운데 나는 점차 따분해지기 시작했다. 법정은 드라마에서 본 것과 달리 무척 생기가 없고 지루했다. 이혼 법정에서는 항상 다루어지게 마련인 재정적인 문제를 제외하면 자녀들에 대한 양육권이 재판의 주된 쟁점이었다. 남편에게 이혼 소송을 당한 피고는 내 환자 에이미였다. 피고 측 변호사에게 에이미의 정신 상태에 대해서 증언을 해달라는 부탁을 받고 증인으로 출두한 나는 원고 측 변호사에게 반대 심문을 받고 있는 중이었다.

에이미는 지적이며 매력적인 여성이지만, 부끄럼을 많이 타고 걱정도 많이 하는 편이다. 에이미는 항상 뭔가에 대해서 걱정을 했다. 남편이 이혼하고 싶다며 에이미를 점차 강하게 비난하자 에이미는 유년시절에 자신의 가족에게 일어났던 최악의 상황이 다시 재현될까봐 두려위했다. 정확히 말해서 가족이 해체되는 일을 결코 다시 겪고 싶지 않았던 것이다.

이혼을 피할 수 없음이 확실해지자, 그 상황을 견뎌나갈 자신이 없던 에이미는 두려움에 빠진 상태에서 남편에게 자살할 거라고 말하고는 대륙 반대쪽 먼 곳으로 도망쳤다. 그런 경솔한 행위는 에이미에게 법적인 파멸을 초래했다. 법원은 판결을 보류하고 자녀 양육권을 남편에게 주었으며, 에이미에게는 일주일에 두 번만 자녀들을 볼 수 있도록 했다. 게다가 에이미가 정신적으로 불안정하다고 판단을 해서 법원에서 지정한 감독관이 옆에서 지켜보는 가운데 자녀들을 만나야 했다.

원고 측 변호사는 피고의 치료에 초점을 맞추고 계속해서 내게 반대 심문을 했다.

"피고가 현재 복용하고 있는 약이 있습니까?"

원고 측 변호사가 대답을 알면서도 물었다.

"아뇨. 지금은 없어요."

"피고에게 약을 처방해준 적이 있습니까?"

"예. 프로작이요."

"그건 우울증에 쓰는 약이 아닙니까?"

"맞아요. 전반적 불안장애에도 아주 잘 듣지요."

"그럼 증인의 환자가 전반적 불안장애가 있습니까?"

"예. 있어요."

"알겠습니다. 그런데도 피고는 현재 프로작을 복용하지 않고 있습니다. 혹시 복용을 중단하라고 하셨습니까?"

"아뇨. 약을 복용하지 않아도 되느냐고 물어봐서 그렇게 하라고 했어요."

질문의 목적이 무엇인지 알 것 같았다. 에이미가 병을 고치고 싶어하지 않는다고 사람들이 생각하게 하려는 것이었다. 일반적으로 생각할 때 병은 약을 복용함으로써 치료한다. 그러므로 약을 복용하기를 원치 않는 것은 병을 고치고 싶은 마음이 없다는 뜻이다. 자신도 제대로 돌보지 못하는 여인이 어떻게 자녀들을 돌볼 수 있을 것인가.

"하지만 피고는 계속 운동을 해왔어요. 그것도 아주 열심히."

내가 불쑥 말했다.

"운동이요? 운동은 검증된 치료법이 아니지 않습니까?"

"절대로 그렇지 않아요. 운동은 프로작이나 그 밖의 다른 항우울제와 항불안제와 비교해서 효과가 전혀 떨어……."

"그건 순전히 개인적인 견해에 불과합니다. 그런데 운동이 구체적으로 어떤 역할을 하는 거지요?"

변호사가 내 말을 끊고 되물었다.

"진심으로 알고 싶으세요?"

나는 빙그레 웃으면서 말을 이었다.

"그 주제로 지금 책을 쓰고 있는 중이거든요."

"예. 말씀해주십시오."

어쩌면 러너스 하이runner's high와 같은 애매한 설명을 기대했는지도 모른다. 하지만 나는 불안장애나 우울증을 치료하는 데 운동이 효과가 있다는 사실을 보여주는 몇 가지 임상 사례를 조목조목 들려주었다. 그런 다음 운동이 뇌에 끼치는 효과를 설명하면서 지난 9개월의 진료 기간 동안 운동이 어떻게 에이미의 불안장애와 혼란스러운 감정을 순화시켜주었는지 구체적으로 이야기했다. 혹시 원고 측 변호사가 운동을 재판에 부치기를 원했다면 그것이야말로 내가 바라던 바였다.

불안은 위협이 존재할 때 자연스럽게 일어나는 반응으로, 교감신경계와 스트레스 축이 스트레스에 강하게 대응할 때 일어난다. 청중 앞에서 연설할 시간이 다가오거나 좋지 않은 일로 상사를 만나야 할 때가 되면, 불안감은 우리의 주의력을 곤두세워 다가올 상황을 맞을 준비를 하게 한다.

이때 신체에는 여러 가지 현상이 나타난다. 긴장감을 느끼고 신경이 예민해지며, 호흡이 가빠지면서 가슴이 두근거리고 땀이 난다. 공포가 극에 달하면 가슴에 심한 통증이 느껴지기도 한다.

하지만 명백한 위협이 존재하지 않는데도 정상적으로 행동하기 힘들 정도로 긴장하는 현상은 불안장애라는 일종의 질병이다. 불안장애 증세는 의식을 온통 사로잡기 때문에 뇌가 균형 있는 시각을 잃게 된다. 따라서 환자는 생각을 조리 있게 하지 못한다.

불안장애 증상은 여러 가지 형태로 나타난다. 그러나 어떤 종류의 장애를 지닌 사람이든 증세는 비슷한 점이 많다. 예컨대 모두가 심각한 스트레스 반응을 보이고, 뇌가 소위 '상황 인지 오해'라는 기능장애를 보인다. 공통점은 비이성적인 공포다. 차이점이라고는 각자가 처한 상황에 불과하다.

전반적 불안장애 환자는 정상적인 상황에 대해서 마치 위협적인 상황인 것처럼 극단적인 대응을 하는 경향이 있다. 자신의 그림자조차도 두려워하는 겁쟁이이거나 스트레스 요인을 어디서든 발견하는 투사인 셈이다.

공황장애 환자는 평소에는 잘 지내다가 갑자기 엄청난 두려움이 엄습해서 심장마비로 오인할 정도의 신체적 고통을 느낀다. 공황은 가장 강렬한 형태의 불안감이며, 모든 공포증의 근원이다.

공포증은 특정한 물체나 상황에 대해서 마비를 느낄 정도의 두려움으로, 공포증 환자는 공포의 대상을 피하려는 강력하고 비이성적인 강박 충동을 느낀다. 예를 들어 거미공포증 환자는 거미를 보면, 광장공포증 환자는 넓은 곳으로 나가면 발작을 일으킨다.

가장 보편적인 공포증은 사회적 불안장애일 것이다. 우리 대부분은 어떤 시점이나 특정한 상황에서 사회적 불안을 경험하지만, 사회적 불안장애는 가끔 수줍음을 타는 수준보다 훨씬 긴장도가 높다. 사람들을 만나거나, 사람들과 이야기를 나누거나, 심지어 그저 다른 사람들이 쳐다보는 정도의 사회적 접촉만으로도 두려움을 느낀다.

이러한 모든 불안증은 서로 영향을 주고받으며, 우울증 같은 다른 장애의 원인이 되는 경우가 많다. 전반적 불안장애 증세를 보이지 않고도 공황장애를 일으킬 수 있으며, 그 반대의 경우도 가능하다. 하지만 일반적으로 공황장애를 일으키면 다음에 닥칠 공황장애에 대한 두려움 때문에 전반적 불안장애 증세를 보이게 된다. 이러한 불안장애 중 상당수는 불안 민감성도 함께 높아져서 종류와 상관없이 더욱 심화된다.

에이미의 불안

에이미는 전형적인 전반적 불안장애 환자이며, 공황장애 및 사회적 불안장애 증세도 어느 정도 나타난다. 에이미는 극도의 경각심과 긴장감을 느끼고 언제나 최악의 상황을 예상하는 등 불안장애 '상태state'를 보여줄 뿐만 아니라, 그런 상태를 쉽게 일으키는 불안장애 '성향trait' 또한 지니고 있다. 어렸을 때부터 불안에 민감했던 성향이 결혼 생활의 파경으로 상태가 더욱 나빠진 것이다. 그래서 모든 스트레스 요인에 대해 민감하게 반응하기 시작했고, 얼마나 위협적인지와는 상관없이 마치 목숨이 달린 일처럼 대응했다. 이와 같이 과잉 반응하는 과정에서 자기 자신은 물론이고 대인관계에도 치명적인 해를 끼쳤다.

에이미가 처한 상황보다 더 심하게 불안감을 조성하는 환경적 요인은 드물 것이다. 정기적으로 정신과 진료를 받아야 했고, 진료 결과는 법원에 보고되었으며, 남편은 에이미가 자녀와 함께 있는 시간을 사실상 완전하게 통제했다. 더군다나 이 모든 일을 마을 사람들도 자세하게 알고 있었다.

무엇보다도 자녀들을 만날 때 에이미의 사회적 불안장애는 최고조에 달했다. 만일 실수라도 하게 되면 남편에게 자신을 비난할 법적인 빌미를 제공하는 것이기 때문에 법원에서 보낸 감독관 앞에서 연기를 해야 했다. 정신적인 건강 상태 또한 판결의 대상이 되었으므로 행동을 조심하지 않을 수 없었고, 그러다보니 불안 증세는 더욱 악화되었다.

상황이 이렇다 보니 에이미는 자신에게 엄마 노릇을 제대로 해낼 능력이 있는지 의심을 하기 시작했는데, 그것이야말로 정말 쓸데없는 걱정이었다. 에이미는 어려운 처지에서 빠져나와 자녀들을 되찾고 싶었지만, 상황에 맞서 싸우기에는 신경이 너무 쇠약했고 불안감을 전혀 통제하지 못했다. 항상 공황 상태 직전이었으며, 자신에게는 스스로를 변호하거나 어떤 일을 성취할 능력이 없다고 느끼는 끔찍한 상황에 빠져 있었다.

누구나 이런 상태가 되면 모든 일에서 최악의 결과를 예상하게 마련이다. 따라서 모든 것을 피하려고만 하다보니 대인관계의 폭도 점차 좁아진다. 결혼 생활이 깨진 이래로 에이미는 새로 얻은 아파트에 틀어박혀서 친구도 가족도 전혀 만나지 않았다.

운동으로 자기 삶을 지키기

남편의 변호사가 한 말과는 달리 에이미는 자가 삶을 개선하기를 열렬히 원했다. 프로작을 복용하지 않으려는 행위는 범죄도 아니요, 비정상적인 행동도 아니다. 처음에 에이미는 혹시나 하는 마음에 프로작을 복용했다. 그랬더니 신경은 안정되었으나 의욕 또한 사라지는 바람에 복용을 멈추었다.

당시 에이미는 크리팔루 요가를 꾸준히 하고 있었는데, 마음이 어느 정도 진정되기는 했지만 불안 증세는 사라지지 않았다. 그래서 내가 권한 것이 유산소운동이었다. 에이미는 생각 끝에 페달 밟기 기구를 집에 들여놓았는데, 밖으로 나가기를 두려워하는 점을 고려해볼 때 탁월한 선택이었다.

에이미는 매일 아침 30분 동안 운동을 하는 습관을 길렀다. 처음에는 그저 의무감에서 할 뿐이었으나 곧 재미를 붙이게 되었다. 발로는 페달을 밟으면서 동시에 상체 비틀기 운동을 하는 법을 개발했다면서 내게 설명해주기도 했다. 유산소운동이 끝나면 바로 요가를 한 시간 동안 했는데, 요가는 불안감을 줄여주는 검증된 방법이다.

에이미는 점차 스스로 불안감을 통제할 수 있다는 느낌을 받게 되었는데, 이런 느낌은 불안장애 성향을 극복할 때 반드시 필요한 과정이다. 에이미는 불안하거나 공포감을 느낄 때 운동을 하면 즉시 그 증세를 가라앉힐 수 있다는 사실을 곧 깨닫게 되었다. 앞에서 수전이 줄넘기를 하면서 스트레스를 극복한 것과 마찬가지다.

에이미는 운동을 통해 의욕을 되찾았다. 더 이상 공포에 사로잡혀서 얼어붙는 일도 없고, 사회적인 접촉 범위도 점차 넓혀갔다. 취미 생활도 하고 친구들과 다시 만나기 시작하자 자기 자신 속에 숨어 있던 긍정적인 면들이 되살아나게 되었다. 이제 에이미는 구석에 몰린 쥐처럼 조그만 일에도 움츠러들거나 깜짝 놀라지 않는다. 운동이 에이미의 성격에 끼친 효과는 무척 크고 광범위하다. 에이미는 마치 든든한 반석 위에 서 있는 것처럼 침착하게 행동한다.

사실 상황은 별로 좋아진 것이 없다. 상황에 대처하는 에이미의 행동과 태도만 바뀌었을 뿐이다. 에이미는 다른 사람들이 기분을 진정시키기 위해서 위스키를 마시거나 신경안정제를 복용하듯이 자신은 운동을 할 뿐이라고 말한다. 운동이라는 전략은 불안 민감성을 대폭 낮춰주었다. 그 결과 뇌는 어려운 상황에서 빠져나오는 방법을 더욱 쉽게 터득하게 되었다.

운동량에 따른 불안감

2004년 서던 미시시피 대학의 조슈아 브로먼 풀크스는 운동이 불안 민감성을 낮춰주는지 확인하려고 실험을 해보았다. 실험은 불안 민감성이 높으면서 운동은 하지 않는(일주일에 한 번 미만) 전반적 불안장애 학생 54명을 대상으로 했다. 이들을 무작위로 두 집단으로 나눈 뒤 2주일 동안 여섯 번, 한 번에 20분씩 운동을 하게 했다. 한 집단은 최대심장박동 수치의 60~90퍼센트를 유지하면서 트레드밀 위를 달렸다. 다른 집단은 최대심장박동 수치의 50퍼센트가 나올 정도로 트레드밀 위를 아주 천천히 걸었다.

검사해보니 두 집단 모두 불안 민감성이 어느 정도 줄었는데, 강도 높은 운동을 한 집단에서 효과가 더 빠르고 크게 나타났다. 불과 두 번 운동을 끝마치자, 높은 강도로 운동을 한 학생들은 불안장애 증세가 나타나는 것을 덜 두려워하기 시작했다. 운동을 하면서 심장박동이 빨라지고 호흡이 가빠지는 경험을 하게 되면, 불안장애 환자는 그런 현상이 반드시 불안이나 공황 증세를 유발하는 것은 아니라는 사실을 배우게 된다.

이것이 바로 이 실험이 증명하고자 하는 점이다. 운동을 자꾸 하다보면 신체가 흥분하는 현상에 익숙해지게 되고, 몸이 흥분하는 현상이 반드시 해로운 것은 아니라는 사실을 배우는 것이다. 유산소운동이 불안 상태를 즉각 해소해준다는 사실은 이미 오래전부터 알려져왔다. 하지만 요즘에 와서야 어떻게 그런 과정이 이루어지는지 학자들이 연구하기 시작했다.

운동은 근육의 휴지기 긴장을 이완시켜 불안감이 뇌로 가는 회로를 차단한다. 일단 신체가 안정되면 뇌도 걱정을 덜 하게 된다. 운동을 하면 흥분을 가라앉히는 화학물질이 생성된다. 근육이 일을 시작하면 신체는 지방 분자를 분해해서 연료를 만드는데, 이때 지방산이 혈액 속에 방출된다. 이런 자유 지방산은 여덟 가지 필수 아미노산 가운데 하나인 트립토판과 서로 수송 단백질과 결합하려고 경쟁을 벌인다. 그 결과 혈액 내에 트립토판의 농도가 높아진다.

트립토판은 신체와 뇌의 농도 차를 줄이기 위해서 혈액뇌장벽을 뚫고 뇌로 들어가며, 일단 뇌로 들어가면 세로토닌을 만드는 데 사용된다. 한편 운동을 통해서 수치가 높아진 신경세포 성장인자도 세로토닌의 양을 늘리는 데 도움을 준다. 이렇게 해서 늘어난 세로토닌은 마음을 진정시켜주고 안정감을 높여준다.

운동을 하면 감마아미노부티르산도 분비된다. 감마아미노부티르산은 뇌의 주요 억제성 신경전달물질이며 항불안제의 주된 목표 물질이기도 하다. 불안의 되먹임 고리를 세포 차원에서 억제하려면 감마아미노부티르산의 농도를 정상적으로 유지하는 것이 매우 중요하다. 심장이 빨리 뛰기 시작할 때에는 심장의 근육 세포에서 ANP가 생성되는데, 이것은 극도의 흥분 상태를 가라앉히는 역할을 한다.

불안장애 성향과 관련된 대부분의 연구는 유산소운동이 모든 종류의 불안장애 증세를 상당히 줄여준다는 사실을 보여준다. 뿐만 아니라 운동은 일반 사람이 느끼는 정상적인 불안감도 줄여준다. 2005년 칠레에서 고등학생들을 대상으로 운동이 신체와 정신에 끼치는 영향에 대해 9개월 동안 연구한 흥미로운 사례가 있다. 우선 15세 학생 198명을 두 집단으로 나눈 뒤, 비교집단은 평소와 마찬가지로 일주일에 한 번, 90분 동안 체육 수업을 받았다. 그리고 실험집단은 일주일에 세 번, 90분 동안 새로 짜여진 강도 높은 체육 수업을 받았다.

연구의 목적은 운동이 건강한 사람들의 기분에 끼치는 영향을 측정하는 것이었다. 나중에 심리 테스트를 해보니 두 집단 사이에서 가장 두드러진 차이가 나타난 부분은 불안감과 관련된 변화였다. 실험집단은 불안 지수가 무려 14퍼센트 하락한 반면, 비교집단은 불과 3퍼센트만 하락한 것이다. 이때 3퍼센트는 심리적 효과 때문일 수도 있다. 당연한 결과를 덧붙이자면, 실험집단의 건강 수치는 8.5퍼센트 증가했고 비교집단은 1.8퍼센트만 증가했다. 이런 실험 결과만 보더라도 운동량과 불안감은 서로 관련이 있음이 분명하다.

불안을 키우는 공포의 기억

불안은 두려움이다. 그렇다면 두려움은 무엇인가? 신경학적인 의미로는 위험에 대한 기억이다. 불안장애를 겪는 사람의 뇌는 위험에 대한 기억을 끊임없이 불러일으켜서 사람을 두려움 속에 살게 만든다.

이런 상태는 편도가 비상경보를 울리면서 시작되는데, 정상적인 스트레스 대응과는 달리 불안장애를 지닌 사람의 경우에는 비상경보를 해제하는 기능이 제대로 작동하지 않는다. 인지 과정을 담당하는 부위가 아무런 위험이 없다거나, 혹은 위험이 지나갔으니 긴장을 풀어도 된다는 신호를 보내지 못하는 것이다. 다시 말해서 신체적인 긴장과 정신적인 긴장이 보내오는 감각적인 신호가 너무 많아서 상황을 제대로 파악하는 데 어려움을 겪는 것이다.

부분적으로는 전전두엽 피질이 편도를 효율적으로 통제하지 못해서 이러한 인지상의 오해가 발생하기도 한다. 전반적 불안장애를 지닌 사람들의 공통적인 특성 가운데 하나는 전전두엽 피질에서 편도로 비상경보를 해제하라고 신호를 보내는 부위가 정상적인 크기보다 작다는 점이다. 그 결과 편도는 전전두엽 피질의 검사를 받지 않은 정보를 너무 많이 받게 된다. 편도는 그런 상황 대부분을 생존을 위협하는 도전이라고 여기고 기억에 새겨놓는다.

이런 공포의 기억들이 서로 연결되면 불안은 눈덩이처럼 불어나게 된다. 결국에는 두려움을 상황에 맞게 조절함으로써 스트레스 반응을 가라앉히려는 해마의 시도를 편도가 압도하게 된다. 이처럼 눈덩이가 점점 커지면서 더 많은 기억들이 두려움과 연결되면 그 사람은 세상으로부터 자신을 고립시킨다.

🏃 불안증을 치료하기가 까다로운 이유는 생존과 관계된 기억이 기존의 기억을 제압하기 때문이다. 가령 매일 일을 끝마치고 집으로 돌아올 때 어느 집 앞을 지나 가게 되는데, 어느 날 그 집에서 개가 뛰쳐나와서 당신을 공격했다고 해보자. 그러 면 다음날부터 다른 길로 집에 돌아오게 된다. 단 한 번의 위협이 안전했던 과거의 모든 경험들을 압도하는 것이다. 심지어 그 집에 울타리가 세워져 논리적으로는 이제 아무런 위험이 존재하지 않더라도 그 앞을 지날 때면 여전히 경계하게 된다. 일단 공포의 기억이 뇌에 각인되면, 그 특정 회로는 상황과 상관없이 뇌리에 머물 러 있다. 다시 말해서 공포의 기억은 영원히 존재한다.

두려움이 어떻게 커지는지, 두려움을 어떻게 통제할 것인지를 보여 주는 좋은 예가 있다. 사회적 불안장애를 겪고 있던 엘렌은 20대 후반 의 관리직 여성이다. 엘렌은 사교 모임이나 낯선 사람을 만나는 일은 물론이고, 친분이 있는 사람과 간단한 이야기를 나누는 것조차 두려워 했다. 칵테일 파티에 가기도 전에 벌써 입이 마르고 가슴이 뛸 지경이 었다. 일단 파티에 도착하면 사람들과의 어색한 대화를 피하려고 마실 것부터 찾는다. 당황스러운 일이나 망신스러운 행동을 하지나 않을까 두려워서였다. 파티가 끝나고 집에 돌아오면 자신의 '연기'를 가혹하 게 비판했다.

상황이 이러했으니 일곱 명의 부하 직원들을 통솔하는 일은 엘렌에 게 엄청난 스트레스를 주었다. 직원들에게 일을 시키면서 미안하다는 말을 하지 않기를 간절히 원했으나, 불안감 때문에 상사다운 태도를 보 이는 것이 불가능했다. 일을 해달라고 간청하는 행위가 바람직하지 않 다는 사실은 알고 있었다. 하지만 어떤 일이든 해달라고 할 때에는 죄 책감을 심하게 느꼈고, 너무 과중한 업무를 맡긴 것이 아닌가 하고 고 민했다. 권위가 점차 없어진다고 느끼면서 불안감은 가중되었다. 그리고 누군가가 자신의 약점을 알아차릴까 두려워 사무실에서 사람들과의 접촉을 피하기 시작했다.

과학자들이 예전에 추정했던 바와는 달리 불안장애 환자와 정상인의 편도는 실제로 위협적인 공포 자극에 똑같은 반응을 보인다는 사실이 MRI 촬영 결과 밝혀졌다. 예를 들어 공포에 사로잡힌 얼굴 사진은 다른 사람에게 공포를 불러일으키는 데 강력한 효과가 있다. 왜냐하면 인간은 타인의 얼굴 표정을 생존에 필요한 단서라고 해석하게끔 프로그래밍되어 있기 때문이다.

둘의 차이는 실제로 위협적이지 않은 공포 자극에 대한 반응에 있다. 일단 온화한 표정의 사진을 보게 되면 대부분의 사람들은 편도의 활동이 급격히 감소하는 반면, 불안장애 환자는 위험에 직면했을 때와 거의 똑같은 반응을 보인다. 위험과 안전을 구별하지 못하는 것이다.

불안장애 환자는 학습 능력이 결핍된 증세를 보이기도 한다. 유전적인 요인이 불안에 의한 학습 기능장애의 원인일 수도 있다. 최근에 일부 과학자들이 신경세포 사이의 연결을 촉진하는 신경세포 성장인자의 활동을 방해함으로써 기억력 장애를 일으키는 변이 유전자에 대해 연구를 했다. 이 실험에서 돌연변이 신경세포 성장인자 유전자를 지닌 쥐는 불안한 상황에 처해 있을 때 프로작을 투여하더라도 흥분된 신경이 가라앉지 않았다. 일반적으로 같은 상황에서 쥐에게 프로작을 투여하면 보통 진정하게 된다. 이런 실험 결과는 신경세포 성장인자가 불안증을 없애는 데 아주 중요한 요소일 거라는 추측을 하게 해준다. 어쩌면 신경세포 성장인자는 공포 회로를 대신할 긍정적인 기억을 뇌리에 심어주는 데 도움을 주는지도 모른다.

이것은 운동의 효과를 밝히는 데 큰 도움이 된다. 왜냐하면 운동이 어떻게 불안장애 상태(근육의 긴장을 줄이고 세로토닌과 감마아미노부티르산의 분비를 늘려줌으로써)뿐만 아니라 불안장애 성향을 개선하는지를 설명해주는 근거가 되기 때문이다. 운동은 뉴런이 서로 연결되는 데 필요한 모든 것을 제공하므로, 그 과정을 잘 감독한다면 두려움을 극복하는 방법을 뇌에 잘 가르쳐줄 수 있다.

내게 처음 진료를 받으러 왔을 때 엘렌은 일반적인 항우울제 SSRI_{선택적 세로토닌 재흡수 억제제}를 복용하고 있었다. 이런 약은 어느 정도 도움은 주었을지언정 문제를 근본적으로 해결해주지는 못한다. 나는 당연히 엘렌에게도 운동을 권했다. 그후 달리기가 불안감을 줄이는 데 도움이 된다는 점은 엘렌도 곧 인정했지만, 너무 바빠서 운동할 시간이 없다고 호소했다. 하지만 일단 운동을 하게 되면 오히려 바쁘다는 느낌이 덜해질 거라는 식으로 부추기고 복용하는 약을 약간 바꿔주자 엘렌은 마침내 아침 운동을 시작했다.

운동을 시작한 지 얼마 되지 않아서였다. 엘렌은 운동을 안 한 날에는 자신이 마음의 안정을 잃고 새로운 고객이나 직장 동료들과 접촉을 하지 않으려고 한다는 사실을 깨달았다. 그래서 아예 운동을 매일 아침 하기로 결심했다. 자신이 제일 좋아하는 에어로빅 강습에 참여하지 못하는 날에는 트레드밀 위에서 20분 정도 달렸다.

운동을 한 지 일 년 정도가 지난 지금, 엘렌은 부하 직원에게 일을 맡길 때 보다 단도직입적으로 이야기할 수 있게 되었다. 그리고 부하 직원들과의 접촉이 잦아짐에 따라 대담성도 커졌다. 사회불안 장애의 가장 큰 문제는 환자가 움츠러들수록 사회적인 접촉 훈련을 할 기회가 줄어들어서 결과적으로 증세가 더욱 심각해진다는 데 있다. 이것은 엘렌의 예전 공포증 수준이든 더 가벼운 수준이든 마찬가지다.

남들은 자연스럽게 하는 다른 사람과의 접촉을 연습을 해야만 할 수 있다니 이상하게 들릴지도 모르겠다. 그러나 지극히 정상적인 현상이다. 바로 이런 이유 때문에 신입생을 대상으로 한 네이퍼빌 센트럴 고등학교의 스퀘어 댄스를 그토록 칭찬할 수밖에 없는 것이다. 모든 학생들이 동일한 상황에서 이야기를 나누고 학기 내내 대화 시간을 점진적으로 늘려감에 따라 일부 학생들의 두려움은 점차 줄어들었다. 엘렌도 마찬가지다. 운동이 신경을 진정시켜준 덕분에 다른 사람들과 접촉할 용기를 갖게 되었다. 일단 시작을 하면 불안감과 마찬가지로 용기도 눈덩이처럼 불어나는 법이다.

공황장애의 고통

공황장애는 불안장애 가운데 가장 고통스러운 형태이며, 이런 종류의 장애가 얼마나 사람을 무력하게 만들 수 있는지를 극단적으로 보여준다. 공황장애 환자를 처음으로 보았을 때 나는 이 질병이 사람을 무기력하게 만드는 모습에 충격을 받았다.

정신과 레지던트 시절, 우울증에 걸려 집에서 한 발짝도 나오지 않으려고 해서 남편이 강제로 병원으로 끌고 온 한 여인을 보았다. 전에도 심장마비와 비슷한 증세로 응급실에 온 적이 몇 번 있었는데, 그때마다 의사에게 자신이 왜 죽어가고 있는지를 명료하게 설명했다고 했다. 하지만 진찰을 해보면 심장은 정상이었으므로 여인은 혹시 자신이 미친 것은 아닐까 하고 의심하기 시작했다는 것이다.

공황장애가 심장마비를 일으키지는 않지만, 환자는 꼭 그렇게 느낀다. 근육 긴장과 과다호흡이 심한 가슴 통증을 일으키기 때문이다. 그리고 가쁘고 얕은 호흡 때문에 이산화탄소를 너무 많이 배출하여 혈액의 수소 이온 농도가 떨어지고, 이것을 비상사태라고 간주한 뇌줄기는 근육을 더욱 수축시킨다. 바로 이런 이유 때문에 과다호흡 시 종이 봉지에 대고 호흡을 하면 배출한 이산화탄소를 다시 흡입하게 되어 증세가 사라지기도 한다.

공황장애 환자는 공황발작을 불러일으킬 만한 것은 무엇이든 피하면서 살아간다. 정서적인 유아 상태로 퇴보하게 되고, 두려움 때문에 주변 상황을 통제하려는 절실한 욕구를 느낀다. 즉 안정되고 안전한 상황을 유지하기 위해서라면 무슨 일이든 하게 되는 것이다. 이런 심리적인 상태는 다양한 형태로 나타난다. 남을 통제하려는 방법 가운데 하나인 수동적 공격성, 공포심을 억제하려는 강박관념, 전반적인 유연성 결핍 등이 여기에 해당한다. 앞서 예로 든 여인은 뭔가 자신에게 문제가 있다는 사실은 알았으나, 너무 심한 공황장애 증세 때문에 진정한 문제를 파악할 수가 없었던 것이다.

1970년대 당시에 불안증과 우울증을 치료하던 전형적인 방법은 정신요법이었다. 약물은 별로 사용하지 않았다. 그러다가 점차 정신건강을 생물학적으로 분석하게 되면서 불안증을 삼환계 항우울제인 이미프라민으로 치료하는 연구가 시작되었다.

그때부터 20여 년 동안 사용되어온 이미프라민은 청색반점이라 불리는 뇌줄기의 한 부분에서 노르에피네프린과 세로토닌의 상호작용을 조절한다. 청색반점은 호흡이나 각성, 심장박동, 혈압과 같이 생명을 영위하는 데 필요한 기본적인 기능을 조절한다. 또한 혈액 내의 수소 이온 농도를 점검하고, 공황발작이 시작될 때 편도의 행동을 촉발하는 비상사태 신호를 맨 처음 내보내는 곳이다.

이미프라민은 각성 시스템을 안정시켜서 비상사태가 쉽게 선언되지 못하게 만든다. 여인의 경우에는 약의 효과가 금세 나타나서 며칠이 지나자 점차 안정을 되찾았다. 일단 두려움을 통제할 수 있게 되자 치료는 진전을 보였다. 이미프라민이 여인에게 자유를 되찾아준 것이다.

당시에 다양한 형태의 불안증을 치료하는 데 널리 사용된 또 다른 약은 교감신경계를 진정시키는 베타차단제의 일종이다. 이 약은 뇌와 신체에서 에피네프린 수용체를 차단한다. 그럼으로써 스트레스나 불안 증세가 있을 때 에피네프린이 하는 역할, 즉 심장박동과 호흡이 빨라지고 혈압이 높아지는 현상을 방지한다.

심장병 환자의 혈압을 낮추는 데 주로 사용되는 베타차단제는 끊임없이 뇌로 돌아감으로써 편도를 만성 긴장 상태에 빠뜨리는 불안의 되먹임 고리를 끊어준다. 불안이 야기하는 신체적 증세를 가라앉혀서 공황발작이 폭발하기 전에 미리 흐트러뜨리는 것이다. 이 약은 사회적 불안장애나 무대 공포증이 있는 사람에게도 도움이 된다. 클래식 전문 연주자들은 긴장을 과도하게 해서 능력을 제대로 발휘하지 못하게 되는 경우를 방지하려고 공연 전에 보통 베타차단제를 복용하기도 한다.

가끔 공황장애 환자에게 이미프라민과 베타차단제를 모두 처방하는 경우가 있다. 이 경우 이미프라민은 두려움을 가라앉혀주고, 베타차단제는 신체의 긴장을 풀어준다. 이러한 약들이 효과를 발휘하는 과정을 상세하게 설명하는 이유는 운동이 어떻게 신체에 영향을 끼치는지를 보여주기 위해서다. 밝혀진 바에 따르면, 운동은 이 약들과 똑같은 과정을 거쳐서 인체에 영향을 끼친다. 다시 말해서 신체의 긴장과 두려움을 동시에 완화해준다.

불안하면 절대 운동하지 마라?

공황장애 환자는 운동을 피해야 한다는 것이 의학계에서 수십 년 동안 통용되던 상식이었다. 운동은 그들에게 위험할 수 있다는 것이 1960년대 말 이후의 연구에 기초한 우리 의사들의 생각이었다. 일부 환자들은 운동을 하면서 나타나는 현상, 즉 심장박동이 빨라지고 혈압이 높아지는 현상이 두려움을 증가시킨다고 증언하기도 했다. 어쩌면 불안증의 증세와 비슷해서 그렇게 느꼈는지도 모른다.

불안장애 환자는 다른 사람들보다 운동을 한 뒤에 젖산의 수치가 더 높았는데, 과학자들은 공교롭게도 불안장애 환자에게 젖산을 주입하면 그들이 공황장애를 일으킨다는 사실을 발견했다. 그래서 의사들은 모든 종류의 불안장애 환자들에게 절대로 운동을 하지 말라고 조언하기 시작했다.

이후 이러한 견해의 그릇됨을 증명한 연구가 상당수 이루어졌는데도 사람들은 여전히 이 논리를 고집했다. 불안장애 환자가 운동을 하다가 발작을 일으켰다는 내용의 의학 논문이 몇 편 발표되기는 했지만, 대부분의 논문은 정반대의 결과를 보여주었다. 실제로 1960년부터 1989년까지 발표된 104편의 학술 논문은 운동이 불안증을 줄여준다는 사실을 보여주었다. 하지만 대부분은 의학적 사실로 간주되는 데 필요한 이중 맹검이나 위약 대조 등을 하지 않았기 때문에 학술적으로 인정을 받지 못했다.

1997년 드디어 공황장애 환자를 치료하는 데 운동이 과연 약만큼 효과가 있는지를 알아보기 위해 최초로 위약 대조를 한 무작위 실험이 실시되었다. 독일의 정신과 의사 안드레아스 브룩스는 10주에 걸친 실험에서 46명의 공황장애 환자를 세 집단으로 나누었다. 한 집단은 규칙적으로 운동을 하게 했고, 다른 집단은 이미프라민과 유사한 클로미프라민을 복용하게 했으며, 또 다른 집단은 위약가짜 약을 복용하게 했다.

처음 2주 동안에는 세 집단이 모두 증세가 감소했다. 위약을 복용한 집단까지도 말이다. 그중에서도 클로미프라민의 효과가 가장 빨랐고 결과 또한 탁월해서 환자의 증세를 꾸준하게 가라앉혀주었다. 운동을 한 집단은 처음 2주 이후로는 효과가 일정하다가 마지막 4주 동안에 급격히 증세가 가라앉았다. 위약을 복용한 집단은 실험이 진행됨에 따라 증세가 다시 원점으로 돌아갔다. 10주 뒤에 다양한 실험을 해보니 클로미프라민을 복용한 집단과 운동을 한 집단은 동일한 수준으로 상태가 호전된 것으로 나타났다. 두 집단 모두 증세가 완화되고 있었다.

왜 운동은 효과가 느리게 나타났을까? 2005년 안드레아스 스트륄이 학문적인 요구 조건을 철저하게 준수하면서 행한 연구에 따르면, 운동의 효과 또한 빠르게 나타났어야 했다. 스트륄은 가만히 휴식을 취하는 것보다 트레드밀 위에서 30분 동안 달리기를 하면 공황발작이 일어날 확률이 급격히 줄어든다는 연구 결과를 발표했다. 이 실험 결과는 운동의 효과가 즉시 나타날 수도 있다는 점을 보여준다.

브룩스의 연구에서 운동의 효과가 늦게 나타난 것은 어쩌면 실험 방법과 관련이 있을지도 모른다. 운동집단에 속했던 피실험자들은 한 사람을 제외하고 모두 광장공포증이 있었다. 그들 중 일부는 운동이 완전히 위험하다고 여기고 있었다. 다시 말해서 바깥에서 걷거나 뛰는 행위는 거의 불가능하다고 믿었다. 그러므로 실험 중에 운동을 하라는 명령에 따르기 위해서는 내부의 두려움과 맞서 싸워야 했던 것이다.

광장공포증 환자에게 밖에 나가서 6킬로미터를 뛰라고 해놓고 아무

일도 일어나지 않기를 기대할 수는 없는 노릇이므로, 브룩스는 그들이 운동을 천천히 시작할 수 있도록 유도했다. 실제로 브룩스가 요구한 것은 집 근처에서 6킬로미터 정도 되는 코스를 일주일에 서너 번씩 뛰라는 것이 전부였다. 필요하다면 처음에는 걸어도 좋다는 조건이었다. 이처럼 천천히 걷기 운동을 하다가 가끔씩 달리기를 하도록 용기를 북돋아주었고, 시간이 지나면서 점차 달리는 구간을 늘렸다. 그러다가 6주 뒤부터는 전체 구간을 달리게 되었다. 두 명은 달리다가 공황발작이 일어났는데도 계속 달렸더니 증세가 가라앉은 적도 있다.

클로미프라민을 복용한 집단은 실험의 처음부터 끝까지 약을 복용했다. 입이 마르고 땀을 흘리며, 현기증을 느끼고, 오한이 나고, 발기부전 증세와 메스꺼움을 느끼는 등의 부작용에도 불구하고 말이다. 운동을 한 집단은 새로 운동을 시작하는 사람은 누구나 경험하는 정도, 예컨대 근육과 관절이 일시적으로 불편한 정도의 부작용만을 겪었다.

브룩스는 실험 이후 6개월 동안 이들을 추적 검사해보았다. 그랬더니 운동을 한 집단, 그중에서도 제일 건강한 환자의 불안장애 증세가 가장 약했다. 결과적으로는 운동을 한 집단도 클로미프라민을 복용한 집단처럼 건강을 회복했다. 스스로의 힘으로 건강을 되찾은 것이다.

약을 복용하는 행위에는 분명 아무런 부정적인 요소가 없다. 단지 운동을 해서도 똑같은 효과를 볼 수 있다면, 운동은 스스로 장애를 극복했다는 자신감을 덤으로 준다. 이런 자신감은 심각한 불안장애 환자뿐만 아니라 누구에게나 커다란 혜택이다. 우리 모두는 살아가면서 두려움과 불안을 느끼는 상황에 직면한다. 그때 문제 해결의 관건은 에이미의 경우처럼 그 상황에 어떻게 대처할 것이냐에 달려 있다.

심장과 감정의 연결고리

불안장애를 치료하려면 반드시 약물을 사용해야 한다는 사고방식은 이혼 법정에만 존재하는 것이 아니다. 2004년 〈뉴잉글랜드 의학 저널〉에 게재된 전반적 불안장애의 치료에 관한 글을 보면 운동에 대해서는 언급조차 없다. 대부분의 내용은 보편적인 항불안제들을 항목별로 분석한 것이고, 정신요법 및 긴장 이완에 대해서 조금 다루었을 뿐이다.

그런데 여기에 운동이 빠진 사실을 어떻게 이해해야 할까? 도대체 어떻게 해서 산더미처럼 쌓여 있는 운동의 신경학적 효과나 심리학적 효과에 대한 연구 자료가 하나도 눈에 띄지 않는 것일까?

흥미롭게도 처음 이의를 제기한 것은 심장 전문의들이었다. 〈뉴잉글랜드 의학 저널〉에는 미국 뉴올리언스 옥스너 의료재단의 칼 라비에와 리처드 밀라니가 보내온 편지가 실렸다. 편지 내용은 이렇다.

"불안장애를 치료하는 방법 가운데 운동요법이 빠졌다는 사실은 우리를 놀라게 했습니다. 우리 심장 전문의들은 불안증이 심장병을 유발하는 위험 요소이기 때문에 관심을 가지고 지켜보고 있습니다. 그런데 운동요법은 불안증이 심장병을 유발하는 확률을 50퍼센트나 낮춰준다는 연구 결과가 나왔습니다. 그렇다면 운동요법이 만성 불안장애를 치료하는 데에도 효과가 있다는 뜻입니다."

이 편지는 잡지에 게재되었던 글이 중요한 점을 빠뜨린 사실을 완곡하게 지적했다. 라비에는 운동과 심장을 주제로 70편의 논문을 썼으며, 그 가운데 11편이 불안장애를 주제로 다루고 있다. 그가 쓴 논문은 모두 운동요법이 불안증과 우울증을 두드러지게 개선해준다는 사실을 보여준다.

이러한 의견 교환은 심장 전문의들이 정신과 의사들에게 환자를 실제로 치료하는 방법에 관해 문제를 제기했다는 점에서 중요한 의미를 지니고 있다. 히포크라테스 시절로 돌아가서 이야기를 하자면, 감정은 심장으로부터 나오므로 기분 장애의 경우 심장부터 치료해야 한다. 현대 의학은 정신과 신체를 분리하여 생각하지만, 히포크라테스가 처음부터 옳았다는 사실이 점차 분명해지고 있다. 최근 10여 년 동안에 과학자들이 밝혀낸 사실에 따르면, 심장에서 만들어진 분자는 감정에 중요한 역할을 한다.

ANP는 운동을 할 때 심장근육에서 분비되며, 혈액뇌장벽을 뚫고 뇌로 들어간다. 일단 뇌에 들어가면 시상하부에 있는 수용체에 결합해서 스트레스 축의 활동을 조절한다. ANP는 뇌에서 직접 분비되기도 하는데, 스트레스와 불안증에 중요한 역할을 하는 편도와 청색반점의 뉴런이 ANP를 생성한다. 사람 및 동물을 대상으로 한 연구에 따르면, ANP는 진정제 역할을 한다. 그래서 학자들은 ANP가 운동과 불안증의 중요한 연결고리라고 추측한다.

🏃 ANP가 불안장애와 관련해서 무슨 일을 하는지를 규명하기 위해 2001년에 최초로 공황장애 환자들과 장애가 없는 사람들을 비교 실험했다. ANP와 위약 가운데 하나를 무작위로 골라서 그들에게 주사로 투여한 다음, CCK-4를 복용하게 한 것이다. 결과를 보니 두 집단에서 모두 ANP는 공황발작을 확연하게 줄여준 반면에 위약은 전혀 효과를 발휘하지 못했다.

공황발작 동안에는 부신피질 자극호르몬 방출인자의 양이 급증한다. 부신피질 자극호르몬 방출인자는 불안증을 유발하는 본연의 역할을 하기도 하고, 신경계에 코르티솔을 과다하게 분비시키기도 한다. ANP는 마치 스트레스 축을 제어하는 브레이크처럼, 공황발작을 유발하려는 이 인자의 활동을 억제하는 것처럼 보인다. 임신을 하면 ANP의 농도는 세 배로 늘어나는데, 그것은 아기의 두뇌를 스트레스와 불안증의 해로움에서 보호하려는 인체에 생존 전략이라고 생각된다.

중중 심부전 환자들을 대상으로 한 연구에 따르면, ANP 수치가 가장 높은 환자가 불안감을 가장 적게 느꼈다. 이들이 불안장애 환자가 아닌데도 의사들이 이들의 불안감에 관심을 보인 이유는 불안감이 심장 수술을 받은 환자들이 회복되는 데 매우 중요한 영향을 끼치기 때문이다. ANP는 에피네프린의 흐름을 막고 심장박동 수치를 낮춤으로써 교감신경계의 반응을 직접적으로 완화한다. 또한 고조된 불안감을 가라앉혀주는 역할도 하는 것 같다. 공황장애 환자들 가운데 혈액 내에 ANP가 모자라는 사람들이 더 자주 공황발작을 일으킨다는 것은 잘 알려진 사실이다.

2006년 안드레아스 스트륄이 이끄는 베를린의 신경정신과 의사들은 유산소운동이 흥분을 가라앉히는 효과를 나타내는 데 ANP가 필수적인 요소인지 실험해보았다. 공포와 공황을 유발하는 약물인 CCK-4를 주사로 투여받은 열 명의 건강한 피실험자들은 트레드밀 위에서 30분 동안 보통 속도로 걸었다. 그랬더니 ANP의 농도가 현격하게 증가한 동시에 불안과 공포의 느낌도 어느 정도 가라앉았다. 이 결과를 두고 스트륄은 둘 사이에 상관관계가 있다고 해서 반드시 인과관계가 존재하는 것은 아니라고 지적하며 이렇게 결론을 내렸다.

"하지만 ANP는 심장과 불안증 관련 행동을 연결하는 생리학적인 연결고리인 것 같습니다."

공포를 향해 달리기

만일 두려움이 영원히 존재하는 것이라면, 불안을 진정시킬 희망은 전혀 없는 것일까? 해답은 '공포 소거'라 불리는 신경학적 과정에 있다. 이미 각인된 공포의 기억을 지우지는 못하지만, 새로운 기억을 형성하고 강화해서 공포의 기억이 안 떠오르게 하는 것은 가능하다.

공포의 기억과 평행하게 신경회로가 새로 형성되면, 뇌는 예상되는 불안에 대한 무해한 대안을 갖게 된다. 다시 말해서 위협적인 상황이 아니라는 판단을 내릴 수 있게 된다. 상황을 올바로 해석하기 위한 회로가 연결되면 두려움이 일어나는 회로는 연결이 끊어진다. 이런 경험이 반복되면, 예컨대 거미를 보는 것과 심장박동이 빨라지고 공포감에 휩싸이는 현상 간의 관련성은 점차 약해진다.

심리학자이자 장거리 달리기 선수인 키스 존스가드는 운동을 하면서 인지행동치료를 받으면 아주 좋은 결과를 얻을 수 있다는 사실을 발견했다. 인지행동치료는 공포의 기억을 무해하고 긍정적인 기억으로 바꿔주는 심리학적 과정인데, 불안장애 치료에는 항우울제 SSRI만큼 효과가 크다.

🏃 인지행동치료의 기본 전략은 의사가 옆에 있는 상황에서 환자를 공포의 원인이 되는 대상에 조금씩 노출시키는 것이다. 환자가 공황 상태에 빠지지 않고 공포 상황을 경험하면 뇌는 인지 재구성을 하게 된다. 전전두엽 피질에서 뉴런들이 서로 연결되는 회로를 구성하는 것이다. 이 회로는 편도를 진정시켜준다. 그러면 환자는 안전하다고 느끼며, 뇌는 이러한 긍정적인 감정을 기억해둔다. 이때 운동을 하면 신경전달물질과 성장인자가 전전두엽 피질과 편도의 연결을 강화시켜 통제력이 강화되고, 긍정적인 효과는 눈덩이처럼 불어나게 된다.

존스가드는 운동을 인지 재구성 방법으로 사용해서 광장공포증을 치료했다. 존스가드는 환자들과 유대관계 강화를 위한 상담을 몇 차례 한 뒤, 아침 일찍 텅 빈 쇼핑센터 주차장에 데려가 단거리 달리기를 시켰다. 주변에는 아무도 없었으며, 그의 존재는 환자들에게 안정감을 주었다. 존스가드는 환자들이 얼마나 달리면 지칠지를 미리 계산해서 그 지점에 표시를 해놓았다. 그리고 환자들에게 자신이 있는 곳, 즉 표시를 해놓은 지점에서 쇼핑센터 정문 쪽으로 달려가라고 했다.

그 이유는 신체가 최고로 흥분 상태에 있고 두려움이 최고 지점에 다다랐음에도 공황 상태에 빠지지 않는다는 것을 경험하게 하려는 것이었다. 만일 달리다가 공황발작이 일어나면 그 자리에 멈춰서 자신에게 걸어서 돌아오라고 일러주었다. 공포를 향해 달려갔다가 안전을 향해 걸어서 돌아오는 것이다.

결국 그들은 공포를 극복하고 쇼핑센터 안으로 들어갈 수 있게 되었으며, 횟수가 늘어날수록 머무는 시간도 길어졌다. 보통 이와 같은 운동요법을 여섯 번 정도만 실시하면 효과가 나타난다고 한다. 존스가드는 자신의 방법에 대해 "자신을 내동댕이친 말에 다시 올라타는" 방법에 불과하다고 밝힌다. 이처럼 스스로 생존할 수 있다는 사실을 뇌에 가르쳐주는 것은 불안증을 극복하는 데 아주 중요한 일이다.

공포 전문가로 잘 알려진 신경과학자 조셉 르두는 잭 고먼과 함께 〈미국 정신의학 저널〉에 "행동을 촉구함: 적극적인 대응을 통해 불안증 극복하기A call to Action: Overcoming Anxiety through Active Coping"라는 글을 기고했다. 적극적인 대응은 문제나 위험에 대해 걱정만 하지 말고 적극적으로 거기에 대응해서 뭔가를 행하는 것을 뜻한다. 적극적인 대응이 굳이 신체적인 활동을 의미하지는 않지만, 운동이 그 가운데 하나임은 분명하다. 그리고 사실 운동은 그중에서도 중요한 부분을 차지하는 것이 틀림없다.

르두는 우리가 불안을 극복하려는 행동을 하기로 결정하면 어떻게 뇌에서 정보의 흐름을 이동시키며 새로운 경로를 만드는지를 설명한다. 편도에 있는 중심핵이라는 부위는 실제로 위협적인 자극과 위협적이지 않은 자극을 서로 연결해서 부정적인 눈덩이 효과를 일으키는 진원지라 할 수 있다. 그리고 그 결과물인 공포의 기억이 불안과 비상 단추를 연결한다.

르두는 쥐를 대상으로 한 실험에서 신호가 편도의 중심핵을 거치지 않고, 신체의 운동 회로로 연결되는 기저핵을 거치게끔 방향을 바꿀 수 있다는 사실을 보여주었다. 만일 사람에게도 똑같은 일이 가능하다면 단순히 행동을 취함으로써 공포 기억의 기전을 우회할 수도 있다는 뜻이다. 기저핵은 행동이 전달되는 통로이며, 심지어 운동이 아닌 생각만으로도 활성화할 수 있다. 직장과 여자 친구를 동시에 잃어서 정신적인 충격을 받은 환자에게 내가 매일 아침 체육관에 가라고 권한 것도 이 때문이다.

자리에 앉아서 걱정만 하고 있는 대신에 뭔가를 함으로써 우리는 우회해서 생각하게 된다. 또 공포감이 줄어드는 동시에 새로운 대응 방법을 배우기 위해 뇌를 완벽한 상태로 만들어준다. 누구나 불안에 직면하면 본능적으로 상황을 피하려고만 한다. 울타리 속에 갇힌 쥐가 얼어붙듯이 말이다. 하지만 그런 본능을 거역하고 행동을 함으로써 우리는 인지 재구성을 하게 된다. 신체를 사용해서 뇌를 치유하는 것이다.

두려움보다 빨리 달리기

　불안을 운동으로 해소하는 방법은 신체와 뇌에 모두 효력을 발휘한다. 구체적인 운동의 효과는 다음과 같다.

관심을 다른 곳으로 분산한다

　몸을 움직이면 신경이 그쪽으로 쏠리기 마련이다. 예를 들면 공황장애 환자인 에이미는 다가올 공황발작을 두려워하는 대신에 페달 밟기 운동에 관심을 집중할 수 있었다. 연구를 통해 밝혀진 바에 따르면, 불안을 잘 느끼는 사람은 관심을 돌리려는 의도적인 행위, 가령 조용히 앉아 있거나 명상을 하거나, 혹은 사람들과 식사를 하거나 잡지를 보는 행위에 보다 쉽게 몰입한다. 그렇지만 운동의 효과는 더 오래간다.

근육의 긴장을 풀어준다

　운동은 베타차단제와 마찬가지로 불안이 신체에서 뇌로 되돌아가는 것을 차단한다. 1982년 허버트 드브리스는 불안장애 환자의 근육방추에는 지나치게 활동적인 전기 패턴이 나타나는데, 운동은 그런 근육의 긴장을 풀어준다는 연구 결과를 발표했다. 그는 이것을 '운동으로 인한 정신안정 효과'라고 불렀다. 드브리스 역시 운동을 통해 근육의 긴장을 풀어주면 불안감도 줄어든다는 사실을 발견한 셈인데, 불안 상태뿐만 아니라 불안 성향까지 줄여준다는 점이 더욱 중요하다.

뇌의 자원을 늘려준다

　운동은 단기적으로나 장기적으로 세로토닌과 노르에피네프린의 수치를 늘려준다. 세로토닌은 두려움을 억제하는 전전두엽 피질의 실행 능력을 향상시키고, 편도를 진정시킨다. 또 뇌줄기에서는 신호를 조절하는 등 불안 회로의 거의 모든 길목에서 활약한다. 노르에피네프린은 흥분성 신경전달물질이므로 그 활동을 조절하는 것은 불안의 순환고리를 차단하는 데 매우 중요하다. 또한 운동은 억제성 신경전달물질인 감마아미노부티르산과 신경세포 성장인자의 수치를 늘려주는데, 두 물질은 대체 기억을 형성하는 데 중요한 역할을 한다.

불안 증세에 대한 인식을 바꾸어 준다

불안장애가 다른 장애와 근본적으로 다른 점은 신체적인 증세에 있다. 불안은 교감신경계를 활성화한다. 그러므로 심장박동과 호흡이 빨라진다는 사실을 인식하면, 그런 인식 자체가 불안이나 공황발작을 일으킬 수 있다. 하지만 동일한 증세가 유산소운동을 해도 나타나는데, 그때에는 몸에 좋다. 불안 증세를 긍정적이고 스스로 불러일으킨 것, 통제가 가능한 것이라고 여기기 시작하면, 공포에 대한 기억은 희미해지고 새로운 기억이 형성된다. 환자의 뇌가 공황발작을 예상하고 있을 때, 증세는 긍정적인 결과로 연결되는 것이다.

회로를 변경한다

운동을 통해서 교감신경계를 활성화하면 걱정만 하며 수동적으로 사는 일에서 벗어나게 된다. 그러면 편도가 삶의 갖가지 일들이 위험으로 가득하다는 시각을 강화하려 할 때에도 그 난폭한 충동질이 억제된다. 또 운동으로 스트레스에 대응하면 편도의 다른 경로를 통해 정보가 전달되며, 그 결과 안전하고 평탄한 경로가 새로 만들어진다.

운동을 하면 스스로 불안을 효과적으로 제어하여 공황으로 발전하지 않게 할 수 있음을 깨닫는다. 심리학에서는 이것을 자제력이라고 한다. 향상된 자제력은 불안에서 야기되는 불안 민감성이나 우울증을 강력하게 예방한다. 스스로를 위해 뭔가를 하기로 의식적인 결정을 내리면, 우리가 뭔가를 할 수 있다는 사실을 깨닫기 시작한다.

과학자들은 스트레스를 연구하기 위해 쥐의 행동을 제한한다. 마찬가지로 사람도 갇히게 되면 불안감은 늘어난다. 불안감에 휩싸인 사람은 꼼짝하지 않으려는 경향을 보인다. 태아와 같은 자세로 몸을 웅크리거나 세상으로부터 숨을 안전한 장소를 찾는다. 광장공포증 환자는 자신이 집에 갇혀 있다고 느끼는데, 어떤 의미에서는 불안장애 환자라면 누구나 갇혀 있다는 느낌을 가진다. 이때 반대의 행위인 치료는 행동을 취하는 것이다. 즉 밖에 나가서 활개를 치고 돌아다니는 것이다. 주변 환경을 헤치고 나아가는 것이다.

운동, 최고의 반격

항불안제만을 사용하는 요법이 운동과 약물을 병행하는 요법과 크게 다른 점은 불안을 즉시 가라앉혀주기는 하지만 불안을 해소하는 대체 방안이 있다는 것을 알려주지 않는다는 데 있다. 불안장애 환자는 자신이 삶에서 얻고자 하는 것을 알거나 선택하는 데 어려움을 겪는다. 아니, 대부분의 만성 불안장애 환자가 원하는 것은 그저 불안감을 느끼지 않는 것이다. 그런데 이들이 활동이나 운동을 하게 되면 점차 무언가를 추구하는 삶으로 나아가게 된다.

운동과 약 중에 하나만 고르는 것은 충분하지 않다고 생각한다. 운동은 자기 뜻대로 할 수 있으며 스스로 언제든 처방을 내릴 수 있으므로 편리하다. 그렇다고 약에 의존하는 행위가 죄악이라거나 나약함 때문이라는 식으로 말할 수는 없다.

얼마 전에 고등학교 졸업반인 어느 공황장애 환자를 진료한 적이 있다. 그 학생이 처음 발작을 일으킨 것은 여섯 살 때였으므로 그에게는 유전적인 소인이 있었다. 여기에 대학 입시의 중압감이 더해지면서 최근에 상태가 악화되었다. 달리기를 해서 심장이 빠르게 뛰기 시작하면 혹시 공황발작이 일어나지 않을까 두려워했고, 심장마비로 갑자기 쓰러져 누구에게도 발견되지 않은 채 길에서 죽을지도 모른다고 걱정을 했다. 그래서 가끔 달리기를 멈추고 울 때도 있었다. 하지만 그는 예민한 감정을 무시하고 신체를 흥분 상태로 가져가면 결국 불안감이 가라앉게 되리라는 사실을 알고 있었다. 그런 그에게 내가 항불안제를 그만 복용하라고 권유했을까? 천만의 말씀이다.

무엇보다도 그는 공황발작을 공포증 수준으로 두려워했다. 그리고 공황장애는 심한 두려움을 불러오는 병이므로 나는 약을 처방하는 것으로 치료를 시작했다. 알약을 복용하는 것은 그리 힘든 일이 아니며, 종종 스위치를 내리는 속도만큼 빨리 불안 증세가 가라앉는다.

그런데 이미 말했듯이 약을 복용하는 것은 영구적인 변화를 가져오지 않는 경우가 심심치 않게 있으며, 장기적으로 증세가 개선되려면 재학습 과정이 함께 이루어져야 한다. 그렇다면 두 가지 방법을 함께 사용하지 않을 이유가 없다. 나는 약물과 운동을 병행하는 요법이 효과가 뛰어나다고 믿는다. 약은 즉각적인 안정감을 제공하고, 운동은 불안을 근본적으로 치료하니까 말이다.

🏃 운동과 약물의 병행 요법은 아이들에게 특히 중요하다. 왜냐하면 불안증을 지닌 아이들은 나중에 커서 우울증에 걸릴 확률이 높기 때문이다. 불안증은 치료하기가 어렵지는 않지만, 불행하게도 어렸을 때 증세를 알아채지 못하는 경우가 많다. 불안증을 지닌 아이는 교실 뒷자리에서 겁에 질린 채 조용히 앉아 있기 때문이다. 이런 아이는 보통 예의 바르게 처신을 하기 때문에 아무도 이상한 점을 알아채지 못한다. 그 사이 불안은 아이의 뇌에 부정적인 회로로 자리 잡게 되고, 나중에 여러 가지 문제를 일으킨다.

내가 학생에게 해준 충고는 다른 사람과 함께 운동을 하라는 것이었다. 다른 사람과 함께 있으면 안정감을 느끼고 세로토닌의 수치도 급격하게 늘어날 수 있기 때문이다. 또한 심장박동이 빨라지는 것이 긍정적인 현상이라고 느껴지기 전에는 집이나 집 근처에서 운동을 하라고 말해주었다. 무엇보다도 그는 자신이 즐길 만한 운동을 찾는 것이 급선무였다.

나는 그의 공포장애가 유전적인 요인에서 비롯된 것이므로 장애를 극복하기 위해 더욱 열심히 노력해야 한다고 조언했다. 그것은 처음부터 최소한 하루에 15분 이상의 격렬한 유산소운동을 해야 한다는 것을 뜻했다. 달리기, 수영, 자전거 타기, 노 젓기 등 심장을 빠르게 뛰게 하는 운동이면 무엇이든 좋다. 특히 그의 경우에는 운동을 격렬하게 하는 것이 중요했다. 신체가 흥분하자마자 불안증이 생기는 증상을 줄이려면 격렬한 운동을 해야 하기 때문이다.

내게 진료를 받은 다른 청소년 환자들과 마찬가지로 그 학생도 약의 복용을 멈추어도 되는지 물었다. 나는 운동을 열심히 하고 인지행동치료를 받으면 결국에는 호전될 수 있을 것이며, 그러면 약을 점차 줄일 수 있게 되어 나중에는 어쩌면 복용을 멈추어도 좋을 거라고 대답했다. 하지만 아무도 운동이 완전히 약을 대체할 수 있을 거라고는 말하지 못한다. 그렇게 말하기에는 뇌가 너무 복잡하다.

공황장애를 완치한 사람들 가운데에는 과거와는 전혀 다른 삶을 살아가는 사람이 많다. 마지막으로 공황발작이 일어난 시점에서 멀어질수록 앞으로 공황발작이 일어날 확률은 점점 희박해진다. 다른 종류의 불안장애를 겪고 있는 환자들도 마찬가지다. 삶의 모습이 변해감에 따라 세상과의 관계는 점차 돈독해지고 불안증과도 멀어지게 된다. 약을 복용할 만큼 상태가 나쁘지는 않지만, 골치 아픈 문제를 일으킬 정도로 경미한 불안증의 경우에는 운동이 더욱 극적인 효과를 발휘한다.

내 고등학생 환자에게는 약물과 운동과 정신요법을 모두 동원해야 했다. 하지만 에이미의 경우에는 운동요법만으로도 커다란 효과가 있었으며, 정신요법으로 근원적인 문제를 해결할 수 있도록 해주었다. 유산소운동은 에이미가 평소에 즐겨 하던 요가의 부족한 부분을 보충해주었다. 또한 상황에 압도당하지 않으려는 데 모든 감정적인 에너지를 쏟아 붓는 대신, 자신의 마음을 들여다보고 관조할 수 있도록 기분을 진정시켜주었다.

에이미는 자신의 심리 상태와 행동을 이전보다 훨씬 잘 파악할 수 있게 되었다. 용기와 부정적인 감정이 마치 밀물과 썰물처럼 들어오고 나가면서 그 흐름에 몸을 맡겨야 한다는 사실을 알게 되었다. 또한 그럴 수 있는 능력이 자신에게 있다는 사실도 깨달았다. 이제 에이미는 자신의 발전된 모습을 잘 파악하고 있었다.

"이혼은 지진과도 같이 내 삶을 산산이 부숴놓았어요. 하지만 운동이 삶의 기반을 다시 단단히 굳혀주었지요. 앞으로도 미세한 지진이 닥치겠지만 거기에 충분히 맞서 싸울 만큼 이제 저는 건강해졌어요."

에이미의 변화한 모습은 정녕 놀라움을 자아낸다. 가족들과 의사, 변호사는 물론이고, 심지어 전남편까지도 에이미가 전혀 다른 사람처럼 느껴진다고 말했다. 이제 에이미는 자신과 자신이 처한 상황을 보다 잘 통제하며 자신감에 차 있고 현실을 낙관적으로 보게 되었다. 법정 투쟁은 앞으로도 몇 년간 지속되겠지만, 에이미를 더 이상 움츠러들게 하지 못한다. 그녀에게는 운동이라는 최고의 방어 수단이 있으므로.

chapter 5

우울증에
맞서
운동량을
늘리기

빌은 자신이 무엇을 잃어가며 살고 있는지도 깨닫지 못하고 있었다. 그러다가 50세가 되었을 때, 자신이 거의 10킬로그램 정도 과체중이라는 사실을 알고는 식이요법과 달리기를 시작했다. 머지않아 체중이 줄기 시작했는데, 예상치 않은 부수적인 효과까지 나타났다. 다른 사람들과 자기 자신에게 좀 더 관대해지고 불평이 줄어든 것이다.

부인과 아이들은 변화한 그의 모습 때문에 함께 시간을 보내고 싶어 했고, 그런 즐거운 현상은 그의 태도를 더욱 변화시켰다. 빌은 한 번도 우울증을 겪은 적이 없었지만, 운동에 습관을 들인 이후로 삶의 태도가 더 열정적으로 바뀐 점은 의심할 나위가 없었다. 빌은 더 행복해질 수 있다는 사실을 순전히 우연하게 발견한 것이다.

의학계가 우울증을 이해해온 과정도 빌이 경험한 것과 비슷한 경로였다. 항우울제도 순전히 운 좋게 발견했다. 1950년대에 결핵 약을 시험하던 도중 어떤 약이 상황에 어울리지 않게 피실험자를 행복하게 해 준다는 사실을 알게 된 것이다. 몇 년 후에 새로운 항히스타민제가 이와 유사하게 즐거운 기분을 유발하는 효과가 있다는 사실이 발견된 뒤로는 삼환계 항우울제라고 불리는 종류의 약들이 쏟아져나왔다. 어느 날 갑자기 우울증 증세를 가라앉혀주는 의학적인 치료법이 생겨난 것이다. 이것이야말로 이전까지 순전히 심리학적인 문제로 치부되었던 현상을 생물학적으로 설명할 수 있을지도 모른다는 혁명적인 발상을 하게 된 시초였다. 이런 일이 있은 이후로 뇌가 어떻게 정신을 통제하는지에 대한 연구가 시작되었고, 그 결과 이 분야에 커다란 지각변동이 일어나게 되었다.

그 이후로 50년 동안 기분장애는 정신과 연구의 중심적인 주제가 되어왔다. 아직까지 우리는 우울증을 일으키는 원인을 파악하지 못하고 있지만, 감정의 근원이 되는 뇌의 활동을 설명하는 데에는 학문적으로 커다란 진전을 거두었다. 그리고 기분의 생물학에 대해서 점차 많이 알아갈수록 유산소운동이 어떻게 기분을 바꿔주는지에 대한 이해도 늘어났다. 실제로 운동이 뇌에 끼치는 영향에 대해 지금만큼 알게 된 것은 주로 우울증에 관한 연구를 통해서였다. 운동은 거의 모든 차원에서 우울증과 반대의 역할을 하기 때문이다.

영국에서는 의사들이 운동을 가장 중요한 우울증 치료법으로 사용하고 있지만, 미국에서는 아직까지도 운동요법이 대중적인 지지를 받지 못하고 있다. 세계보건기구에 따르면, 미국과 캐나다에서는 우울증이 심장혈관 질환이나 에이즈, 심지어 어느 특정 종류의 암보다 장애를 더 많이 유발한다.

미국에서는 성인의 17퍼센트가 우울증을 경험했으며, 이와 관련된 의료비는 일 년에 261억 달러나 된다. 자살을 시도하는 사람의 숫자는 알 길이 없으나, 슬프게도 17분마다 자살 사건이 발생한다. 게다가 우울증 환자의 74퍼센트가 불안증, 약물 남용, 치매 등과 같은 장애를 지니고 있으니 정말 시급한 문제라 하겠다. 그런데 불행하게도 상황은 전혀 나아지지 않고 있다.

우울증을 정복하기가 곤란한 이유 중 하나는 누구나 살면서 한두 번은 겪을 정도로 증세가 너무 광범위하다는 것이다. 뭔가 불만스럽거나 신경이 날카로운 날, 비관적인 생각이 들거나 울적한 날, 아니면 냉담하거나 둔감하거나 자기 비판적인 날을 한 번도 보내지 않은 사람이 과연 있을까? 예를 들면 슬픔은 어떤 손실에 따른 인간의 자연스러운 감정이다. 하지만 슬픔을 느끼는 것은 우울증을 느끼는 것과는 다르다. 슬픔이 사라지지 않는다거나 다른 증세와 겹쳐 일어나지만 않는다면 말이다.

개인적인 성향과 병의 증세와는 도대체 어떤 차이가 있을까? 빌은 평생 비관적이며 부정적이었다. 엄밀하게 말해서 무슨 병이 있는 것은 아니었지만 우울증의 그림자가 비치는 사람이었고, 삶의 방식을 바꾸면 혜택을 톡톡히 볼 것이 분명한 사람이었다.

사람들을 건강한 것보다 '더 좋은 상태'로 만들어주는 약을 처방하는 일은 오랫동안 윤리적 논란의 대상이었다. 그리고 그런 문제에 있어서는 운동이 항우울제보다 훨씬 유리한 위치에 있다. 완연한 우울증 증세를 보이지 않는 사람이라고 해서 기분이 더 좋아지지 말라는 법은 없다. 빌은 달리기를 시작한 이래로 이전보다 행복한 사람이 되었다. 혹시 빌이 우울증 환자였더라도 상황은 마찬가지였을 것이다. 유산소운동은 모든 우울증 증세에 긍정적인 영향을 끼치기 때문이다. 증세가 개별적으로 오는 경미한 상태이든, 여러 가지 증세가 겹쳐서 오는 장애 수준이든 마찬가지다. 나는 개인적으로 우울증을 연결선이 부식된 상태라고 생각한다. 삶에서도 그렇고 뇌세포에서도 그렇다. 운동은 그 연결선을 다시 설치하는 행위다.

> 🏃 어떤 우울증 환자는 먹지도 않고 잠도 자지 못하는데 또 어떤 환자는 너무 많이 먹고, 너무 피곤해서 아침에 일어나지도 못한다. 또 다른 환자는 아주 단순한 결정조차 내릴 수 없어서 무기력한 태도로 모든 일에서 조용히 물러난다. 하지만 고래고래 고함을 지르고 누구에게나 시비를 거는 환자도 있다. 이렇게 상반되는 증세 때문에 우울증 치료는 어렵다. 우울증 환자는 심리 테스트를 거쳐 약을 투여하더라도 효과 있는 약을 찾으려면 상당한 시행착오를 거쳐야 한다.

우울증의 생물학적 원인을 찾는 것과 관련해 다시 이야기해보자. 우연히 발견한 최초의 항우울제를 분석해본 결과, 노르에피네프린과 도파민, 세로토닌과 같은 모노아민 신경전달물질의 활동을 증가시키는 것으로 나타났다. 그런 가운데 1965년에 매사추세츠 정신건강센터의 정신과 의사 조셉 쉴트크라우트가 우울증 환자에게서 노르에피네프린의 분해 산물인 MHPG의 양이 줄어든다는 사실을 발견했다.

그러자 마침내 수치를 측정할 뭔가를 발견했다고 의학계는 반가워했다. 불균형 상태의 양을 잴 수만 있다면 생물학적인 차원에서 병을 진단하고 치료할 수 있기 때문이다. 그의 선구적인 연구로 우울증은 세 가지 신경전달물질의 결핍 때문에 발생한다는 모노아민 가설이 확립되었다. 이후로 우울증 환자의 치료와 연구는 그 결핍 증세를 역전시키는 데 초점을 맞추었다.

달리기 열풍

나는 대학을 졸업한 후 공교롭게도 당시 정신의학계 변화의 진원지인 매사추세츠 정신건강센터에서 일하게 되었다. 나를 이끌어주는 스승이 쉴트크라우트였으므로 나는 기분장애를 생물학적으로 해석하려는 연구 과정을 직접 목격하는 행운을 누릴 수 있었다.

2년 뒤 직장을 그만두고 피츠버그 의대에 입학한 나는 정신분석을 하고 새로 발흥하는 뇌과학을 연구하는 데 깊이 빠졌다. 당시 피츠버그 의대에 있던 사람들은 모두가 MHPG를 연구하고 있었기 때문에 나도 기분장애를 식별할 새로운 방법을 찾기 위해 적혈구가 리튬을 흡수하는 양을 측정해보았다. 또한 정신분열증 환자들의 오줌 표본을 냉동시켜서 스탠포드 대학에 보내기도 했다. 연구 활동을 하면서 나는 정신분석학을 '진짜' 과학으로 만들겠다는 열정에 전적으로 사로잡혔다.

그 무렵 노르웨이의 한 병원에서 우울증 환자에게 항우울제와 운동 중에 하나를 선택하게 했다는 글을 읽게 되었다. 내용은 내게 충격적이었다. 항우울제가 세상에 소개된 지도 얼마 되지 않았고 그 효과도 너무 뛰어나서 우울증 치료에 일대 혁신을 불러일으키고 있었는데, 병원은 심각한 우울증 환자들에게 기적의 약 대신 운동을 시킨 것이다. 운동요법은 효과가 있었다. 하지만 결과는 곧 잊혀졌다. 뇌 연구가 이제 막 시작되던 초창기에는 정신병 치료에 자연과학을 도입하는 일이 무엇보다 시급했기 때문이다.

매사추세츠 정신건강센터에서 레지던트 수련을 받으려고 다시 보스턴으로 돌아갔을 때 그곳에서는 달리기 열풍이 한창 불고 있었다. 올림픽에서 금메달을 딴 마라토너 프랭크 쇼터가 자신의 고향에서 열리는 보스턴 마라톤에서 세계 최고의 선수들과 경주를 벌이는가 하면, 전설적인 마라토너 빌 로저스는 그때 이미 달리기 전도사가 되어 있었다. 또한 엔도르핀 러시endorphin rush라고 불리는 새로운 현상이 벌어지고 있었다.

그때는 신경과학자 캔데이스 퍼트가 뇌에서 아편 수용체를 발견한 지 얼마 되지 않은 시기였다. 그것은 모르핀과 유사한 작용을 하는 분자가 고통을 줄여주는 방법이 신체에도 내장되어 있다는 뜻이었다. 그 역할을 하는 분자는 엔도르핀이었으며, 엔도르핀은 신체의 고통을 줄이고 정신을 황홀한 상태로 만들어준다고 알려졌다.

달리기를 하는 사람의 혈액에서 엔도르핀의 수치가 늘어난다는 사실이 밝혀졌을 때에는 모든 것이 딱 들어맞는 것 같았다. 달리기가 뇌를 모르핀과 유사한 물질로 채워준다는 이론은 달리기를 하면 기분이 좋아진다는 사실과 일치했기 때문이다. 그래서 그 효과가 극한에 이르는 상황을 가리키는 '러너스 하이'라는 용어도 생겨났다. 이때가 바로 내가 기분과 운동 사이에 모종의 연관이 있을 거라고 생각한 최초의 시점이었다.

엔도르핀은 스트레스 호르몬 가운데 하나로 간주된다. 인체에는 약 40여 종의 스트레스 호르몬이 있으며, 그 수용체가 온몸과 뇌에 퍼져 있다. 엔도르핀은 뇌를 진정시키고, 격렬한 운동을 하는 도중에 생기는 근육통을 완화해준다. 엔도르핀은 영웅적 행위를 돕는 천상의 약이다. 우리가 신체적으로 무리했을 때라도 끝까지 목표를 완수할 수 있도록 고통을 줄여주기 때문이다.

정신과 의사 로버트 파일러스가 보스턴 마라톤에 참가했을 때였다. 그는 누군가가 버린 커다란 비닐 봉투에 그만 발이 걸려서 넘어졌다. 운 나쁘게도 넘어질 때 무릎이 아스팔트에 제일 먼저 닿았다. 파일러스는 곧 일어나서 계속 달렸는데, 달리는 동작이 점차 이상해져갔다. 29킬로미터 지점에 다다르자 퉁퉁 부은 무릎은 더 이상 움직이지 않았다. 넓적다리 뼈가 부러진 것이다. 걸음을 옮길 때마다 엄청난 고통이 따랐을 텐데 파일러스는 고통을 전혀 느끼지 못했다고 한다. 엔도르핀의 효과 때문이었다.

고통은 우울증과 관련이 있으므로, 퍼트의 발견 이후로 엔도르핀이 정말로 운동과 향상된 기분을 연결하는 매개물인지를 확인하려는 실험이 잇따랐다. 과학자들은 엔도르핀을 차단하는 약물이 러너스 하이를 억제할 것이라고 예상했으나, 실험 결과는 달랐다. 달리기를 한 사람의 혈액에서 발견한 엔도르핀을 살펴본 결과, 엔도르핀은 혈액뇌장벽을 뚫고 뇌로 들어가지 못한다는 사실이 드러났다. 그러자 엔도르핀 러시에 대한 과학자들의 열광도 시들해졌다. 엔도르핀이 유일한 해답이 아니라는 사실이 명백해지자, 엔도르핀을 실험실 구석에 처박아둔 것이다.

요즘에는 과학자들이 다시 엔도르핀에 관심을 보이기 시작했다. 최근 연구에 따르면, 뇌에서 분비된 엔도르핀은 운동을 하면 느끼게 되는 만족감과 행복감에 기여하는 듯이 보인다. 그러나 그 효과가 얼마나 되는지는 아직 밝혀지지 않았다.

심리학을 생물학적으로만 분석하다보면 정신과 뇌와 신체가 서로 영향을 주고받는다는 사실을 간과하게 된다. 운동을 하면 기분이 좋아지는 동시에 자신에 대해 긍정적인 감정을 갖게 되는데, 이런 긍정적인 효과가 뇌의 어느 부위에서 일어났는지, 혹은 어떤 화학물질 때문에 생겨났는지 찾아봐야 아무런 소용이 없다. 운동을 해서 기분이 좋아졌다면, 스스로를 믿고 의지할 수 있다는 생각으로 우리의 근본적인 태도가 변화한다. 규칙적인 활동이 주는 안정감만으로도 기분을 비약적으로 향상시킬 수 있다. 분명 무슨 일이 벌어지고 있는 것이다.

버클리 대학의 인구집단 실험실Human Population Laboratory에서 실시한 기념비적인 프로젝트, 일명 '알라메다 카운티 스터디Alameda County Study'의 결과를 보면 잘 알 수 있다. 실험자들은 8,023명의 사람들을 1965년부터 무려 26년 동안 추적 조사했는데, 생활습관 및 건강과 관련된 다양한 요소들에 관해서 정기적으로 설문조사를 했다. 그런 다음 9년마다, 그러니까 1974년과 1983년에 건강검진을 했다.

결과를 보니 처음에는 우울증 증세가 전혀 없었던 사람들 중에서 이후 9년 동안 비활동적으로 지낸 사람들은 활동적인 사람들보다 우울증에 걸린 비율이 1.5배나 높았다. 반면에 처음에는 비활동적이다가 점차 활동성을 늘려간 사람들은 애초부터 활동적이었던 사람들과 우울증 발병률이 똑같았다. 즉 운동하는 습관을 기르면 우울증에 걸릴 위험이 낮아진다.

운동 습관과 우울증 발병의 관계를 약간 다른 각도에서 살펴본 다른 대규모 인구집단 연구들에서도 똑같은 결과가 나타났다. 2006년에 무려 19,288명의 쌍둥이와 그 가족들을 대상으로 한 네덜란드의 대형 실험에서는 운동을 하는 사람의 경우 불안감, 우울증, 신경증을 덜 느끼고, 사교적인 활동을 더 활발하게 한다는 결과가 나왔다. 1999년에 3,403명을 대상으로 한 핀란드의 연구에서는 일주일에 최소한 두세 번 이상 운동을 하는 사람은 운동을 덜 하거나 전혀 하지 않는 사람들에 비해서 우울증, 스트레스, 분노, 혹은 냉소적인 불신감을 느끼는 경우가 훨씬 적다는 결과가 나왔다. 이 연구에서는 심장혈관 질환 유발 인자를 찾기 위한 설문조사가 실시되었는데, 거기에는 기분에 대한 질문도 포함되어 있었다. 다시 말해서 이 연구 결과는 단순한 우울증보다 폭넓은 증세를 바탕으로 한 것이다. 또한 2003년 컬럼비아 대학 유행병학과 연구팀은 8,098명을 대상으로 설문조사를 한 뒤, 운동량이 늘어날수록 우울증은 줄어든다는 결론을 발표했다.

항우울제와 운동 사이에서

최근 내게 치료를 받기 시작한 한 사업가는 삶이 엉망이었다. 외도를 해서 아내와는 별거 중이었고 운영하던 사업체도 망했다. 다른 병원에서 진료받은 결과 ADHD임이 판명되었는데, 그 질병에 관해서 더욱 자세히 알아보려고 나를 찾아오게 되었다.

그는 '자연스럽지 않은' 것은 무엇이든 몸속에 들이지 않겠다는 고집 때문에 약을 복용하기를 거부했다. 하지만 결국엔 약을 먹기로 했는데, 그건 순전히 아내가 압력을 가했기 때문이다. 아내를 속이고 외도를 했다는 사실에 커다란 죄책감을 느끼고 있던 터라 아내의 요구를 뿌리치지 못한 것이다. 그래서 몇 가지 약을 시험해보다가 금세 모든 것을 중단했다. 두통과 복통, 근육통이 생겼기 때문이다.

제일 큰 문제인 ADHD는 제쳐두고라도 그에게는 우울증이 있었다. 그는 비활동적이고 의욕이 없었으며, 삶에 아무런 희망이 없다고 느끼고 있었다. 일거리를 찾으려는 노력을 기울이지도 않았으며, 문제가 있은 지 벌써 몇 달이 지났는데도 문제 자체를 인정하지 않는 경향이 있었다. 그러던 어느 날 그가 나를 찾아왔는데 행색이 눈에 띄게 나빠져 있었다. 평소에는 아주 단정한 차림이던 그가 면도도 하지 않고 헝클어진 머리를 하고 와서는 아침에 침대에서 나오기가 힘들었다는 고백을 했다.

나는 항우울제를 복용해보라고 강력히 권하며 렉사프로를 처방해주었다. 약을 복용한 그는 구토를 하는 등 아주 심한 부작용을 보였다. 그리고 더 이상 약을 복용하지 않겠다고 선언했다.

🏃 항우울제가 모든 사람에게 효과가 있는 것은 아니다. 부작용도 만만치 않다. 예를 들면 SSRI를 복용한 내 환자들 가운데 상당수가 약을 복용한 지 몇 달 후 성생활에 문제가 생겼다. 부작용은 욕구 감소에서 기능적인 문제까지 다양했다. 성적 욕구를 너무 억제하다보면 무의식 속에서 은밀하게 다른 문제를 일으킬 수 있다. 성적인 느낌과 열정은 우리 모두에게 삶의 원동력이 되는 중요한 요소이므로, 그런 감정에 재갈을 물리면 전반적으로 삶의 의욕이 줄어들 수 있다.

나는 예전에는 그가 꽤 활동적이었다는 사실을 생각해내고 이번에는 매일 운동을 해보라고 권했다. 2주 뒤에 나타난 그는 전혀 다른 사람이었다. 얼굴에 미소를 띠고 자신감에 찬 모습으로 나타난 그는 거의 매일 달리기를 했다는 사실에 자부심을 느낀다고 말했다. 다음 달에는 열심히 새 직장을 찾으며 아내와의 관계도 회복하려고 노력하는 모습을 보여주기도 했다. 그리고 별거 후 처음으로 아내와 다시 살게 될 수도 있다는 희망을 갖게 되었다. 무엇보다도 그는 과거와 다른 감정을 느꼈고, 스스로 그 감정을 지속할 수 있다는 사실에 놀라워했다.

엔도르핀의 수치를 높이는 일 말고도 운동은 항우울제가 목표로 삼는 모든 신경전달물질을 조절한다. 우선 뇌의 일정 부위에서 노르에피네프린의 수치를 즉각 높여준다. 또한 뇌를 각성시켜서 활발하게 활동하게 하며, 우울증 때문에 낮아진 자기 존중감을 다시 높여준다.

운동을 하면 도파민 수치 또한 올라간다. 그러면 기분이 좋아지면서 행복한 느낌이 들고 집중력이 높아진다. 도파민은 의욕과 경각심을 높여주는 호르몬이기 때문이다. 연구된 바에 따르면, 규칙적인 운동을 하면 뇌에 저장되는 도파민의 양이 많아지고 뇌의 보상센터에서 도파민 수용체를 생성하는 효소가 만들어진다. 이때 우리는 어떤 일을 성취했을 때 만족감을 더욱 크게 느끼게 된다. 저장량이 늘어남에 따라 더 많은 도파민이 필요하게 되면 도파민 유전자가 활성화되어 더 많은 도파민을 생성한다. 그리고 이러한 과정이 반복되면 도파민 생성 경로가 안정적으로 조절되면서 알코올이나 마약 등의 중독을 통제하는 데 매우 중요한 역할을 한다.

운동에 의해 도파민과 같은 영향을 받는 세로토닌은 기분과 자기 존중감, 충동 억제에 중요한 역할을 한다. 또한 코르티솔과 반대되는 역할을 하여 스트레스를 줄이는 데 도움을 준다. 대뇌피질과 해마 사이의 세포 연결도 촉진하여 학습에 매우 중요한 역할을 하기도 한다.

약물과 운동의 경쟁

1999년 듀크 대학의 연구진은 항우울제가 약효를 끼치는 화학물질에 운동이 똑같은 영향을 끼친다는 사실에 대해서 실험을 했다. 제임스 블루멘탈을 비롯한 연구진은 16주에 걸쳐서 운동과 항우울제 졸로프트를 서로 경쟁시켰다. 그들은 무작위로 156명의 환자들을 약물, 운동,

약물과 운동이라는 세 집단으로 나누었다. 운동집단은 일주일에 세 번 30분(10분에 걸친 준비운동과 5분 동안의 정리운동을 합하면 45분)에 걸친 걷기나 달리기를 했는데, 그 강도는 최대산소섭취량의 70~85퍼센트를 유지하도록 했다. 과연 결과는 어떻게 나왔을까? 세 집단 모두 우울증이 상당히 줄어들었고, 반수 정도는 완전히 우울증 증세가 사라졌다. 환자 중 13퍼센트는 증세가 줄어들었으나 완전히 사라지지는 않았다.

이 실험을 토대로 블루멘탈은 운동이 약물만큼 효력이 있다는 결론을 내렸다. 나는 이 실험 결과를 복사해서 챙겨두었다. 운동이 우울증을 고칠 만큼 뇌의 화학물질을 변화시킨다는 사실을 믿지 않는 환자들에게 보여주기 위해서였다. 이 실험이야말로 현대 정신의학이 전달하고자 하는 만큼 명확하게 운동과 우울증의 관계를 설명해준다. 의과대학에서는 이 실험 결과를 교과내용에 포함시켜야 하고, 모든 개인 병원들은 게시판에 관련 사실을 붙여놓아야 한다. 운동이 졸로프트만큼 효과가 있다는 사실을 모든 사람들이 안다면 우울증 환자는 급격하게 줄어들 것이기 때문이다.

연구 결과를 잘 분석해보면, 왜 운동이 우울증의 합법적인 치료법이 되지 못하는지 그 복잡한 이유를 파악할 수 있다. 1997년 브룩스가 운동과 항불안제 클로미프라민을 비교해본 결과도 마찬가지였지만, 두 집단의 증세가 똑같이 개선되었더라도 약을 복용한 집단에서 보다 즉각적인 효과가 나타났다. 얼핏 보기에 이런 사실이 항우울제는 복용한 지 3주 뒤에 효력을 나타낸다는 제약회사들의 설명과 모순된 듯이 보인다. 그렇지만 3주라는 숫자는 통계 수치에 불과하며, 내 환자들만 해도 며칠 내에 반응을 보이는 경우가 상당히 많다.

이와 반대로 단 한 번만 운동을 해도 상당한 효과가 있다는 연구 결과는 어떻게 해석해야 할까? 예컨대 2001년 노던 애리조나 대학의 심리학과 교수 셰릴 한센은 질병이 없는 사람이 단 10분만 운동을 하더라도 활력이 생기고 기분이 좋아진다는 연구 결과를 발표했다. 하지만 만약 몇 시간 뒤에 다시 측정했더라면 상태가 원점으로 되돌아간 것을 발견했을 것이다. 그러므로 매일매일 기분을 변화시키려면 오랜 기간에 걸친 규칙적인 운동이 필요하다는 사실을 알아야 한다.

블루멘탈 연구진은 환자의 기분을 일주일에 한 번, 운동을 하기 직전에 측정했다. 운동을 한 일부 환자들은 즉시 증세가 좋아졌지만, 약을 복용한 집단만큼 두드러진 효과를 보여주지는 않았다. 우울증을 극복하기 위해 극히 중요한 것은 앞으로 5분, 더 나아가 5시간 동안은 기분이 괜찮을 거라고 예견하는 일이다. 그러다 결국에는 다음날 아침까지 기분이 좋을 거라는 확신을 갖는 일이다. 그러기 위해서는 상당한 기간 동안 꾸준하게 운동을 해야 한다.

블루멘탈 연구진은 실험 6개월 뒤에 다시 환자들을 대상으로 설문조사를 실시했다. 그 결과 장기적으로는 운동이 약보다 훨씬 좋은 결과를 불러온다는 사실이 밝혀졌다. 운동을 한 집단은 30퍼센트만이 우울증 증세를 보인 데 반해서 약을 복용한 집단은 52퍼센트, 약물과 운동을 혼용한 집단은 55퍼센트가 우울증 증세를 나타냈다. 그리고 실험 도중에 우울증 증세가 완전히 사라진 환자들 가운데 운동을 한 집단은 8퍼센트만이 증세가 재발했는데, 약을 복용한 집단은 무려 38퍼센트나 증세가 재발하는 커다란 차이를 보여주었다.

16주의 실험이 끝난 뒤에는 환자들에게 치료 방법을 마음껏 고르게 했다. 심지어 아무것도 고르지 않아도 괜찮다고 했다. 그래서 이후의 결과를 분석하기는 아주 복잡하다. 일부는 정신요법을 택했고, 약을 복용하던 집단의 일부는 운동을 시작했으며, 운동을 하던 집단의 일부는 약을 복용함으로써 수많은 변수가 생겨나게 되었다. 블루멘탈 연구진은 그런 복잡한 상황에서도 운동을 많이 한 환자일수록 우울증 증세가 더욱 호전되었다는 사실을 발견했다. 구체적으로 말하면, 일주일에 평균 50분 동안 운동을 한 사람은 우울증에 걸릴 확률이 50퍼센트나 낮아졌다.

그럼에도 블루멘탈 연구진은 운동이 우울증 증세를 멈추게 했다고까지는 말하지 않았다. 반대의 경우도 가능하기 때문이다. 다시 말해서 어쩌면 운동을 계속한 사람들은 우울증 증세가 그리 심하지 않았기 때문에 운동을 한 것일 수도 있다. 이것은 운동과 기분의 상관관계를 연구하는 학자들에게는 달걀이 먼저냐 닭이 먼저냐 하는 문제다. 그런데 운동을 해서 우울증 증세를 덜 느끼게 되었는지, 아니면 우울증 증세를 덜 느껴서 운동을 했는지가 과연 그렇게 중요한 문제일까? 둘 가운데 어느 쪽이든 환자의 기분은 좋지 않은가 말이다.

도대체 왜 약물과 운동을 혼용한 집단은 결과가 그리도 신통치 않았을까? 블루멘탈은 그들의 결과가 가장 좋을 것이라고 예상했는데, 오히려 우울증 재발률이 가장 높았다. 블루멘탈이 생각하기에 그들은 우울증 치료에 끼치는 운동의 효과를 실험하는 연구에 지원했기 때문에 항우울제 복용을 그리 달가워하지 않았다. 일부는 약을 함께 복용해야 한다는 사실을 알고 실망했으며, 실험 중에는 약이 운동의 효과를 방해한다고 호소하는 사람들도 있었다.

생리적인 관점에서 보면 있을 수 없는 일이지만, 운동이 주는 자기통제의 느낌을 약이 훼손한다는 것은 논리적으로 얼마든지 가능한 일이다. 운동을 함으로써 "나는 운동을 하기로 결심하고 열심히 운동을 했다. 쉬운 일은 아니었지만 마침내 우울증을 극복했다"라는 믿음을 갖게 된 대신에, 약을 복용함으로써 "나는 약 덕분에 상태가 호전되었다"라는 믿음을 갖게 된 것이다.

최선의 치료법

우울증에 대해서 이야기할 때에는 '완치'라는 표현을 쓰지 않는다. 그 이유는 행위나 감정은 주관적인 측정만이 가능하기 때문이다. 환자들 가운데 3분의 1은 항우울제를 복용하면 증세가 완전히 사라진다. 그러나 또 다른 3분의 1은 증세는 훨씬 줄어들지만 여전히 의욕이 없고 무기력감과 피로감을 느끼는 경우가 있다. 최악의 생각이 사라져서 침대에서 일어나는 것까지는 가능하지만, 새 직업을 적극적으로 찾거나 자신이 하고 있어야 하는 일을 하는 단계는 아직 아니다. 기분이 아주좋은 상태는 아니며 우울증의 그림자가 여전히 남아 있다.

《정신장애의 진단 및 통계 편람》에는 아홉 가지 우울증 증세가 설명되어 있는데, 그중 여섯 가지 이상의 증세를 보이면 우울증이라고 진단을 내린다. 예컨대 어떤 사람이 일에 집중하거나 잠들기가 힘들고, 자신이 아무런 가치도 없는 사람이라고 느끼는 동시에 아무 일에도 흥미를 보이지 않는다고 하자. 아직 네 가지 증세밖에 보이지 않으므로 의학적으로는 우울증이 아니다. 그러면 이런 사람은 뭐라고 불러야 할까? 그저 비참한 사람? 내가 말하고자 하는 바는 우울증은 증세의 정도를 막론하고 소멸시켜야 한다는 것이다. 바로 이런 이유 때문에 운동요법을 적극적으로 지지하는 사람이 늘고 있다.

텍사스 사우스웨스턴 의과대학의 마드후카르 트리베디는 항우울제의 효과를 증대시키는 데 운동이 얼마나 효과가 있는지를 연구하는 임상정신과 의사다. 2006년 그는 항우울제가 잘 듣지 않는 환자들이 12주 동안 운동을 했더니 17점 만점인 우울증 테스트에서 무려 10.4점이나 얻으며 우울증 증세가 줄었다는 놀라운 조사 결과를 발표했다. 17명 모두가 심각한 우울증 증세를 겪고 있었고 최소한 4개월 이상 항우울제를 복용해왔던 환자들이었다. 그들은 약이 아무런 효과를 보여주지 못하는데도 실험을 위해 계속 복용했던 것이다.

 트리베디는 쿠퍼 연구소의 도움을 얻어서 운동 실험 계획을 짰다. 그런 다음 애초부터 비활동적이었던 환자들에게 원하는 만큼 집에서 걷거나 자전거 페달 밟기 운동을 하라고 시켰다. 유일한 과제는 매주 일정량의 에너지를 소비하는 일이었다. 대부분은 일주일에 세 번 55분 동안 걷는 운동을 선택했다. 아홉 명은 실험 도중 운동을 중단했지만, 운동 프로그램을 끝까지 완수한 여덟 명의 환자 가운데 다섯 명은 완전히 우울증 증세가 사라졌다. 심지어 도중에 운동을 그만둔 환자들의 증세도 상당히 좋아졌다.

 비록 실험 대상은 몇 명 되지 않았지만 이 실험 결과는 엄청난 뜻을 담고 있다. 약이 잘 듣지 않는 환자들 가운데 최소한 일부는 운동을 하면 효과를 볼 수 있다는 사실을 과학적으로 입증해주기 때문이다. 그렇다면 아예 처음부터 운동을 치료법에 포함시키는 것은 어떨까? 어차피 효과 있는 약을 찾기 위해서는 상당한 시행착오를 거쳐야 되지 않는가? 하지만 약의 기적 같은 효과에 대한 유혹이 너무도 강렬해서 일반적인 치료 경향을 바꾸는 데에는 상당한 시간이 걸린다.

 그것을 누구보다도 잘 아는 사람은 미국정신과협회에서 우울증 장애에 관한 연구 책임자로 있던 바이람 카라수다. 그는 협회가 공식적인 우울증 치료법으로 운동을 채택해야 한다고 열렬히 주장한 인물로, 정신과 의사는 환자에게 하루에 5~8킬로미터를 걷거나 격렬한 운동을 할 것을 처방 내려야 한다고 말했다. 그러나 협회는 이에 대한 대응을 회피했다. 사실 두뇌를 파헤쳐 낱낱이 분석하고 세포의 신비를 풀어헤치는 오늘날의 정신과 의사들이 운동을 치료법이라고 간주하기는 어려울 것이다.

의사라면 누구나 최악의 환자는 의사라고 말할 것이다. 그러니 자신의 우울증 증세를 스스로 치료할 공식적인 자격이 있는 그레이스에게 운동의 효과를 설명하는 일이 얼마나 힘들었겠는가. 그레이스는 약한 우울증 증세가 있어서 내 진료실을 찾아왔는데, 그야말로 첨단 의학 지식으로 무장한 정신과 의사였다. 그럼에도 우리는 부작용이 없는 약을 찾을 수가 없었다. SSRI가 그나마 제일 효과가 괜찮았는데, 약을 먹기 시작하자마자 체중이 갑자기 불어나는 바람에 복용을 중단했다. 그레이스는 머리가 비상해서 최소한 어느 정도는 운동의 효과를 잘 이해하고 있었으나, 운동을 하지는 않았다.

그레이스는 지난 여름에 허리를 다쳐서 한동안 침대에서 꼼짝 않고 지내야 했다. 그런 뒤에 순전히 재활훈련의 일부로 수영을 시작했다. 할 줄 아는 운동이라고는 수영밖에 없어서였는데, 물이 체중을 받쳐줄 뿐만 아니라 고통이 줄어들어서 기분이 좋았다. 그래서 매일 세 시간 동안 수영을 했더니 오래전에 사라졌던 근육까지 되살아나 자신을 바라보는 일이 즐거워졌다.

겨울이 되자 수영장이 문을 닫는 바람에 수영을 하지 못하게 되었다. 그러자 허리가 다시 아파왔고 기분은 다시 가라앉았다. 이제는 화까지

나기 시작했다. 평평하게 누운 채로 할 수 있는 운동이 별로 없어서 이번에는 심장이 빨리 뛸 때까지 5킬로그램짜리 덤벨을 들어올리는 운동을 하루에 여러 번씩 했다. 그런데 그 정도의 운동만으로도 건강에 큰 도움이 되었다. 보다 중요한 사실은 뇌와 정신에 변화가 일어났다는 점이다. 그 상황 가운데 뭔가가 그녀에게 운동을 삶의 일부로 여기게끔 만든 것이 틀림없다.

그레이스는 이제 허리가 다 나았지만 여전히 수영을 꾸준하게 하고 있다. 덕분에 이전보다 더 창조적으로 생각하고 글을 쓰게 되었다고 말한다. 친구나 가족들도 모두 그녀가 최근에 눈에 띄게 활기찬 사람으로 변했다는 사실을 알아차릴 정도였다.

사실 그레이스에게는 별로 놀라운 일이 아니다. 돌이켜 생각해보면, 대학 시절에는 매일 태권도부에서 훈련을 했으며, 보스턴에서 의사 생활을 시작했을 때에도 마라톤을 한 경험이 있으니 말이다. 단지 다른 많은 사람들과 마찬가지로 그레이스도 결혼을 한 뒤에 운동을 하는 습관에서 멀어진 것이다.

"너무 바빠서 운동이 주는 혜택을 잊었던 것 같아요. 이제야 나의 뇌를 되찾은 느낌이에요."

우울증 환자의 뇌

1990년대에 우울증 환자의 뇌를 MRI로 촬영해보니 밝게 빛나는 반점들이 나타났다. 대뇌피질의 회색질에서 뉴런을 서로 연결해주는 축색돌기, 즉 백색질에서 강한 밝기의 빛이 나타났던 것이다. 이미지를 확대해보자 대뇌피질의 회색질이 오그라들어 있었다. 회색질은 뇌를 둘러싸고 있는 얇고 주름진 회색의 막으로, 이곳의 세포들은 집중력, 감정, 기억, 의식과 같은 복잡한 기능을 지휘한다. 쭈그러든 회색질의 모습은 만성 우울증이 뇌의 생각하는 기능을 물리적으로 손상할 수도 있다는 혁명적인 개념을 내포한다.

다른 연구 결과에 따르면, 우울증 환자의 뇌에서는 스트레스 반응에서 중요한 역할을 담당하는 편도와 해마도 상당히 변형된다. 편도가 정서에 중요한 역할을 한다는 사실은 진작부터 알려졌으나, 최근에는 기억을 관장하는 편도가 스트레스와 우울증에도 관여한다는 사실이 밝혀졌다.

1996년 세인트루이스에 있는 워싱턴 대학의 이베트 설라인은 10명의 우울증 환자와 교육 수준과 신체 조건이 비슷한 10명의 건강한 사람들(비교집단)을 비교해보았다. 그 결과 환자들의 해마가 비교집단보다 최대 15퍼센트까지 작은 것으로 나타났다. 또한 줄어든 크기는 우울증을 겪은 기간에 비례한다는 증거도 드러났는데, 바로 이 점이 매우 중요하다. 어쩌면 이런 이유로 수많은 우울증 환자들이 학습과 기억에 어려움을 겪는다고 호소하는지도 모른다. 해마의 마모 작용에서 비롯되는 신경퇴행성 질환인 알츠하이머 환자들의 기분이 저하되는 것도 바로 이런 이유 때문일 수 있다.

스트레스 호르몬인 코르티솔의 수치가 너무 높으면 해마의 뉴런이 파괴되기 시작한다. 뉴런이 들어 있는 배양 접시에 코르티솔을 부어보면 뉴런이 가지를 모두 거두어들여서 뉴런 간의 연결이 끊어진다. 시냅스는 거의 발달하지 못하고 수상돌기는 움츠러든다. 그러면 서로 의사 전달을 할 수 없는 통신 불능의 사태가 발생하는데, 이런 이유로 우울증 환자가 부정적인 생각에서 빠져나오지 못하는 것인지도 모른다. 해마의 뉴런이 대체 회로를 형성하지 못해서 기존의 부정적인 기억 회로를 계속 재생해서 쓰는 것이다.

오늘날 학자들은 우울증을 뇌의 감정 회로가 물리적으로 변경된 현상으로 파악한다. 노르에피네프린, 도파민, 세로토닌은 정보를 싣고 시냅스를 건네주는 중요한 신경전달물질인데, 길이 제대로 뚫려 있지 않으면 역할을 제대로 수행할 수가 없다.

뇌는 정보를 전달하고 끊임없이 회로를 개설해서 우리가 환경에 적응하고 생존하게 해준다. 그런데 우울증에 빠지면 뇌의 일정 부위가 적응 기능을 제대로 수행하지 못하고 멈추는 듯하다. 뇌가 기능을 멈춘다는 말은 세포 차원에서는 학습 기능을 멈춘다는 뜻이다. 뇌가 자기혐오의 부정적인 고리에 갇히는 동시에, 거기서 빠져나올 유연성 또한 잃어버리는 것이다.

연결의 바탕

우울증을 연결의 문제로 다시 정의를 내리면 왜 환자들이 그처럼 다양한 증세를 겪는지를 설명하기가 훨씬 쉬워진다. 우울증 증세는 단순히 공허하고 무기력하거나 희망이 없다고 느끼는 식으로 끝나지 않는다. 본질적으로 전혀 관계가 없어 보이는 학습 능력과 집중력, 활기와 의욕까지 모두 떨어진다. 게다가 우울증은 신체에도 영향을 끼쳐 잠을 자려는 욕구 및 식욕과 성욕은 물론, 자신을 잘 돌보려는 기본적인 생존 욕구를 차단한다. 그럼으로써 발육과 신경재생 및 신경 가소성이 멈추고, 전반적인 정보 전달이 원활하게 이루어지지 않는다. 사정이 이렇다 보니 우울증을 한 가지 문제로만 정의를 내릴 수 없다.

만일 우울증이 정보 전달 체계에 문제가 생긴 것이라면, 혹은 환경에 적응하는 뇌기능이 상실된 것이라면 운동이야말로 우울증을 고치는 최고의 치료법이다. 해마 등 기분을 조절하는 부위에서 신경세포 성장인자가 코르티솔로부터 뉴런을 보호해준다는 사실이 발견된 것은 1990년대 초였다. 신경세포 성장인자는 뉴런 간의 연결과 뉴런의 성장을 촉진하므로 신경 가소성과 신경재생에 없어서는 안 될 아주 중요한 물질이다.

아주 높은 수치의 코르티솔은 신경세포 성장인자를 감소시키는 반면에, 항우울제와 운동은 정반대의 역할을 한다. 신경세포 성장인자는 만성 스트레스와 적응력 사이에서 벌어지는 줄다리기의 줄이나 마찬가지다. 과거에 세로토닌에 집중되었던 조명이 이제 신경세포 성장인자로 옮겨진 것이다. 그래서 요즘 과학자들은 신경세포 성장인자를 측정한 뒤 차단하거나 수치를 늘려보기도 하고, 그 밖의 모든 방법을 동원하여 사람과 쥐의 기분에 어떤 변화가 일어나는지를 살핀다.

쥐에게 혹시 우울증에 걸렸는지를 물어볼 수야 없지만, 피할 수 없는 스트레스 상황에서 쥐가 어떻게 반응하는지는 관찰할 수 있다. 발에 전기 충격을 가하면 탈출을 시도할까, 아니면 얼어붙을까? 이런 상황에 처한 쥐는 역경을 극복할 만한 능력이 없고, 생존과 번영을 위한 행동을 취할 수도 없다. 이때 만일 쥐가 탈출을 포기하면 우울증에 걸린 것으로 판단한다.

비슷한 실험에서 쥐의 뇌에 신경세포 성장인자를 주입해보았다. 그랬더니 그 쥐는 다른 쥐보다 스트레스 상황에서 벗어나려는 노력을 훨씬 빨리 시도했다. 쥐의 행위만 놓고 판단했을 때, 신경세포 성장인자는 항우울제나 운동과 똑같은 효력을 발휘한 셈이다. 이와는 반대로 신경세포 성장인자가 일반 쥐의 50퍼센트만 생성되도록 유전자를 조작한 쥐는 항우울제를 투여해도 효과가 별로 없었다. 그러므로 약이 효과를 발휘하려면 신경세포 성장인자가 있어야 한다는 뜻이다. 그 쥐는 신경세포 성장인자가 정상인 쥐에 비해서 스트레스 상황에서 탈출하려는 시도를 훨씬 늦게 했다.

쥐와는 달리 과학자들이 사람에게 할 수 있는 일이라고는 혈액 내의 신경세포 성장인자를 측정하는 일 정도다. 그것은 고작 뇌 속 신경세포 성장인자의 수치를 추정하게 해줄 뿐이다. 서른 명의 우울증 환자들을 대상으로 한 연구에 따르면, 그들 모두가 신경세포 성장인자의 수치가 정상인보다 낮았다. 다른 실험에서는 항우울제가 우울증 환자의 신경세포 성장인자 수치를 정상으로 되돌려놓았다. 또 다른 실험에서는 신경세포 성장인자의 수치가 높을수록 우울증 증세가 적은 것으로 나타났다. 자살을 한 우울증 환자를 검시한 연구에서는 환자 뇌의 신경세포 성장인자의 수치가 상당히 낮게 나타났다. 건강한 사람들조차도 낮은 신경세포 성장인자의 수치는 신경과민이나 적개심과 같은 우울증에 걸리기 쉬운 개인적 성향과 상관관계가 있다.

쥐의 경우를 보면 운동은 최소한 항우울제만큼, 그리고 때로는 더 많이 신경세포 성장인자의 수치를 높여준다. 운동과 항우울제를 혼용했을 때에는 신경세포 성장인자가 무려 250퍼센트나 증가했다는 실험 결과도 있다. 하지만 뇌를 실험할 수 없는 사람의 경우에는 운동이 항우울제와 마찬가지로 혈액 내에 있는 신경세포 성장인자의 수치를 높여준다는 사실만 증명되었을 뿐이다.

어쩌면 신경세포 성장인자도 빙산의 일각에 불과할 수 있다. 오늘날의 과학자들은 신경세포 성장인자와 함께 혈관 내피세포 성장인자, 섬유아세포 성장인자, 인슐린 유사 성장인자 등 신경 가소성과 신경재생을 유지하는 데 관계된 모든 화학물질에 관심을 기울인다. 제약회사들 역시 이러한 화학물질들의 특징을 찾고 측정하며 관련 연구들을 후원한다. 화학물질들의 효력을 모방하거나 중화하는 방법을 찾기 위해서다. 성장인자들은 신경화학이라는 물줄기에서 세로토닌보다 훨씬 수원에 가까운 상류에 위치해 있다. 궁극적으로 수원에서 물줄기를 트는 역할은 유전자가 할 것이다.

신경세포 성장인자는 세로토닌과 마찬가지로 시냅스에서 중요한 역할을 하며, 신경전달물질과 신경영양인자를 생성하는 유전자를 활성화한다. 뿐만 아니라 세포의 자기 파괴 활동을 억제하며 산화 방지제를 분비시킨다. 수상돌기와 축색돌기를 형성하는 데 필요한 단백질을 제공하기도 한다. 이와 같이 유전자의 통제를 받는 신경세포 성장인자의 복잡한 적응 활동으로부터 항우울제의 효력이 늦게 발생하는 이유를 추출해내기는 쉽지 않다.

항우울제가 효력을 발휘하려면 보통 3주 정도 걸린다. 그런데 해마에서 태어난 줄기세포가 전체 네트워크에 합류해서 자기 역할을 하는 데 걸리는 시간 또한 약 3주가 걸린다. 우연의 일치일까? 많은 학자들은 그렇지 않다고 믿는다. 최근에는 신경재생의 차단이 우울증의 원인일 수도 있다는 이론이 제기되고 있다. 쥐의 뇌에서 신경재생을 억제했더니 항우울제가 아무런 효력을 발휘하지 못했다는 연구 결과를 보아도 충분히 가능한 이야기다. 만일 그렇다면 운동은 진정으로 우울증 증세를 치료하는 데 효과가 있다. 왜냐하면 운동이 신경세포 성장인자 및 다른 성장인자의 수치를 높여주는 것이 분명한데, 그 성장인자들은 신경재생 과정에서 반드시 필요한 요소이기 때문이다.

신경세포 성장인자의 결핍이 우울증의 원인이라는 사실을 증명한 사람은 아무도 없지만, 시도한 사람은 꽤 있다. 1997년 예일 대학의 로널드 듀먼은 〈일반정신의학회지〉에 "우울증에 관한 분자 및 세포 이론"을 발표했으며, 그후로도 신경세포 성장인자의 본질을 계속 규명하고 있다. 2006년에는 여러 가지 우울증 치료법이 신경세포 성장인자에 어떤 영향을 끼치는지를 도표로 그려서 발표하기도 했다. 거기에는 모든 항우울제와 함께 그다지 보편적으로 사용되지 않는 전기충격요법, 경두개 자기 자극법 등이 총망라되어 있다. 이런 치료법들은 모두 해마에서 신경세포 성장인자의 수치를 높여주었으며, 가장 효과가 큰 전기충격요법은 무려 250퍼센트나 수치를 높여주었다.

전기충격요법은 발작을 일으키기 위해 뇌에 전류를 흘려보내는 방법이다. 그런데 도대체 어떻게 해서 엉성한 물리적 조작에 불과한 전기충격요법이 약물이나 운동, 혹은 정신요법만큼 효력을 발휘할 수 있는 것일까? 전기충격요법의 결과를 보고 내게 한 가지 그럴듯한 비유가 떠올랐다. 우울증을 일종의 정신적인 자물쇠라고 본다면 이 치료법들의 공통점이 발견된다. 바로 모두 일종의 '충격'이라는 사실이다. 즉 뇌의 역학적인 구조를 변화시키기 위해서 스파크를 일으키는 것이다.

뇌의 어떤 부분은 끊임없이 공회전하고 있고 다른 부분은 잠겨 있는 상태다. 이런 문제를 해결하려면 뇌와 신체를 일깨워서 악순환으로부터 빠져나오게 해야 한다. 유산소운동은 바로 이런 스파크를 일으키는 혁명적인 방법이기 때문에 그토록 효과가 좋은 것이다. 운동은 뇌의 모든 부분, 모든 기능을 점화시켜준다. 뉴런의 대사를 촉진하는 일부터 시냅스 간에 정보를 전달해줄 통로를 만드는 일까지 말이다.

연결 끊기

분자과학자들은 주로 도구를 사용해서 뇌의 자물쇠를 열려고 하지만, 에모리 대학의 신경과 전문의 헬렌 메이버그는 자물쇠를 부수어 열려는 시도를 한다. 몇 년 전 메이버그는 대부분의 치료법이 듣지 않을 정도로 심각한 우울증 증세를 겪고 있는 여섯 명의 환자들에게 뇌심부 자극술이라는 혁명적인 치료법을 실험해보았다. 뇌심부 자극술은 슬하 피질에 전극봉을 꽂고 전류를 흘려보내는 치료법이다.

"그들은 갇혀 있는 상태였어요. 생각을 실행에 옮기는 연결선이 끊어져 있었지요. 어떤 방법으로든 상징적으로 갇혀 있는 그들을 구해내야 했어요."

결과는 대성공이었다. 여섯 명 모두 전기 스위치를 올리자마자 즉석에서 우울증의 공허한 느낌이 사라지는 감동적인 경험을 한 것이다. 네 명은 그후 우울증 증세가 완전히 사라지기까지 했다.

메이버그가 전기 자극을 가한 곳은 전전두엽 피질과 변연계가 정보를 서로 주고받을 때 주요 중간 지점이 되는 대상회 피질의 끝부분이다. 말하자면 감정이라는 계단의 층계참인 셈이다. 두뇌의 최상위 기능을 담당하는 그곳은 인지 신호와 감정 신호를 통합함으로써 간접적으로 변연계를 통제하며, 주의를 집중할 대상의 순위를 정한다. 만일 대상회 피질이 우울증의 경우처럼 관심을 다른 곳으로 전환하지 못하면 부정적인 생각 외에는 할 수 없게 된다.

뇌심부 자극술의 진정한 목적은 뇌의 최고 사령탑인 전전두엽 피질의 기능을 정상으로 되돌려 중요한 문제들을 해결할 수 있게 하려는 것이다. 부정적인 생각에서 벗어나 다음과 같이 문제를 이성적으로 해결하도록 생각하게 하려는 것이다.

'나는 세상에 해를 끼치는 사람이 아니야. 내게는 나를 사랑하는 아이들이 있어. 내 삶도 고칠 수 없을 만큼 망가지지 않았어.'

운동도 마찬가지의 효과를 발휘한다. 2003년 독일의 신경과학자들이 한 실험이 그것을 증명했다. 항우울제를 복용하고 있으나 증세는 그리 심하지 않은 24명의 환자들을 10명의 비교집단과 비교해본 실험이었다. 그들은 우선 전전두엽 피질의 기능을 측정하기 위한 신경심리학 테스트를 모두에게 실시했다. 그리고 한 번은 최대심장박동 수치의 40퍼센트, 또 한 번은 60퍼센트를 유지할 정도로 30분 동안 자전거 페달 밟기 운동을 하게 했다. 둘 다 젖산과 관련이 없을 만큼 낮은 강도의 운동이었다.

다시 테스트를 해보니 우울증 환자들은 운동을 한 뒤에 두 번 모두 결과가 눈에 띄게 좋아졌다. 운동이 전전두엽 피질의 기능을 즉시 향상시킨다는 뜻이었다. 심지어 단 한 번의 운동조차도 최고 인지 기능을 향상시키기에 충분하다는 말이다. 건강한 10명의 비교집단은 별다른 진전이 없었는데, 애초부터 교정해야 할 문제가 없었던 터라 당연한 결과라 하겠다.

　메이버그는 전전두엽 피질의 기능은 우울증 문제의 일부에 불과하다고 주장한 최초의 인물일 것이다. 그는 항우울제를 복용한 후 효과를 나타낸 환자와 인지행동 후 효과를 나타낸 환자의 뇌를 PET양전자방출 단층촬영법로 촬영해보았다. 그 결과 두 경우 서로 정반대의 방향으로 변연계의 활동 수치가 변화했다. 항우울제를 복용한 경우는 효과가 밑에서 위로 올라가는 듯하다. 뇌줄기에서 시작해서 변연계를 거쳐 전전두엽 피질로 효과가 전달되어 올라간다는 뜻이다. 어쩌면 이런 이유로 항우울제가 몸의 긴장부터 완화하는지도 모른다.

　약을 복용한 환자들은 보통 신체에 활력을 느낀 뒤에 슬픈 감정이 사라진다. 인지행동요법과 정신요법의 경우에는 반대로 기분이 먼저 좋아진 뒤 몸의 상태가 좋아진다. 이런 요법들은 전전두엽 피질에서 밑으로 효과가 전달되도록 한다. 즉 부정적인 생각을 바꾸어 학습된 무기력함을 극복하고 절망의 굴레로부터 뛰쳐나올 수 있도록 해주는 것이다.

　운동의 돋보이는 점은 두 측면에서 동시에 문제를 공략한다는 점이다. 운동을 하면 당연히 몸이 움직이게 되므로 뇌줄기가 자극을 받아서 활력과 정열, 의욕과 흥미가 샘솟는다. 에너지가 온몸에 넘쳐흐른다. 또한 운동은 세로토닌, 도파민, 노르에피네프린, 신경세포 성장인자 등 전전두엽 피질의 모든 화학물질을 조절한다. 항우울제처럼 어느 한 가지만을 선별해서 공략하지 않고, 뇌 전체의 화학작용을 교정해서 정보 전달이 정상적으로 이루어지도록 한다. 전전두엽 피질을 부정적인 생각에서 해방시켜줌으로써 좋은 기억을 되살리고 우울증이라는 비관적인 사슬을 끊게 한다.

　운동은 상황을 바꾸기 위해서 스스로 능동적으로 행동할 수 있다는 증거가 된다. 운동이 기분에 끼치는 이러한 효과는 누구에게나 마찬가지다. 우울증 증세로 고통을 겪거나 만성적으로 가벼운 증세를 겪고 있는 사람, 혹은 그저 그날 기분이 좋지 않은 사람 모두에게 말이다. 메이버그는 이러한 운동의 중요성에 대해 다음과 같이 설명했다.

"일단 환자의 뇌를 자극해서 활성화했더라도 뇌가 정상적으로 작동하려면 정신적인 재활훈련을 받아야 합니다. 재활훈련의 초기에는 환자가 뭔가를 하게 만드는 훈련을 합니다. 제일 좋은 것은 밖에 나가서 걷는 것이지요. 나가서 걷는 것은 계획 따위를 할 필요도 없습니다. 능동적인 행위로 운동을 하면 자동적으로 뇌기능이 강화됩니다."

함정에서 탈출하기

우울증에 관해서는 그동안 수많은 연구가 이루어졌으며, 감정을 생물학적으로 분석하는 데에서도 막대한 성과를 거두었다. 하지만 우울증의 원인에 접근할수록 문제는 더욱 복잡해진다. 연구 초창기만 해도 누구나 시냅스에 있는 신경전달물질들의 불균형이 우울증의 원인이라고 생각했다. 그러나 오늘날에는 그렇게 단순하게 생각하는 사람은 아무도 없다.

역설적이게도 이처럼 복잡한 원인에 복합적으로 효과가 있기 때문에 오히려 운동이 정식 치료법으로 받아들여지지 않고 있다. 운동은 단순히 세로토닌, 도파민, 노르에피네프린 중 어느 하나의 수치를 높이는 것이 아니다. 진화를 거쳐 내장된 프로그램에 맞게 모두를 조절한다고 추정된다. 신경세포 성장인자, 인슐린 유사 성장인자, 혈관 내피세포 성장인자, 섬유아세포 성장인자에 끼치는 영향도 마찬가지다. 즉 운동의 효과는 너무 다양해서 자연과학의 요구대로 어느 한 가지 효과만을 집어낼 수 없다. 하지만 미시적인 분자 수준에서 수십 년 동안 설문조사를 한 결과에 이르기까지 그 증거는 도처에서 발견된다. 운동은 분명 항우울제의 역할을 한다. 그리고 동시에 그 밖의 역할도 함께 한다.

그럼에도 운동이 우울증에 끼치는 효과를 연구하는 실험을 해보면 환자들 중 반 정도가 도중에 운동을 그만둔다. 애초부터 별로 활동적인 사람들이 아니었으므로 운동에 습관을 들이기가 훨씬 힘들다는 점을 고려해본다면, 별로 놀라운 사실은 아니다. 이미 절망에 빠진 상태인 환자들을 대할 때에는 기대치를 그들에 맞게 조정하는 일이 매우 중요하다. 자칫하면 자신이 무능력하다는 생각을 더욱 조장할 수도 있기 때문이다. 하지만 원래 운동을 즐기지 않는 유전자를 타고난 환자라 하더라도 운동을 끝마친 뒤에는 기분이 호전된다는 사실이 연구 결과 입증되었다. 일단 운동의 효과를 경험하게 되면 다음에는 운동의 고통을 견디기가 보다 수월해진다.

인간은 사회적 동물이므로 우울증에 빠지면 바깥에서 다른 사람들과 접촉하게 되는 운동이나 감각을 일깨워주는 환경에서 하는 운동을 선택하는 것이 이상적이다. 다른 사람에게 운동을 같이 하자고 청하거나 새로운 환경에 맞닥뜨리는 행위는 새로 탄생한 뉴런에게 생존에 필요한 강력한 일거리를 부여한다. 감각적인 자극을 인식하기 위해서는 뉴런이 새로운 회로를 형성해야 하기 때문이다. 일단 이처럼 뇌를 가두고 있는 공허한 감정에서 탈출하면, 삶의 목표가 생기고 스스로를 귀하게 여겨 미래를 긍정적으로 바라보게 된다.

긍정적인 느낌이 들면 다음 단계에서는 어떤 활동에 활용을 해야 한다. 그래야만 밑에서 위로 올라가는 의욕과 신체의 활력이 위에서 내려오는 자신에 대한 재평가와 결합하게 된다. 이처럼 신체에 자극을 주면서 정신에게는 삶을 포용하라고 격려해주어야 한다.

우울증에 좋은 운동요법

"운동을 얼마나 해야 하나요?"

운동요법을 환자들에게 권할 때마다 듣는 질문이다. 정답은 없다. 다양한 우울증의 증세를 고려할 때에는 더욱 그렇다. 그런데 마드후카 트리베디는 효과를 얻기 위한 운동의 양에 대해서 나름대로의 의견을 제시했다. 1회분 운동의 양을 수치화하여 운동요법을 의사들이 받아들일 만한 조건으로 만들고자 했던 것이다.

트리베디는 80명의 우울증 환자를 다섯 집단으로 나눈 뒤, 네 집단에게는 각기 다른 강도와 횟수로 운동하게 하고 나머지 비교집단에게는 스트레칭을 하게 했다. 이때 1회분의 운동량을 정하기 위해 몸무게 1킬로그램당 소모한 열량을 측정했다. 강도 높은 운동을 한 집단은 일주일에 세 번 또는 다섯 번의 운동을 통해서 합계 635칼로리(킬로그램당 17.6칼로리)를 소모했다. 이들은 3개월 뒤에 운동 횟수와 상관없이 우울증 증세가 반으로 줄어들었다. 증세가 상당히 호전된 것이다.

낮은 강도로 운동한 집단은 평균 255칼로리(킬로그램당 6.6칼로리)를 소모했으며, 우울증 증세는 3분의 1이 줄었다. 이것은 스트레칭만 한 집단과 똑같은 결과이며, 위약도 이만큼의 효과는 있다. 즉 적절한 운동은 몸에 유익하고 어느 정도까지는 많이 할수록 좋다.

이 실험에서 실시한 강도 높은 운동 처방은 매일 30분 동안 유산소운동을 하라는 공중보건 권고안에 기초한 것이다. 체중이 68킬로그램인 사람이 일주일에 세 시간을 적정한 강도로 운동하는 양이다. 강도가 낮은 운동 처방의 경우에는 일주일에 80분이다.

강도 높은 운동은 몸무게에 17.6을 곱한 숫자만큼의 열량을 일주일 동안 소모하는 것이다. 예컨대 체중이 68킬로그램인 사람은 일주일에 약 1,200칼로리를 소모해야 하므로, 만약 30분 동안 운동을 해서 200칼로리를 소모했다면, 일주일에 여섯 번 운동해야 강도 높은 처방이 되는 셈이다.

빌처럼 우울증의 그림자가 비치는 사람이라면 누구나 최소한 강도 높은 운동을 하기를 바란다. 우울증의 그림자가 비치는 사람이란, 의학적으로는 우울증 환자가 아니지만 삶을 비관적인 관점으로 바라보거나 자신을 포함한 이 세상 누구도 자신의 높은 기준에 미달한다고 느끼며 사는 사람이다. 빌은 달리기와 근력 운동을 시작한 이후로 매일 아침 체육관에서 만나서 함께 운동을 한 후 커피를 마시는 사람들이 생겼다. 직장에서는 작업 능률과 인간관계가 개선되었으며, 새로운 프로젝트를 맡아도 예전처럼 짜증부터 내지 않는다. 그를 보는 아내의 시선도 완전히 달라졌다.

날 때부터 우울한 성향을 지닌 사람들이 있다. 그들은 자기 존중감이 낮으며, 그날 자신의 기분이 명랑할지 심술궂을지를 스스로도 알지 못한다. 내 환자 질리언이 딱 그렇다. 질리언은 이상형의 남자를 만나서 약혼을 하고부터 간혹 우울하고 짜증스런 기분이 들어 나와 상담을 했다. 내가 권한 것은 역시 운동이었는데, 질리언은 결국 내 권고를 받아들여서 사무실 근처 헬스클럽에 등록했다. 현명하게도 이미 그곳에 다니고 있던 동료 사원과 함께 운동을 하기로 했으며, 둘은 서로 의지하면서 매일 점심시간에 운동을 했다. 이렇게 몇 달이 지나자 질리언은 자신에게 점차 만족하게 되었으며, 안정적으로 일상생활을 해나갈 수 있었다.

> 🏃 감정이 조증과 울증의 양극을 오가는 조울증, 혹은 양극성 장애라는 병도 있는데, 우울증과는 전혀 다른 질병이다. 양극성 장애를 언급하지 않는 이유는 운동이 양극성 장애에 끼치는 영향을 실험한 연구가 드물기 때문이다. 최근의 한 예비 연구에 따르면, 양극성 장애 때문에 입원한 환자들 중 걷기 프로그램에 참여한 사람들이 그렇지 않은 사람들보다 우울증과 불안증 증세가 적게 나타났다. 양극성 장애를 치료하는 데 운동요법이 활용되기 시작한 것은 극히 최근의 일이다.

　운동은 치료법보다는 예방법으로서 가치가 더 높다. 기분이 예전에 경험한 적이 없을 정도로 가라앉기도 전에 나타나는 우울증의 첫째 증후는 바로 수면장애다. 잠들거나 깨어나기가 힘들거나, 혹은 둘 다 힘든 증세를 보이는 것이다. 나는 이런 증세를 수면 관성이라고 해석한다. 즉 멈춘 상태에서는 움직이기가 힘들고, 움직이는 상태에서는 멈추기가 힘든 상태다. 이렇게 수면장애가 발생하면 우선 활력이 줄어들고 만사에 흥미를 잃게 된다.

　문제를 해결하는 열쇠는 당장 움직이는 것이다. 그리고 멈추지 않는 것이다. 하루 일과표에 걷기나 달리기, 자전거 타기를 당장 포함시키는 것이다. 혹은 무용 강습에 등록할 수도 있다. 새벽에 깨서 다시 잠들기 어려우면 당장 일어나서 걷기 운동을 하라. 매일 습관적으로 하는 것이 좋다. 개를 함께 데리고 가도 좋다. 어떻게 해서든 일과표를 바꾸어서 우울증으로부터 벗어나라.

우울증이 심한 상태라면 최악의 상태에 처했으며 천천히 죽어가고 있다는 느낌이 든다. 그런 기분으로는 운동을 하러 밖에 나가거나 헬스클럽에 가는 일, 심지어 움직인다는 생각조차 힘겨울 수 있다. 그런 상태에 빠진 사람은 우선 의사를 찾아가서 약을 처방받아야 한다. 예컨대 오메가3 같은 약은 항우울제 효과가 입증된 약이다. 이와 같은 약을 복용하면 뇌의 자물쇠가 어느 정도는 풀려서 최소한 밖에 나가서 걷는 일은 가능해질 것이다.

주변에 도움을 청하는 것도 좋다. 친구나 가족에게 매일, 가능하면 같은 시간에 함께 동네 한 바퀴만 돌아달라고 청하라. 영국이나 호주에서는 우울증 환자들이 모여서 단체로 걷는 활동이 정착된 지 오래되었다. 인터넷을 통해서 자신과 비슷한 사람이 주변에 사는지를 확인해보라. 이런 일이 불가능하다면 여건이 허락되는 대로 개인 트레이너와 함께 운동할 수도 있다.

몸을 일으켜서 밖에 나가는 것조차도 남의 도움을 받아야 한다는 말이 이상하게 들릴 수도 있다. 하지만 실제로 그런 상황에 처한 사람이 있다면 그 사람이야말로 운동하는 것이 아주 시급하다.

운동으로 당장 증세가 완치되지는 않지만 최소한 뇌가 활성화된다. 몸을 움직이면 뇌는 어쩔 수 없이 제 기능을 하게 된다. 그 과정을 차근차근 밟아나가는 것이 최선의 치유책이다. 우울증이란 결국 뭔가를 성취하려는 행동이 결여된 것이다. 운동은 그러한 부정적인 신호의 방향을 바꾸어 뇌를 동면에서 깨어나게 하는 최선의 방법이다.

chapter **6**

주의산만한
삶을
극복하기

"제가 다른 아이들과 다르다고 처음 느낀 건 세 살 때 누구도 착용하지 않던 유아 안전용 줄을 억지로 착용했을 때였습니다."

현재 벤처투자회사를 공동으로 운영하고 있는 샘은 평생을 함께해온 자신의 장애에 대해서 이렇게 말문을 뗐다. 샘은 최근 자신의 아들에게서 같은 증세가 나타나자 이 장애에 대해서 자세하게 알아보려고 나를 찾아왔다.

"저는 항상 집안의 골칫덩어리였어요. 유년시절은 굴욕적으로 보냈고, 학교에서는 열등생이었습니다. 선생님들은 제가 모범생이 될 자질은 갖추었지만 노력을 전혀 하지 않는다고 생각했지요. 생각은 논리적으로 잘 표현하지만 일을 뒤로 미루는 경향이 있었거든요."

사실 샘은 저능아가 아니라 주의력 결핍 과잉행동 장애, 즉 ADHD 증세가 있는 많은 이들 가운데 한 명에 불과했다. 이들은 별난 행동 때문에 바보 같거나 고집 센 아이, 혹은 불량한 아이처럼 보인다. 샘은 아들이 그런 치욕적인 낙인이 찍히는 경험을 하지 않기를 바랐다. 게다가 아내와 동업자가 그런 혼란스러운 장애 속에서 어떻게 일을 해나갈 수 있는지 이해하지 못하겠다며 적극적으로 상담받기를 권유해서 내게 도움을 청하러 온 것이다.

대혼란이나 극적인 사건, 마감의 압박과 같은 격심한 스트레스는 샘의 뇌를 활성화하는 마약과 같다. 병력을 적어서 내게 보낸 글을 보면, 샘은 자신이 권위 있는 인물을 대하는 데 서툴고 14세의 어린 나이에 마약을 시작하는 등 규율을 잘 지키는 사람이 아니라는 점을 인정했다. 하지만 비행 청소년은 아니었다.

운전 면허를 딸 수 있는 나이인 16세가 되었을 때, 그의 부모는 생활 태도를 바꾸지 않으면 면허를 딸 수 없다고 선언한 적이 있었다. 그러자 순식간에 학점이 1.5에서 3.5로 껑충 뛰었다. 이와 같은 사실을 보고 노력을 하지 않는다는 선생님의 판단이 옳았다고 말하는 사람이 있을지도 모르겠다. 그렇지만 사실은 샘의 마음가짐에 문제가 있는 것이 아니었다.

ADHD는 주의력 체계에 이상이 있는 장애다. 각성과 의욕, 보상, 통제, 운동 등 다양한 기능을 수행하는 뉴런들의 연결 체계가 제대로 작동하지 않는 것이다. 그 가운데 의욕이라는 기능을 예로 들어보자. ADHD 증세가 있는 사람은 단지 행동하려는 동기만 있으면 되지만, 심리학적인 다른 문제들과 마찬가지로 동기 또한 생물학적인 문제다.

비디오 게임을 할 때에는 몇 시간이고 꼼짝 않고 앉아 있는 아이가 왜 공부할 때에는 잠시도 가만히 있지 못할까? 말할 때에는 잠시도 못 참고 딴청을 부리는 아내가 왜 잡지에서 연예인 가십기사를 읽을 때에는 놀라운 집중력을 발휘할까? 이들은 분명 자신이 원할 때에는 언제든 집중을 할 수 있는 것이 틀림없다. 정말일까?

그러나 사실은 그렇지 않다. 이들의 뇌를 MRI로 촬영해보면 상황마다 보상센터에서 일어나는 활동이 다르다는 사실을 알게 될 것이다. 보상센터는 도파민 뉴런이 뭉쳐 있는 측좌핵이라는 부위다. 여기서 기쁨과 만족감의 신호를 전전두엽 피질로 보냄으로써 어떤 일에 집중을 할 동기와 의욕을 불러일으키는 것이다.

보상센터를 활성화하여 뇌가 어떤 일에 집중을 하는 데 어느 정도의 자극이 필요한지는 사람에 따라 다르다. 샘의 경우에는 자신이 바보가 아니라는 사실을 사람들에게 증명하려는 욕망이 체육부에서의 격렬한 신체 활동과 엄격한 체계에 더해져 자극을 일으켰다. 샘은 미식축구와 필드하키 선수로 활동하면서도 우등생 명단에 몇 번이나 이름이 올라가는 발군의 학업성취까지 이루며 학교생활을 해나갔다.

"운동부 연습은 새벽 5시에 시작했는데, 바로 그 시간에 전력을 기울여 어떤 일을 하면 제 능력을 더욱 잘 발휘할 수 있다는 것을 깨달았습니다."

현재 샘은 매일 아침마다 6~8킬로미터를 달리며, 벤처 사업가와 투자자를 연결해주는 일을 하고 있다. 이 분야의 용어로 표현하자면 샘은 레인메이커rainmaker다. 능란한 사교술, 비즈니스 지식, 활력 넘치는 인간성을 발휘하여 마치 요술로 비를 오게 하는 것처럼 거래를 성사시킨다. 일단 중요한 거래에 임하면 주의력 결핍 문제는 저절로 사라진다. 샘은 강도 높은 긴장 상황에 처하면 주로 세심하고 집요하게 모든 가능성을 검토하며 하루 종일 그 일에 대해서만 생각한다.

이처럼 집중력이 높은 점이 역설적으로 ADHD를 지닌 모든 사람들의 공통된 특성이다. 이 모순된 사실 때문에 증세를 알아채지 못하는 경우가 상당히 많다. 내게 새로 진료를 받으러 오는 환자들이 흔히 하는 이야기도 마찬가지다. 자신은 책을 읽거나 일을 하는 데 몰입하는 성격이므로 ADHD가 있을 수 없다는 것이다. 하지만 주의력 체계의 결함이란 주의력이 모자란 상태를 가리키는 것이 아니다. 원하는 때에 주의력이나 집중력을 발휘하지 못하는 상태를 말하는 것이다. 그래서 나는 환자들에게 ADHD를 주의력 가변성 장애, 즉 주의력에 일관성이 결여되어 있는 상태라고 생각하면 보다 이해하기가 쉬울 거라고 이야기해준다.

샘은 비교적 잘 이해했다. 그래서 중요한 일이나 약속은 주로 달리기 덕분에 마음이 차분해져 있는 아침에 한다. 오후가 되면 집중력을 발휘하기가 힘들기 때문이다. 부재중에 온 전화에 대해서는 비서에게 온 것이 아니면 절대로 전화를 걸어주지 않는다. 샘은 아직도 어렸을 때 문제아라고 낙인 찍혔던 행동상의 증세 대부분을 지니고 있다. 하지만 이제는 ADHD를 다루는 법을 알고 있다. 심지어 일을 할 때 어느 정도 과잉행동 성향을 장점으로 전환하는 법도 깨닫게 되었다. 자신의 어려움을 잘 인식하여 하루 일과는 물론, 더 나아가 삶을 성공적인 방향으로 설계할 수 있게 된 것이다.

주의력의 혼란

오늘날 세상에는 주의력을 방해하는 요소가 너무나도 많다. 정보와 소음이 넘쳐나며 툭 하면 행동을 멈칫하게 하는 주변 환경 때문에 누구나 집중력이 흐트러지는 경험을 한다. 정보의 양은 몇 년에 두 배씩 늘어나는데 인간의 주의력 시스템은 만여 년 전에 형성된 것이다.

하지만 현대인은 모든 일이 즉시 이루어지는 세계에 이미 익숙해져 있기 때문에 기다려야 하는 상황에서는 우선 짜증부터 난다. 이메일 박스가 비어 있고 전화가 한 시간 이상 오지 않으면 뭔가 불안해지기 시작한다. 어떤 일을 순서 있게 계획하거나 곰곰이 생각한 다음 결과를 평가할 만한 시간이나 인내심을 지닌 사람은 찾아보기 힘들다. 마우스만 누르면 바로 다음 세계가 펼쳐지는데 뭐하러 그런 수고를 한단 말인가. 그러니 계획을 짜고 노력해야 하는 운동이 우선순위에서 맨 꼴찌로 밀려나는 것은 전혀 이상한 일이 아니다.

전문가들에 따르면, 미국 성인의 4퍼센트인 약 1,300만 명이 ADHD를 지니고 있다. 일반 사람들도 주의력 문제가 전혀 없는 것은 아니다. 누구나 주의력 문제가 다소 있게 마련이다. 그리고 다른 종류의 정신건강 장애도 다수 존재한다. 의사들이 처방을 내려야 할 정도의 증세를 보이지는 않지만, 개인적 성향에 정신장애의 그림자가 비치는 사람들 말이다.

ADHD의 조짐이 있는 사람은 애정 관계에 끊임없이 문제가 발생하기도 한다. 반면에 높은 수준의 긴장과 에너지를 요구하는 분야에서 성공을 거둘 수도 있다. 실제로 이들은 기업가, 판매사원, 의사, 주식 트레이더, 소방관, 변호사, 광고회사 중역 등이 되는 경우가 흔하다. 과잉행동, 비선형적 사고, 모험심과 같은 자질이 성공을 하는 데 중요한 요소가 되기 때문이다. 흥분된 환경에서는 산발적인 집중력이 오히려 강점이 된다. 중요한 일을 깜빡 잊어버려서 고생을 하고, 조직에 적응하는 데 어려움을 겪을 수도 있지만, 긴장된 상황에서는 능력을 잘 발휘한다.

샘의 선생님과 같이 생각하는 사람들은 아직도 많다. 주의력이 흐트러지는 것은 누구나 겪는 일이기 때문에, 조금만 노력을 기울이면 누구든 쉽게 집중을 할 수 있다고 생각하는 것이다. 요즘에도 나는 아이가 ADHD 증세를 보이는 것은 게으름 때문이라거나 아이를 잘못 키워서라거나, 혹은 아이가 원래 바보 같거나 외고집이거나 불량해서 그렇다는 식으로 믿는 사람들을 주변에서 종종 본다. 얄궂게도 이런 회의적인 생각은 원래 의료계에서 비롯되었다. 오랫동안 의료계에서는 아이가 사춘기에 접어들면 마술처럼 ADHD 증세도 저절로 사라진다고 믿어왔다. 하지만 ADHD 증세는 성인들에게도 나타난다.

ADHD는 현재 의학계에서 가장 많은 연구가 이루어진 장애다. 지금까지 연구된 결과를 보면, 마음먹기에 따라 얼마든지 바꿀 수 있는 문제는 분명 아니다. ADHD가 유전된다는 사실이 그 점을 증명한다. 호주에서 2천 명의 일란성 쌍둥이를 조사한 결과, 한 명이 ADHD 증세를 보이면 다른 한 명도 증세를 보일 확률이 무려 91퍼센트에 달했다.

국립정신건강연구소의 앨런 자메트킨이 이끄는 연구진은 ADHD의 원인이 생물학적인 불규칙성에 있다는 것을 증명했다. 뇌의 활동을 PET로 촬영한 결과, ADHD 증세가 있는 성인의 뇌와 그렇지 않은 성인의 뇌는 주의력 테스트를 받을 때 서로 다르게 작동한다는 사실을 밝힌 것이다. 연구진은 ADHD 증세가 있는 성인의 뇌가 비교집단보다 활동량이 10퍼센트 낮으며, 특히 전전두엽 피질에서 그 차이가 두드러진다는 사실을 보여주었다. 전전두엽 피질은 행동을 통제하는 주요 기관이며, 운동을 통해 긍정적으로 강화되기 쉬운 부위이기도 하다.

ADHD의 증세

ADHD 증세에는 언제나 주의력 결핍이 포함되며, 과잉행동 증세가 보일 때도 있고 그렇지 않을 때도 있다. 과잉행동은 어른보다는 아이, 특히 남자 아이에게서 주로 나타나는데, 예전에는 소란스러운 ADHD 증세만이 공식적인 장애로 진단받았다. 과잉행동을 보이는 아이가 공상에 잠긴 아이와 어떤 연관이 있다고는 생각하지 않은 것이다. 하지만 두 증세의 치료법이 동일하므로 요즘은 과잉행동 증세와 상관없이 ADHD라고 부른다.

아이에게 과잉행동 증세가 있는지는 누구나 알 수 있다. 벽에 몸을 쿵쿵 부딪치고, 한시도 가만히 앉아 있지 못하는 말썽 많은 개구쟁이 모습을 보이기 때문이다. 또한 자기 몸 어딘가를 잡아당기거나 다리를 흔들고, 수업 중에는 딴 생각을 하며 낙서를 하거나 뭔가를 만지작거리는 등 끊임없이 움직이기 때문이다. 대체로 참을성이 없기 때문에 다른 사람이 말하는 도중에 불쑥 말을 꺼내 대화를 중단시키거나 말을 가로채서 대신 끝내기도 한다. 다른 사람이 하려고 하는 말을 안다고 생각하거나 말을 다 들어주기가 지루해서다.

어떻게 보면 이들은 마치 항상 경주를 하고 있는 듯하며 일도 진득하게 하지 못한다. 혼자서 노는 일을 견디지 못하므로 만일 학교에서 제대로 적응하지 못하면 학급의 광대 노릇을 자청하기도 한다. 이런 다양한 문제를 지녔음에도 이들은 전반적으로 능숙하게 사회생활을 한다. 비록 눈치가 없어서 가끔 어색한 장면을 연출하기도 하지만 말이다.

과잉행동의 범주에는 충동성도 들어 있다. 그래서 긍정적으로나 부정적으로 과도한 반응을 보일 때가 많으며 열정적이고 화를 잘 낸다. 운전 중에 불끈 화가 치솟는 것은 과잉행동 증세를 지닌 사람에게는 특히 위험한 신호다. 어떤 여성 환자는 이렇게 말했다.

"제 차 헤드라이트에 곡사포가 장착되어 있으면 좋겠어요. 앞에서 거치적거리는 차는 모두 부숴버리게 말이에요."

이것은 조급증 때문이다. ADHD 증세가 있는 사람들은 줄에 서서 기다리는 일을 무엇보다 싫어하며, 어쩔 수 없이 기다리게 되는 상황에 처하면 화가 폭발할 수도 있다.

부주의 또는 주의산만은 ADHD의 기본적인 증세다. 일전에 한 부부가 부인의 주의력 결핍 증세가 결혼 생활에 해가 된다고 생각해서 상담하러 온 적이 있다. 병원 중환자실에서 근무하는 부인은 일할 때에는 활기차고 유능하지만, 가족에게는 도무지 주의를 기울이지 못했다. 심지어 남편이 나와 상담하고 있는 도중에도 부인은 멍하니 창밖을 내다보고 있었다. 이처럼 ADHD 증세가 있는 사람들은 주제에서 벗어나거나 일의 목표를 잊어버리는 경우가 많다.

이들은 외출 시 곧잘 집으로 되돌아간다. 깜빡 잊고 가져오지 않은 물건이 있기 때문이다. 물론 누구나 경험하는 일이지만 이들에게는 거의 매일 일어나는 일이다. ADHD 증세가 있는 아이가 혹시 잊어버리지 않고 숙제를 한 날에는 과제물을 집에 두고 나온다.

집중력을 위한 운동법

역설적으로 ADHD 환자를 치료하는 가장 좋은 방법 가운데 하나는 극도로 엄격한 규율 체계를 확립하는 일이다.

"우리 아이는 태권도를 배우기 시작한 뒤부터 훨씬 좋아졌어요."

진료를 하면서 ADHD 증세를 지닌 아이의 부모들에게 수없이 들은 이야기다. 항상 화가 나 있으며 숙제도 안 하고 문제만 일으키던 아이가 태권도를 배우면서 자신의 장점을 겉으로 드러내기 시작했다는 것이다.

군이 태권도가 아니라도 좋다. 다른 종류의 무술이나 고도의 규율 체계를 갖춘 운동, 가령 발레나 체조나 스케이팅도 마찬가지다. 아니면 보다 현대적인 암벽등반이나 산악자전거 타기, 래프팅, 스케이트보드 타기도 좋다. 이런 운동은 격렬한 활동인 데다 복잡한 근육의 움직임을 필요로 하기 때문에 대단히 효과가 좋다. 유산소운동도 좋지만 신체와 뇌를 함께 써야 하는 운동은 긍정적인 효과가 더욱 크다.

호프스트라 대학의 어느 대학원생이 이 사실을 간단하게 실험해본 적이 있다. 8~11세 남자 아이들을 대상으로 한 실험에 따르면, 일주일에 두 번 무술을 배운 아이들이 유산소운동을 한 아이들보다 행동이나 학업성적이 많이 향상된 것으로 나타났다. 물론 운동을 전혀 하지 않은 비교집단 아이들보다는 두 집단 모두 발군의 향상을 보였다. 무술을 배운 아이들은 숙제 및 수업 준비를 잘해서 성적이 향상되었을 뿐만 아니라 학교 규칙을 어기거나 자리를 벗어나는 일도 줄어들었다. 즉 이 아이들은 공부를 꾸준하게 할 수 있게 되었다.

신체와 뇌를 함께 쓰는 운동을 하려면 근육을 아주 기술적으로 움직여야 한다. 따라서 균형과 타이밍, 연속동작, 결과의 판단, 행동 변경, 실수 교정, 미세한 근육 움직임의 조절, 자제력, 집중력 등을 통제하는 다양한 뇌의 부위가 활성화된다. 이런 운동을 하다보면 최악의 경우에는 목숨을 잃을 수도 있다. 상대방의 발길에 얼굴을 걷어차이거나 평균대에서 떨어져 목이 부러질 수도 있다. 급류에 휘말려 익사할 수도 있다. 그러므로 스트레스 반응에 따른 높은 집중력을 발휘하게 된다. 정신이 극도의 긴장 상태에 있으므로 활동에 필요한 기술을 배울 동기는 충분히 얻은 셈이다. 뇌가 생각하기에는 그 활동에 목숨이 걸려 있으니

말이다. 물론 대부분 유산소운동으로 이루어진 활동이므로 인지력이
높아져 새로운 동작과 전략을 쉽게 익힐 수 있다.

현재에 갇힌 죄수

주의력 체계는 뇌의 어느 한 부분에 있지 않다. 뇌줄기의 청색반점이
라는 각성센터에서 시작해서 여기저기에 거미줄처럼 퍼져 있는 양방
향 통로를 거쳐 뇌 전체로 각성하라는 신호가 전해진다. 주의력 체계가
신호를 보내는 과정에는 보상센터, 변연계, 피질은 물론, 균형과 유연
성을 관장하는 소뇌까지 관여한다. 최근에 밝혀진 사실에 의하면, 주의
력과 의식과 운동 사이에는 서로 겹치는 부분이 많다.

주의력 회로는 노르에피네프린과 도파민의 통제를 받는다. 두 신경
전달물질은 분자 수준에서 너무 비슷해서 서로의 수용체와 결합할 수
있을 정도다. ADHD 치료약은 두 신경전달물질을 목표로 삼는다. 그
리고 과학자들은 ADHD와 관련 있는 많은 유전자 가운데 두 신경전달
물질을 통제하는 유전자를 주로 연구한다.

전반적으로 말해서 ADHD 환자의 문제는 주의력 체계가 분산된 것
이다. 즉 주의력 체계가 일관성이 없거나 단편적이거나, 혹은 잘 조화
가 이루어지지 못한다. 이런 문제는 두 가지 신경전달물질이 기능장애
를 일으켰거나 주의력 체계의 다른 부분에 문제가 있어서 발생할 수도
있다. 이처럼 원인이 다양하기 때문에 한 가지 장애가 여러 가지 증세
를 보이는 것이다.

예컨대 청색반점은 수면을 통제하는 기관이므로 24시간의 주기리듬

과 밀접한 관련이 있다. 그래서 ADHD 환자의 가장 보편적인 증세 가운데 하나는 수면장애다. 보통 잠에 들거나 깊이 잠드는 데 어려움을 보이며, 몽유병이나 잠꼬대, 악몽 등의 증세로 고통을 겪는다. 연구 초기에는 과잉행동 장애가 주로 각성 기능에 문제가 있는 것이라고 생각했다. 그래서 벽에 몸을 쿵쿵 부딪치는 아이는 각성을 하기 위해서 그런 거라고 해석했다.

하지만 뇌줄기 깊숙한 곳에서 바쁘게 노르에피네프린을 생성하는 청색반점은 문제의 원인 중 하나일 뿐이다. 노르에피네프린을 전달하는 축색돌기가 청색반점에서 뻗어나오고, 도파민을 전달하는 축색돌기가 복측피개영역에서 뻗어나와 편도에 있는 뉴런에 연결된다.

편도는 외부의 자극에 얼마만큼의 감정 대응을 할 것인지를 우리가 의식하기도 전에 자동적으로 결정한다. 그리고 나서 중앙 통제부에 해당하는 전전두엽 피질이 상황에 대해 적절한 행동을 취하도록 신호를 올려보낸다. ADHD 환자의 편도 역시 일의 주목할 만한 정도를 결정하지만, 편도의 기능에 이상이 있기 때문에 화를 잘 내거나 맹목적인 공격성을 띠는 것이다. 그리고 흥분에 대해 과민하게 반응하는 성향 때문에 공황발작을 일으킨다. 흥분을 잘 하는 성격이 꼭 나쁜 것은 아니다. 어떤 일에 열광적으로 반응해서 주변 사람들에게 활기를 불어넣는 긍정적인 면도 있다.

도파민은 보상센터 측좌핵에도 신호를 전달한다. 이 측좌핵이 바로 리탈린이나 아데랄 같은 약물을 비롯하여 커피, 초콜릿, 코카인 등의 다양한 흥분성 물질의 종착역이다. 보상센터는 충분한 자극이 있을 때에만 활성화되어서 전전두엽 피질에게 어떤 일에 주의를 기울이라고 신호를 보내는 중요한 역할을 한다. 일의 우선순위를 결정하는 뇌의 최고 인지 기능에 관여함으로써 동기 유발에 중요한 역할을 담당하는 것이다.

기본적으로 보상센터가 반응을 보이지 않으면 뇌는 제 기능을 발휘하지 않는다. 한 연구 결과에 따르면, 측좌핵에 장애가 있는 원숭이는 집중력을 오래 유지하지 못하므로 즉시 보상이 뒤따르지 않는 일에 대해서는 전혀 의욕을 보이지 않는다. ADHD 환자도 마찬가지다. 먼 장래에 도움이 되는 일보다는 즉시 만족감을 느낄 수 있는 일을 선호한다. 그래서 나는 이들을 '현재에 갇힌 죄수'라고 부른다. 그들은 장기적인 목표에 꾸준히 집중하지 못하기 때문에 동기나 의욕이 부족한 것처럼 보인다.

ADHD 환자는 전전두엽 피질에도 문제가 있다. 주의력 결핍은 별로 중요하지 않은 자극이나 운동 충동에 대한 관심을 억제하지 못하는 것이라고 볼 수도 있다. 다시 말해서 주의를 기울이지 말아야 할 곳에 주의를 기울이는 일을 멈출 수가 없는 것이다. 전전두엽 피질은 실행기억을 주관하는 곳이다. 실행기억은 보상이 늦춰지는 동안에 주의집중을 유지시키며, 다양한 문제를 동시에 생각할 수 있게 해준다.

실행기억에 장애가 발생하면 장기적인 목표를 위해 일을 수행해나갈 수 없다. 왜냐하면 어떤 일을 곰곰이 생각하고, 진행하고, 계획하고, 예행연습을 하고, 결과를 분석해야 하지만 필요한 만큼 오래 머릿속에 담아둘 수 없기 때문이다. 실행기억은 컴퓨터의 임시기억장치와 비슷한 역할을 하며, 모든 최고 인지 기능을 수행할 때 없어서는 안 될 중요한 기능이다.

ADHD 환자는 실행기억에 장애가 있기 때문에 시간관념이 엉망이고, 그 결과 일을 지체하는 버릇이 있다. 흘러가는 시간에 대한 걱정을 잊어버려서 할 일을 당장 시작하지 않는 것이다. 항상 지각을 해서 직장에서 해고되기 직전인 한 ADHD 환자가 있다. 이 사람은 아침에 시리얼 박스를 가지러 가거나 찬장의 물건들을 정돈하느라 정해진 시간에 출근해야 한다는 사실을 망각한다. 그리고 마침내 그 사실을 깨닫게 되면 공황 상태에 빠진다.

통제 사령부, 모두 집중!

주의를 집중하기 위해서는 단순히 신호가 전달되기만 하면 되는 것이 아니라 원활하게 전달되어야 한다. 이런 점에서 주의력 체계는 몸의 움직임, 즉 운동과 관계가 있다. 신체의 움직임을 통제하는 뇌의 부위는 정보의 흐름 또한 조율한다.

뇌의 원시적인 부위에 해당하는 소뇌는 신체의 움직임만을 관장한다고 오랫동안 알려져왔다. 우리가 몸으로 뭔가를 배울 때에는 그것이 무엇이든 소뇌가 열심히 활동한다. 부피만 보면 뇌의 10퍼센트에 불과하지만, 뇌 전체의 절반이나 차지하는 뉴런이 소뇌에 몰려 있다. 뉴런이 빽빽하게 몰려 있으므로 끊임없이 이런저런 활동을 하느라 바쁘다.

소뇌는 운동근육의 움직임만 조율하는 것이 아니다. 정보의 흐름이 끊이지 않고 부드럽게 이어지도록 새롭게 개선하고 관리함으로써 뇌의 다른 부위가 원활하게 기능하도록 조절한다. ADHD 환자의 소뇌는 일정 부위가 정상 크기보다 작으며 정상적으로 기능하지 않는다. 이러한 이유 때문에 ADHD 환자의 주의력이 흐트러지는 것일 수 있다.

소뇌가 전전두엽 피질과 운동 피질에 보내는 정보는 기저핵이라 불리는 중요한 신경세포 덩어리를 지난다. 기저핵은 일종의 자동변속기 역할, 즉 대뇌피질이 요구하는 만큼 주의집중에 필요한 자원을 자동적으로 옮겨주는 일을 한다. 기저핵은 흑색질에서 도파민을 통해 오는 신호에 의해 주의집중의 강도가 조절된다. 도파민은 자동변속기의 윤활유 역할을 한다. 그래서 ADHD 환자의 경우처럼 도파민의 양이 충분하지 않으면 주의력의 강도를 조절하기 쉽지 않거나 최고의 강도로만 전환이 가능하다.

사실 기저핵에 관한 지식은 모두 파킨슨병을 연구하는 과정에서 얻은 것이다. 파킨슨병은 기저핵에 도파민의 양이 부족해서 생기는 병이기 때문이다. 파킨슨병은 운동근육의 움직임을 조율하는 능력뿐만 아니라 복잡한 사고력을 발휘하는 능력도 훼손한다. 초기 증세는 성인 ADHD 환자의 초기 증세와 똑같다.

파킨슨병과 ADHD의 비교는 매우 중요하다. 왜냐하면 운동이 파킨슨병 초기 증세를 줄일 수 있다는 믿을 만한 연구 결과가 나오면서 요즘 신경과 전문의들이 파킨슨병 초기 환자들에게 매일 운동을 하라고 권하고 있기 때문이다. 과학자들은 쥐의 기저핵에 있는 도파민 세포를 죽여서 쥐에게 파킨슨병을 일으켰다. 그리고 병의 증세가 나타나기 시작할 때부터 열흘 동안 쥐에게 강제로 하루 두 차례씩 달리기를 시켰다. 그 결과 놀랍게도 운동을 한 쥐는 도파민 수치가 정상이었으며 운동근육 기능이 전혀 나빠지지 않았다. 파킨슨병 환자를 대상으로 한 실험에서도 강도 높은 운동은 운동근육의 기능을 향상시키고 기분을 고양시켜주었다. 이러한 긍정적인 효과는 운동을 멈춘 후에도 최소 6주간 지속되었다.

운동과 주의력의 밀접한 상관관계는 강한 흥미를 불러일으킨다. 둘은 동일한 신경 전달 경로를 공유하는데, 바로 이러한 이유로 아이들이 무술을 배우면 ADHD 증세가 줄어드는지도 모른다. 새로운 동작을 익히려면 주의를 기울여야 하므로 두 시스템이 모두 관여를 해서 훈련이 되는 것이다.

난독증은 ADHD 환자의 약 30퍼센트가 지니고 있는 증세다. 난독증을 치료할 때 운동요법만으로 소뇌를 훈련하는 사람들도 있는데, 그 방법은 아직 논란의 여지가 있다. DDAT 치료법Dyslexia, dyspraxia, and attention treatment은 몸의 움직임을 조율하는 뇌의 능력에 문제가 생기면 시선 추적을 하기가 어려우며, 그 결과 읽기와 쓰기를 배우는 데 어려움을 겪는다는 이론에 근거를 두고 있다. 난독증이 있는 아이들 대부분은 소뇌의 기능이 다른 아이들보다 떨어진다.

DDAT 치료법은 운동근육을 사용하는 비교적 단순한 훈련을 하루에 두 번 10분간 하는 것이다. 2003년 영국에서 과학자들이 난독증이 있는 35명의 아이들을 대상으로 DDAT 치료법의 효과를 실험해보고는 "정녕 놀라운" 치료법이라고 발표한 적이 있다. 6개월간 이 치료 요법을 받은 아이들은 읽기, 쓰기, 시선 집중, 인지력 등에서 놀라운 향상을 보였고, 손재주나 균형 감각 같은 운동 능력도 크게 신장되었다.

나의 동료 네드 할로웰도 다른 많은 사람들과 마찬가지로 ADHD 치료 센터에서 이 치료법을 사용한다. ADHD 증세가 있던 그의 아들도 이 치료법으로 좋은 효과를 보았다고 한다. 그리고 현재 컬럼비아 대학 내과의사 및 외과의사 협회의 저명한 학자들이 DDAT 치료법의 효과를 평가하기 위한 대형 실험을 시작했다.

약리작용을 실험하는 연구에서도 ADHD 치료약이 소뇌와 줄무늬체의 활동을 정상화하는 데 도움이 된다는 사실이 밝혀졌다. 그러므로 소뇌와 줄무늬체가 주의집중과 운동을 하는 데 중요한 역할을 하는 것은 분명하다. 어쩌면 약에 의존하는 대신에 운동을 통해서 이러한 운동센터의 기능을 향상시키는 것이 가능해질지도 모른다.

초기 증후

나는 10월이 되어서야 세금 보고와 관련된 자료를 회계사에게 건넨다. 매년 1월이 되면 회계사가 정한 마감 날짜 전에 자료를 보내기로 결심하고 모든 자료를 가지런히 정리해놓는다. 그러다가 어느 날 신용카드 회사에서 보내온 월말 보고서가 사라지는 일이 반드시 발생한다. 회사에 전화를 걸어서 복사본을 보내달라고 하는 것은 그리 어렵지 않은 일 같은데 결코 전화기를 집어 들 의욕이 생기지 않는다. 꼼꼼하게 사라진 자료를 추적하는 일이나 파일을 분류하기 위해 하얀 라벨을 사러 가는 일이 몇 달 동안 머릿속에서 사라지지 않고 나를 괴롭혀도 그 일을 하고 싶은 마음이 내키지 않는다.

어렸을 때에는 감사하게도 엄격한 수녀들의 감독을 받았다. 학교에 있지 않을 때에는 다양한 운동에 열심히 몰두했다. 그러나 내 방은 난장판이었고, 뭔가를 잊어버리기가 일쑤였다. 테니스 코치는 여태껏 본 학생 중에 내가 가장 일관되게 기복이 심한 선수라고 평가하기도 했다.

나는 분명 ADHD 증상이 있었지만 그 사실을 알지 못했다. 당시에는 ADHD라는 용어조차 존재하지 않았다. 주의력 결핍을 굳이 표현해야 할 때에는 '과잉행동'이라고 불렀다.

의사가 된 뒤, 1980년대 초에 매사추세츠 정신건강센터에서 학생들을 가르치고 있을 때 처음으로 ADHD 환자를 보게 되었다. 난폭한 행동 때문에 병원에 여러 번 온 적이 있는 한 20대 청년을 레지던트들이 내게 데리고 온 것이다. 청년은 과잉행동 증세 때문에 청소년기에 리탈린을 복용했는데, 약을 먹지 않은 지는 꽤 된다고 말했다. 당시 사람들은 나이를 먹으면 과잉행동 성향이 저절로 사라진다고 믿었던 터라, 계속 약을 복용하면 중독될까봐 복용을 중단시킨 것이다. 하지만 나는 청년에게 리탈린을 다시 복용해보라고 처방을 내려주었고, 약은 폭력 성향을 가라앉히는 데 뛰어난 효과를 발휘했다. 청년은 너무도 다행스러워했다. 그는 자신이 차분하게 어떤 일에 집중할 수 있다는 사실을 한동안 잊고 있었다고 말했다.

그 무렵 나는 극단적인 공격성을 연구하는 데 깊이 빠져 있었다. 무엇이 다양한 종류의 환자들을 폭력적으로 만드는지 조사하면서 환자를 치료하고 관련 글들을 썼다. 그러다가 당시 펜실베이니아 대학의 신경학과 학과장이던 프랭크 엘리엇의 연구 내용을 보게 되었다. 수많은 죄수들을 대상으로 한 연구였는데, 그들 가운데 80퍼센트 이상이 어린 시절에 심각한 학습장애를 겪었다는 내용이었다.

그래서 내가 연구하고 있던 공격 성향을 지닌 환자들의 학교 기록을 살펴보았더니 엘리엇의 연구와 동일한 결과가 나왔다. 그들은 평생 동안 생각과 태도와 행동을 억제하는 데 어려움을 겪어왔던 것이다. 대부분 권위에 대해 반감을 가지고 있었고, 반복되는 실패로 자기 존중감이 낮았으며, 충동적으로 행동하는 경향이 있었다. 삶의 초창기부터 문제를 겪은 그들은 자신의 긍정적인 면을 한 번도 발휘해보지 못했다. 청소년기에 이미 마약에 중독된 경험이 있는 사람도 많았다. 이런 모든 경향이 불만스러운 상황이 되면 즉각적으로 화를 내는 성향과 결합해서 폭력적인 행동을 일으킨 것이다. 그러자 이런 파괴적인 태도가 주의력 체계의 결함에서 비롯되었을지도 모른다는 생각이 들었다.

그때부터 나는 주의력이라는 측면에서 외래환자들을 살펴보기 시작했다. 그랬더니 만성적으로 우울증이나 불안증 증세가 있는 환자, 혹은 상습적으로 약물을 남용하거나 화를 잘 내는 환자는 대부분 주의력 체계에 문제가 있다는 사실이 눈에 띄었다. 이런 증세는 과잉행동 증세와 함께 나타나지 않는 한 식별하기가 어렵기 때문에 예전에는 모르고 지나친 것이다.

그들에게 ADHD 약을 처방했더니 증세는 상당히 호전되었다. 동료들과 상의해보니 가벼운 형태의 주의력 결핍 증세가 있다는 사실이 분명해졌다. 이런 증세가 있는 사람은 감옥이나 병원에 가기 일쑤라거나 장기적으로 직장을 구하지 못할 정도는 아니다. 과거를 돌이켜보니 나와 할로웰에게도 주의력 결핍 증세가 있었다.

이러한 경험과 연구를 바탕으로 성인의 ADHD에 관해 쓴 나의 첫 논문은 완전히 거부당했다. 배후에 존재하는 우울증이나 불안증의 증세를 ADHD 증세로 잘못 진단을 했거나 새로운 장애를 소개하려 했다는 게 이유였다. 그러던 어느 날 내게 확신을 주는 계기가 찾아왔다.

1989년 할로웰과 함께 성인의 ADHD를 주제로 매사추세츠 주 케임브리지의 작은 컨퍼런스에서 강연을 하게 되었다. 이 컨퍼런스는 ADHD 자녀를 둔 부모들의 단체가 주관한 것이었다. 강연 제목은 "성인 주의력 결핍 장애ADD"였다. 당시에는 주의력 결핍 과잉행동 장애 ADHD라고 부르지 않았다.

200여 명의 청중을 대상으로 강연을 끝낸 후 무려 네 시간이나 질문에 답변하는 시간을 가졌다. 질문자용 마이크가 있는 통로에 사람들이 몰려들어 한 사람씩 자기 이야기를 한 뒤 그게 무엇을 뜻하는지를 물었다. 상당수의 사람들이 자기에게 자신의 자녀와 똑같은 장애가 있었다는 것을 그제야 비로소 알게 된 것이다. 내게 진료를 받으러 온 정신과 교수 찰스도 마찬가지였다.

찰스는 마라톤을 즐겨 했는데, 어느 날 무릎이 망가지는 바람에 열정적으로 하던 운동을 더 이상 하지 못해서 우울증에 빠졌다. 그때 다른 증세도 함께 나타났는데, 찰스와 나는 그 증세가 ADHD라는 데 의견의 일치를 보았다. 찰스는 여자친구가 글쓰기 작업을 방해하면 벌컥 화를 냈으며, 집중해서 어떤 일을 하고 있는데 전화벨이 울리면 벽에서 전화선을 확 뽑아버렸다. 친구들과도 점차 연락을 끊고 지냈다. 전형적인 ADHD 증세였으므로 약을 복용하는 것이 좋겠다고 우리는 함께 결론을 내렸다. 약은 효과가 있었다.

처음 나를 찾아왔을 때 찰스는 이미 항우울제를 복용하고 있었다. 하지만 운동요법을 한 차례 끝내고 다시 예전처럼 운동할 수 있게 되자 기분이 상당히 호전되어 항우울제를 끊었다. 운동의 강도가 점차 예전의 수준에 가까워지자 찰스는 ADHD 약을 복용하는 탓에 아직 완전한 실력을 되찾지 못하고 있다고 확신했다. 자신의 1마일 기록을 1초 단위까지 재왔는데, 예전보다 10초가 늦었던 것이다.

그래서 며칠 동안 ADHD 약을 복용하지 않기로 결정했다. 그래도 운동을 하는 동안에는 집중하는 데 아무런 문제가 없다는 사실을 발견했다. 그제야 우리는 과거에는 마라톤을 열심히 한 덕분에 주의력 결핍으로 인한 문제를 겪지 않았다는 것을 깨닫게 되었다. 무릎을 다쳐서 운동을 할 수 없게 되자 과거와 달리 주의력을 통제할 수가 없었던 것이다. 운동이 강력한 효과를 발휘한 것이 분명했고, 이 사실은 내게 아주 중요한 뉴스였다.

운동에 집중하라

ADHD 증세는 있지만 그것을 보완할 만큼 지적이며 고도의 능력을 발휘하는 전문가들이 있다. 그들 중 몇 명은 운동이라는 자가 요법으로 자신의 증세를 잠재우고 보다 생산적으로 일을 했다. 특히 10억 달러 규모의 헤지펀드를 운영하고 있던 한 사람이 생각난다. 그는 매일 아침에 약을 복용하고, 약효가 떨어지기 시작하는 점심시간에는 스쿼시를 한다.

대부분의 사람들은 운동이 에너지를 소진한다는 사실을 잘 알고 있다. 그리고 과잉행동 장애 아동을 한 번이라도 다루어본 경험이 있는 교사라면 휴식 시간에 뛰어논 아이가 다음 시간에 훨씬 차분해진다는 사실을 잘 알 것이다. 이처럼 더욱 차분해지고 집중력이 높아지는 현상이 네이퍼빌의 0교시 체육시간이 주는 행복한 결과 가운데 하나다.

사실 학교는 ADHD 환자에게는 고통스러운 환경이다. 한 시간 가까이 앞을 똑바로 바라보고 앉아서 선생님의 이야기를 집중해서 들어야 하니 말이다. 어떤 아이들에게는 정말 불가능한 일이다. 학생들의 파괴적인 행동은 대부분 여기에 원인이 있다.

10여 년 전 이런 사실을 극적으로 일깨워주는 경험을 한 적이 있다. 애리조나에 있는 인디언 보호구역에 갔을 때였다. 공동체의 건강을 증진하려는 노력의 일환으로 인디언 부족이 나를 초청한 것이다. 나는 의료진과 부모, 교사들에게 ADHD에 대해 설명하기로 되어 있었다. 보호구역의 아이들에게 ADHD는 심각한 문제였다. 비록 의학적으로 진단을 받지는 않았지만, 보호구역에 있는 아이들은 ADHD 발병률이 다른 지역 아이들보다 훨씬 높은 것 같았기 때문이다.

어느 날 오후 중학교 교사들에게 증세와 치료법을 대략 설명해주었다. 그러자 교사 몇 명이 보호구역의 아이들은 모두가 얌전히 앉아 있지를 못한다고 말했다. 그래서 내가 휴식 시간은 없느냐고 물었더니 하루에 세 번 있다고 했다. 그때 한 교사가 큰 소리로 말했다.

"비가 와서 휴식 시간에 아이들이 밖에 나가서 뛰어놀지 못하면 아이들을 통제하기가 불가능해집니다. 그래서 그런 날에는 아예 아이들을 집으로 보냅니다."

메이오 클리닉은 미네소타 주 로체스터에서 1976년에서 1982년까지 태어난 모든 아이들을 추적 조사했다. 다른 지역으로 이사를 간 경우를 제외하고 모두 5,718명이었다. 연구 보고서에 따르면, 이들이 19세가 되었을 때 전체의 7.4퍼센트가 ADHD 증상이 있었다. 그리고 병에 걸리는 비율은 최대 16퍼센트까지라고 추측했다. 다른 연구 조사 결과를 보면, ADHD 어린이의 40퍼센트 정도는 나이가 들면 증세가 사라지며, 여전히 ADHD 증세가 있는 성인도 최소한 과잉행동 증세는 대부분 가라앉는다. 충동을 억제하는 전전두엽 피질도 20대 초반이 되어서야 완전히 자란다.

뇌를 바쁘게 움직여라

도파민과 노르에피네프린의 주된 역할이 주의력 체계를 조절하는 것이라는 점을 고려해보면, 운동이 이 신경전달물질들의 수치를 증가시켜 ADHD 증세를 가라앉힌다는 과학적인 설명이 가능하다. 운동의 효과는 빠르게 나타난다. 규칙적인 운동은 뇌의 일정 부위에서 새로운 수용체의 성장을 촉진하여 도파민과 노르에피네프린의 기본 수위를 높인다.

　운동은 뇌줄기의 각성센터에서 노르에피네프린 수치의 균형을 바로 잡아주어 ADHD 증세를 줄이는 데 도움을 준다. 신경과학자이자 정신과 의사인 캘리포니아 주립대학의 아멜리아 루소–노이스타트는 이렇게 말했다.

　"규칙적인 운동은 청색반점의 상태를 개선해줍니다."

　그 결과 주어진 상황에 대해 화들짝 놀라거나 비정상적으로 반응하는 경향이 줄어들고 짜증도 덜 내게 된다.

　이와 비슷한 말이지만, 나는 운동이 기저핵에서 마치 자동변속기의 윤활유를 관리하는 역할을 한다고 종종 비유한다. 기저핵은 주의력 체계의 강도를 부드럽게 전환하는 부위다. 리탈린이 주로 수용체와 결합하는 장소도 기저핵이다. ADHD 장애 아동의 뇌를 MRI로 촬영해보면 기저핵에 이상이 있다. 쥐의 경우 운동을 하면 이 부위에서 새로운 도파민 수용체가 생성되어 도파민의 수치가 높아진다.

　로드니 디시먼을 비롯한 조지아 대학의 연구진은 ADHD 장애 아동에게 끼치는 운동의 효과를 알아보려고 운동근육 기능을 테스트해보았다. 테스트는 간접적으로 도파민의 활동을 측정하기 위해 설계되었다. 그런데 테스트 결과는 디시먼을 완전히 곤란에 빠뜨렸다. 남자 아이와 여자 아이가 다른 반응을 나타낸 것이다. 격렬한 운동을 한 남자 아이들은 똑바로 앞을 응시하거나 혀를 내미는 테스트에서 결과가 향상되었다. 이것은 운동근육의 반사운동을 억제하는 능력이 더 좋다는 뜻인데, 과잉행동 장애를 지닌 아이는 바로 이 능력이 결여되어 있다. 반면에 여자 아이들은 결과가 별로 나아지지 않았다. 어쩌면 여자 아이들은 과잉행동 성향이 별로 없기 때문인지도 모른다.

도파민 시냅스의 민감성을 측정하는 테스트에서는 남녀 모두 향상된 결과를 나타냈다. 하지만 여기서도 최고 강도(최대심장박동 수치의 75퍼센트를 유지할 정도)의 운동을 한 남자 아이들이 적절한 강도(최대심장박동 수치의 65퍼센트를 유지할 정도)의 운동을 한 여자 아이들보다 결과가 더 좋았다.

소뇌의 활동성이 지나친 것도 ADHD 장애 아동이 안절부절못하는 원인 중 하나다. 최근의 연구에 따르면, 도파민과 노르에피네프린의 수치를 높여주는 약은 소뇌의 균형을 바로잡아주는 것으로 밝혀졌다. 운동도 노르에피네프린의 수치를 높여준다. 복잡한 운동일수록 더욱 그렇다. 과학자들은 쥐에게 무술과 가장 유사한 형태인 곡예 운동을 여러 차례 시켰다. 그런 뒤에 뇌에서 일어나는 신경화학물질의 변화를 살펴보니, 트레드밀 위에서 달리기를 한 쥐에 비해 복잡한 운동근육 기술을 요구하는 곡예 운동을 한 쥐에게서 신경세포 성장인자의 수치가 더욱 급격하게 늘어났다. 이런 현상은 소뇌에서도 뉴런의 성장이 일어난다는 사실을 보여준다.

변연계에서는 운동이 편도의 기능을 조절하는 데 도움을 준다. ADHD 환자가 흔히 보여주는 발끈하는 반응을 무디게 한다는 뜻이다. 즉 새로운 자극에 대한 반응을 바로잡아준다. 그래서 운전 도중에 극단적으로 화가 나 다른 운전자에게 고함을 지르는 일이 발생하지 않게 된다.

ADHD가 충동과 주의력을 통제하지 못하는 장애라는 점에서 전전두엽 피질의 역할은 크다. 2006년 일리노이 대학의 아서 크레이머는 MRI 촬영을 통한 연구 사례에서 노인들이 6개월 동안 일주일에 세 번만 걷기 운동을 해도 전전두엽 피질의 부피가 늘어난다는 사실을 보여주었다. 그리고 커진 뇌의 최고 인지 기능을 대상으로 여러 실험을 한 결과 그들의 실행기억이 향상되었고, 한 가지 일을 하다가 부드럽게 다른 일로 전환하거나 불필요한 자극을 걸러내는 능력이 신장되었다. 크레이머는 ADHD를 목표로 실험한 것은 아니지만, 결과적으로 운동이 ADHD를 개선하는 데 도움이 된다는 사실을 증명해주었다.

운동이 도파민과 노르에피네프린의 수치를 높여준다는 사실을 부정하는 사람은 아무도 없다. 예일 대학의 신경생물학자 에이미 아른스텐의 연구에 따르면, 두 신경전달물질이 세포 내부에 끼치는 효과 중 하나는 전전두엽 피질의 신호/잡음 효율을 개선한다는 점이다. 아른스텐은 노르에피네프린이 시냅스에서 전달하는 신호의 질을 높이는 동시에, 도파민은 신호를 받는 세포가 불필요한 신호를 받아들이지 않게 하여 잡음(뉴런 간의 잡담이 일으키는 소음)을 줄인다는 사실을 발견했다.

아른스텐은 주의력 신경전달물질의 수치는 모자 모양의 그래프를 형성한다고 말한다. 그러므로 수치를 높이는 것은 어느 정도까지는 도움이 되지만, 정점에 이르면 오히려 해가 된다. 뇌의 다른 모든 부분과 마찬가지로 여기에도 적정 수치가 존재하는 것이다. 적정 수치를 유지하는 최고의 비결은 운동이다.

잭슨에게 일어난 변화들

잭슨은 체격이 단단하고 청바지를 즐겨 입으며 장래 계획을 명료하게 말할 줄 아는 21세의 평범한 대학생이다. 잭슨의 현재 모습이 다른 젊은이들에 비해 단연 돋보이는 것은 아니다. 하지만 현재의 모습으로 살기까지 그가 겪은 고난의 과정은 전혀 평범하지 않다. 잭슨은 거의 매일 달리기를 하는데, 근력 운동을 하는 날에는 5킬로미터, 그렇지 않은 날에는 10킬로미터를 달린다.

"달리기를 하지 않더라도 죄책감이 들지는 않습니다. 그저 할 일을 하지 않은 느낌이 들 뿐입니다. 밖에 나가 달리고 싶은 이유는 운동을 하는 한 무슨 일에든 집중하는 데 전혀 문제가 없어서입니다."

잭슨이 불안증에 ADHD 증세까지 겹쳐 처음 진료를 받으러 왔을 때에는 15세였다. 잭슨은 언제나 일을 미루는 버릇 때문에 곤란한 지경에 처했다. 그는 선생님을 속이거나 과제물 제출 기한을 교묘히 넘기는 자신의 재주에 자부심을 느끼긴 했지만, 끊임없이 속이는 자신의 행동 때문에 마음에 부담이 쌓여갔다. 고등학교를 졸업할 무렵, 잭슨의 장래는 졸업 직전까지 미뤄둔 수학 시험에 달려 있었다.

"수학 시험을 치르는 일을 너무 오래 끌어서 무사히 졸업할 수 있을지 자신이 없었어요. 졸업식장에 사각모를 쓰고 나가서도 과연 제 이름이 불릴지 조마조마했지요. 바보가 된 느낌이었어요."

잭슨은 일찍부터 ADHD 진단을 받았다. 초등학교 3학년 때부터 폭력적인 행동을 보이고 수업을 제대로 받지 않아서 교사들에게 지적을 받았다. 그렇게 해서 리탈린을 복용하기 시작한 이후로는 학교를 다니는 내내 각종 약을 달고 살았다. 두뇌는 명석했으나 학교 생활에서 많은 문제를 겪었다. 명문 사립 고등학교를 통학하던 잭슨은 엄청난 분량의 숙제를 감당할 수 없었다. 잠을 거의 자지 못했고, 잠을 자더라도 복통 때문에 깨는 날이 많았다. 학교에 가는 것이 두려워서였다.

그러다 공황발작을 일으킨 다음에야 결국 공립 고등학교로 전학을

갔다. 전학 가기 전의 성적은 평균 B였는데, 수업 태도보다는 주로 시험을 잘 치러서 얻은 점수였다. ADHD를 지닌 일부 아이들과 달리 잭슨은 매우 사교적이어서 동아리 활동도 활발하게 했고, 문제 청소년들을 상담해주는 일도 했다. 자신의 문제를 통해 많은 것을 배웠으므로 심리 상담을 상당히 잘할 수 있을 거라고 생각해서였다.

그러나 이 모든 과외활동은 장애 증세를 더욱 악화시켰다. 나중에는 심한 불안증과 우울증으로 고생을 해서 아데랄, 파록세틴(팍실), 클로나제팜(클로노핀)을 함께 처방해준 적도 있었다. 공부 자체는 그리 어렵지 않았으나 숙제가 스트레스 요인이었다. 잭슨은 숙제를 아예 하지 않거나 쉬는 시간에 재빨리 해치웠다. 스스로 똑똑하다고 여겨서 공부를 전혀 하지 않고도 고등학교를 졸업할 수 있을 거라고 생각했다. 마치 비밀 요원이나 된 것 같다고 말하기도 했다. 여기저기 몰래 돌아다니면서 출석 방침을 어기거나 교묘하게 선생님을 속여서 숙제를 안 하고도 겉으로 결백한 척하는 식으로 말이다.

다행히 잭슨의 이름은 졸업생 명단에 들어 있었다. 평점 1.8이라는 낮은 점수로 간신히 졸업을 한 것이다. 하지만 그 점수로는 원하는 대학에 들어갈 수가 없었다. 다행히 작은 전문대학에서 그를 받아주었고, 잭슨은 그것으로 만족했다. 고등학교를 졸업했다는 승리감과 최소한 가을 학기에 다닐 학교가 있다는 사실 때문에 기분은 최고였다.

너무나도 기분이 좋았으므로 그 해 여름에는 모든 약을 끊기로 결심했다. 이때 나와는 이 문제에 대해서 상의하지 않았다. 초등학교 이후로 처음으로 하루 이상을 약 없이 지낸 잭슨은 자신에게 일어난 변화에 대해 이렇게 말했다.

"약의 복용을 중단하자 저를 괴롭히던 이런저런 사소한 일들이 사라졌어요."

전혀 사소하지 않은 변화도 함께 일어났다. 평생 처음으로 정상적인 수면을 취하게 된 것이다. 불안증도 사라졌다. 당시 잭슨은 학교 문제가 잘 풀려서 기분이 좋은 것이라고 생각했다. 그런데 영어 배치고사를 치르기 전에 ADHD 약을 복용하자 그를 괴롭히던 부작용이 다시 생겼다. 그래서 시험이 끝나자마자 모든 약을 선반에 처박아두었다.

하지만 인생의 진정한 전환점은 그 해 여름에 여자친구와 스페인에 놀러갔을 때 일어났다. 스페인 친구들과 웃통을 벗고 바닷가를 활보하던 어느 날, 잭슨은 갑자기 자신의 불룩한 배를 없애야겠다는 생각이 들었다.

"그래서 저는 달리기 시작했어요. 그랬더니 기분이 좋아지더라고요. 기분이 좋았던 데에는 스페인에 놀러갔다는 점에도 어느 정도 원인이 있었겠지요. 삶의 모든 부분이 만족스러웠습니다."

잭슨은 몸매를 가다듬기 위해 운동을 시작했다가 운동에 치료 효과가 있다는 것을 알게 되었다. 처음에는 몸매가 별로 변하지 않았지만 집중을 하는 데 도움이 되었기 때문에 계속 운동을 했다. 대학 첫 학기에는 평점이 3.9가 나왔다. 그리고 일 년 뒤에는 가고 싶어하던 대학으로 전학을 가게 되었다. 뉴잉글랜드의 명문 대학이었는데, 거기서 그는 2학년 평점이 3.5가 나왔다.

잭슨은 분명 자신의 마음 상태에 잘 적응했다. 운동요법을 중단하면 집중력이 흔들린다고 말하기도 했다.

"운동을 하지 않으면 차이를 분명히 느낄 수 있습니다. 심지어 중간고사를 치르느라 시간이 전혀 없는데도 밖에 나가 달리기를 해서 머리를 맑게 해야 한다고 생각할 정도라니까요. 제게 운동은 반드시 해야 하는 일이에요."

잭슨은 운동이 자신에게 끼치는 효과를 분명하게 알고 있다. 바로 이 점이 그를 달리게 만든다.

"제 머릿속에는 항상 수만 가지 생각이 들어 있습니다. 운동을 처음 시작할 때에도 여러 가지 생각을 하고 있었는데, 운동을 하니 중요한 일들에만 주의를 집중할 수 있었습니다. 약을 복용하지 않기 때문에 수면장애도 없습니다. 운동이 이 모든 일과 관계 있다는 사실을 의심한 적은 한 번도 없습니다. 왜냐하면 운동을 한 뒤에 인생의 큰 변화들이 일어났으니까요."

치료에서 주도권을 잡아라

ADHD 환자들이 모두 잭슨처럼 운동의 효과를 뚜렷하게 경험하는 것은 아니다. 그리고 잭슨이 만약 조언을 청했더라면 나는 절대로 모든 약, 특히 항우울제의 복용을 일시에 멈추라고는 말하지 않았을 것이다. 잭슨의 이야기에서 과연 운동이 리탈린이나 아데랄, 부프로피온을 대신할 수 있는가 하는 질문이 제기된다. 대부분의 경우에는 그렇지 않다는 것이 질문에 대한 내 대답이다.

하지만 잭슨이 약의 복용을 중단하게 된 계기에는 교훈적인 부분이 있다. 잭슨은 자신이 똑똑해서 충분히 성공할 수 있다고 생각했지만 현실에서는 그렇지 못했기 때문에 무력감과 좌절감을 느꼈다. 일반적으로 끊임없는 좌절감은 의욕을 저하시키고, 잭슨의 경우와 같이 우울증과 불안증을 유발할 수 있다. 잭슨의 경우에는 약을 복용한 것이 오히려 무력감을 더욱 부채질했고, 약에 의존하고 싶은 마음이 들게 했다. 반면에 규칙적인 달리기 습관은 자신의 내면, 즉 기분이나 불안감, 집중력 등을 통제할 수 있다는 자신감을 불러일으켰다. 평생 처음으로 인생을 자기 손으로 조종하고 있다는 느낌을 가져본 것이다. 운동은 잭슨에게 약이나 마찬가지였다.

나는 환자들에게 약을 처방하면서도 증세를 완화하는 데 좋은 효과가 있다며 운동을 권한다. 제일 좋은 방법은 아침에 운동을 하고, 한 시간쯤 있다가 운동 때문에 높아진 집중력이 서서히 떨어지기 시작할 무렵에 약을 복용하는 것이다. 많은 환자들의 경우 매일 운동을 하면 복용해야 할 약의 분량이 줄어든다.

여기서 말하고 싶은 것은 병에 대한 치료에서 스스로 주도권을 잡으라는 것이다. ADHD에 대한 지식이 늘어날수록 자신의 약점을 잘 파악하게 되고 그것에 대해 대비하기가 쉬워진다. 나는 환자들에게 계획을 세우고 환경을 조성하는 일에 관해서는 마치 군인과 같은 경계심을 발휘해야 한다고 말한다. 주변 환경을 적절하게 조성하면, 자신의 행동을 통해서 주의력을 통제할 수 있게 되고 일의 능률도 오르게 된다.

집중력과 능력을 잘 발휘할 수 있도록 하루 계획을 짜고 주변 환경을 조성하라. 그렇다고 해서 저절로 증세가 사라지지는 않지만, 최소한 주의력을 올바른 방향으로 향하게 할 수는 있다. 오늘날 많은 사람들이 이러한 점에서 도움을 받으려고 ADHD 코치를 고용하기도 한다. 남들에 대한 책임감을 갖게 되면, 운동 같은 규칙적인 일을 꾸준히 하고 자신의 목표를 달성하는 데 큰 도움이 된다.

잭슨은 매일 달리기를 하기 위한 체계적인 환경을 조성했으며, 그것은 두 가지 면에서 도움이 되었다. 첫째, 정해진 시간에 달리기를 하면 몇 시에 운동을 할 것인지를 매번 생각할 필요가 없다. 둘째, 운동은 앞에서 설명한 바와 같이 집중을 하는 데 도움을 준다.

ADHD를 지닌 아이는 다른 아이들보다 활동적이다. 연구 자료에 따르면, 평균 체지방 비율도 더 낮고 어른이 되어서도 여전히 운동을 하는 경우가 많다. 하지만 그들은 지금보다 더 많이, 더 규칙적으로 운동을 해야 한다. 일반적으로 나는 환자들에게 매일 운동하는 데 모든 노력을 기울이라고 권한다. 최소한 학교나 직장에 다니는 5일 동안만이라도 집중력을 높이기 위해서 운동을 하라고 말한다.

디시먼의 연구에 따르면, 여자 아이에게는 최대심장박동 수치의 65~75퍼센트를 유지하는 보통 강도의 운동이 효과가 높은 반면에, 남자 아이에게는 더 높은 수치의 격렬한 운동이 큰 효과를 발휘한다. 성인들의 경우에는 이와 유사한 자료가 없지만, 내 경험상 심장박동 수치를 거의 최대치(75퍼센트 정도)로 유지하면서 20~30분 동안 격렬하게 운동하는 것이 좋다.

> 🏃 ADHD 환자의 경우에는 무술이나 체조같이 복잡하고 높은 집중력을 요구하는 운동이 뇌를 훈련시키기에 적합하다. 그러한 운동을 할 때에는 주의력 체계의 모든 부위가 관여해야 하므로 운동에 몰두하게 된다. 흔히 트레드밀 위에서 달리는 것보다 재미가 있기 때문에 오랜 기간 동안 꾸준히 하기가 쉽다.

나는 아침에 일어나면 우선 운동부터 한다. 운동을 하기에 제일 적당한 시간이기도 하지만, 무엇보다 그날의 컨디션을 적절하게 조율하기 위해서다. 운동을 하면 강도 높은 긴장을 해야 하는 심리치료 시간에 각 환자에게 높은 집중력을 발휘하는 데 별 어려움을 겪지 않게 된다.

운동이 도파민과 노르에피네프린을 얼마나 오랫동안 활성화하는지 연구된 것은 없다. 개별적인 사례에 따르면, 60~90분 정도 안정감을 주고 두뇌를 맑게 해준다고 한다. 나는 환자들에게 운동의 효과가 떨어지기 시작한다고 느껴질 때 약을 복용할 것을 권한다. 두 요법의 효과를 극대화하기 위해서다.

사실 모든 사람마다 주의력 결핍 증세는 차이가 있게 마련이므로 약을 복용하는 시간은 각자의 느낌에 따라 결정하는 수밖에 없다. 나는 사람들이 운동의 효과가 일어나는 과정을 이해하고 스스로를 위한 최선의 방책을 찾기를 바란다. 시간이 없거나 운동을 하기 싫다면 최소한 유산소운동을 하루에 30분만이라도 했으면 한다. 하루 종일 집중을 하는 데 도움이 된다는 사실을 고려하면, 결코 많은 시간은 아니다.

chapter 7

중독에서
벗어나
나를 되찾기

2006년 11월 뉴욕 마라톤 대회에 참가한 3만 5천 명의 선수들 중에는 한때 마약 중독자였던 사람들도 있었다. 이들 16명은 "경찰에게서 도망치느라 죽어라고 달리며" 살아왔다고 공공연하게 농담을 했다. 이들이 결승선을 통과하려고 달려온 것은 42.195킬로미터보다 훨씬 먼 거리였다. 대부분 감옥에 있거나 노숙자 생활을 하다가 오디세이 하우스에 입소하게 된 사람들이었다. 오디세이 하우스는 뉴욕 시에서 운영하는 재활 시설로, 여섯 곳에서 800여 명의 입소자들을 돌보고 있다.

1960년대 후반에 설립된 오디세이 하우스는 곤경에 처한 사람들에게 상담이나 직업훈련을 해주고, 노인들을 치료하거나 가족이 재결합할 수 있도록 도와준다. 2000년 봄 어느 날, 존 타볼라치라는 직원이 입소자들을 데리고 센트럴 파크에서 달리기를 했다. 매년 가을에 자선 모금을 위해 열리는 5킬로미터 마라톤 대회에서 친구나 친지와 함께 달리기 위해서였다. 타볼라치는 이렇게 말했다.

"입소자들과 함께 달리면서 마라톤을 통해 얻을 수 있는 자제력이나 규율 체계, 협동심 등에 대해 이야기해주었어요. 마약 중독자들은 보통 자기 자신을 주변으로부터 격리시키지요. 하지만 함께 달리다보면 서로를 격려하게 되고, 정해놓은 목표를 달성하는 느낌이 어떤 것인지 배우게 됩니다."

입소자들은 처음에는 걷는 것부터 시작했으며, 타볼라치가 설정한 첫 번째 장벽인 금연을 지켜야 했다. 그러다 점차 호수 둘레인 2.5킬로미터를 달리게 되었다. 보통 백여 명 정도가 달리기 프로그램에 참여하는데, 달리기를 열심히 하는 사람은 그렇지 않은 사람들보다 시설에 머무는 기간이 두 배 정도 길다. 타볼라치의 말에 의하면, 오디세이 하우스에 머무는 기간이 길수록 성공해서 나갈 확률이 더 높다.

오디세이 하우스는 공동체의 중요성을 항상 강조해왔다. 왜냐하면 마약 중독은 가정에서부터 일어나 기분에 이르기까지 삶의 모든 부분을 망치는 전반적인 장애이기 때문이다. 소장 피터 프로베트는 이렇게 말했다.

"마약 중독자에게는 마약이 전부입니다. 마약을 삶에서 빼버리면 텅 빈 몸뚱이만 남게 되지요. 텅 빈 몸뚱이를 채우는 것으로 운동보다 좋은 것이 과연 무엇이겠습니까? 나는 운동이 마약 중독의 해독제이며, 동시에 훌륭한 예방 수단이라고 굳게 믿습니다. 해독제로서의 운동은 평생 겪어보지 못한 새로운 세계를 경험하게 해줍니다. 운동을 하면서 즐거움과 고통을 맛보는 동시에 성취감이나 신체적 건강함, 자기 존중감을 느끼게 되지요. 우리는 운동이 주는 이러한 경험을 입소자들에게 느껴보라고 강력히 권하고 있습니다."

마약 중독자는 평생 동안 병의 재발과 씨름해야 하므로 예방은 치유 못지않게 중요하다. 프로베트가 생각하기에는 운동이 마약 중독을 예방하기 위한 최선의 방책이다.

"운동은 마약에 중독된 사람들의 전형적인 행동과 정반대로 행동하는 일입니다. 운동을 하기 위해서는 폐와 근육과 뇌가 건강한 상태를 유지해야 하는데, 마약이 망치는 부분이 바로 그런 부위들이거든요. 식사를 제대로 하지 않거나, 몸을 제대로 돌보지 않거나, 혹은 정신을 항상 약물에 취한 상태로 방치해두면 결코 운동을 제대로 할 수 없습니다. 불가능한 일이지요."

마약 중독자에게 끼치는 운동의 효과에 대한 프로베트의 묘사는 앞에서 설명한 우울증에 대한 운동의 효과와 흡사하다. 치료 요법으로서 운동은 뇌의 위에서 아래로 그 효과를 발휘한다. 새로운 자극에 대해 적응하기를 강요하여 건강한 생활의 진가를 경험하게 하는 것이다. 이런 식의 활동을 통해 훈련을 하면 코카인을 흡입했을 때와 같은 즉각적인 만족감은 생기지 않지만, 행복감이 천천히 스며들어 나중에는 저절로 운동하고 싶은 마음이 생기게 된다. 프로베트는 이렇게 덧붙였다.

"참가자 모두 마라톤을 할 만큼 운동에 빠져드는 것은 아니지만, 마약 중독자에서 운동 중독자로 바뀌는 사람들은 계속 늘고 있습니다."

좋아하는 것과 원하는 것의 차이

과학자들이 중독에 대한 최초의 단서를 발견한 것은 순전히 우연이었다. 1954년 캐나다 맥길 대학의 심리학자 제임스 올즈와 대학원생

피터 밀너는 쥐의 행동 방식을 연구하려고 살아 있는 쥐의 뇌에 전극 막대를 삽입했다. 학습과 관련 있는 부위가 어딘지를 찾기 위해서였다. 그런데 도중에 한 쥐의 뇌에는 실수로 다른 부위에 전극 막대를 꽂고 말았다.

그런데 결과는 원래 목적보다 훨씬 흥미로웠다. 그 쥐가 최초에 전기 자극을 받은 장소로 자꾸 되돌아가는 것이었다. 곧 실험자들은 쥐에게 전기 자극을 조금씩 나누어주면 쥐를 마치 리모컨으로 조종하는 인형 같이 마음대로 움직일 수 있다는 놀라운 사실을 발견했다. 다음날에도 쥐는 여전히 같은 장소에서 꼼짝 않고 있었다. 전기 자극을 원하고 있음이 분명했다. 심지어 반대쪽에 먹이를 놓아두어도 그것을 무시한 채 전기 자극을 받았던 자리에서 꼼짝하지 않았다.

올즈와 밀너는 쥐가 스스로 전기 자극을 가할 수 있는 조종 막대를 설치해보았다. 조종 막대를 누르면 전기 자극이 가해진다는 사실을 깨달은 쥐는 5초에 한 번씩 조종 막대를 끊임없이 눌러댔다. 그러다 실험자가 기계의 전원을 꺼서 조종 막대가 반응이 없자 쥐는 즉시 잠에 빠져들었다.

올즈와 밀너가 전극 막대를 꽂은 부위는 보상센터인 측좌핵 언저리였다. 보상센터는 뇌에 적절한 동기를 유발해서 어떤 행위가 우리가 좋아하거나 원하거나 필요로 하는 것들을 가져다주는지를 알게 하는 곳이다. 측좌핵은 주의력 체계에서 아주 중요한 부분이며 중독과도 깊은 관련이 있다. 이 실험 이후로 측좌핵은 중독을 연구하는 과학자들의 주목을 받았다.

🏃 술, 카페인, 니코틴, 마약, 섹스, 탄수화물, 도박, 게임, 쇼핑 등 우리가 중독되기 쉬운 것들은 모두 측좌핵의 도파민 수치를 늘려준다. 특히 마약은 종류에 따라 서로 다른 심리적 효과를 일으키지만 역시 보상센터의 도파민 양을 늘려준다는 점에서는 똑같다. 마약의 위력을 수치로 환산하면, 성행위가 도파민 수치를 50~100퍼센트 정도 늘려주는 데 비해 코카인은 500~800퍼센트나 늘려준다.

예전에는 측좌핵을 쾌감센터라고 불렀다. 중독은 기본적으로 쾌감을 추구하는 행위라는 생각에서였다. 그런데 쾌감을 얻기 위해 마약이나 도박을 하는 것은 사실이지만, 엄밀히 말하자면 중독자들은 쾌락주의자와는 차이가 있다. 중독 상태를 즐기는 사람은 아무도 없기 때문이다. 보상센터에서 도파민이 주요 전달물질로서 어떻게 작용하는지를 연구하고 난 뒤, 과학자들은 어떤 것을 좋아하는 것과 원하는 것은 전혀 다른 문제라는 사실을 깨달았다. 미시간 대학의 행동신경과학자 테리 로빈슨은 이렇게 정의를 내렸다.

"좋아하는 것은 실제로 쾌락을 경험하는 것과 관련이 있고, 원하는 것은 보상을 위해 기꺼이 노력하려는 정신 상태입니다. 도파민은 원하는 것과는 관련이 있으나 좋아하는 것과는 아무런 관련이 없습니다."

보상센터는 바로 ADHD와 중독이 겹치는 곳이다. ADHD와 중독의 경우 모두 의욕과 자기통제, 기억력이 감퇴한다. 그러므로 ADHD 환자의 약 절반이 물질 남용 증세 때문에 고생을 하는 것은 전혀 우연이 아니다. 이러한 둘의 밀접한 관계 때문에 과학자들은 중독의 개념에 대한 생각을 바꾸었다.

어떻게 보면 중독에서 관건이 되는 문제는 쾌락이 아니라 두드러짐과 동기유발인 것 같다. 여기서 '두드러짐' 이란 삶이라는 평지에 우뚝

솟아 다른 모든 자극을 압도하는 강렬한 자극을 말한다. 쾌락과 고통은 둘 다 도파민을 측좌핵으로 보내서 주의력을 각성시킨다. 긴장을 해서 생존에 필요한 행동을 취하라는 것이다. 물질을 남용하는 사람들의 입장에서는 과잉 도파민이 지금 목숨이 걸린 중대한 상황이 벌어졌다고 뇌를 속여서 그 물질에 주의를 기울이게 만드는 것이다. 로빈슨은 이렇게 말했다.

"마약은 생존을 위해 진화되어온 의사 전달 체계의 중심부를 뚫고 들어갑니다. 그래서 그 체계를 활성화하지요. 진화되어온 목적에 부합하지 않는 방식으로 말입니다."

현재 국립마약남용대책연구소는 중독을 "건강과 사회생활에 해를 끼치는데도 불구하고 어떤 일을 지속하려는 충동"이라고 정의 내린다. 많은 사람들이 마약을 복용 또는 남용하는데 소수의 사람들만이 마약 중독자가 된다. 도대체 그 이유는 뭘까? 마약이나 어떤 행위를 처음 할 때에는 보상센터에서 도파민이 분비되어 거기에 흥미를 느끼도록 동기유발을 하지만, 중독의 경우에는 마약이 뇌를 구조적으로 변화시키기 때문이다. 그래서 요즘 과학자들은 중독을 "기억에 각인되어 반복적인 행동을 불러일으키는 만성적 질병"으로 간주한다. 마약뿐만 아니라 도박이나 음식도 똑같은 구조적 변화를 일으킨다.

일단 보상이 뇌의 주의력을 끌게 되면, 전전두엽 피질은 해마에게 사건과 감동을 생생하게 기록해두라고 명령을 내린다. 예컨대 정크 푸드의 유혹을 거부하기 힘든 경우라면, 뇌는 그 냄새를 KFC 앞에 있는 할아버지 인형의 콧수염이나 치킨을 담는 붉고 흰 종이 상자와 연결한다. 이 신호들은 '두드러진' 어떤 것이 되어 뇌에 연결망을 형성한다. 그래서 KFC를 갈 때마다 뇌의 시냅스 연결망에 신호가 전달되어 연결이 더욱 견고해지고, 거기에 새로운 뉴런이 가세한다. 습관은 이러한 과정을 거쳐서 형성된다.

우리가 뭔가를 배울 때에는 일반적으로 연결이 안정되면서 도파민의 분비가 줄어든다. 하지만 중독, 특히 마약 중독의 경우에는 마약을 복용할 때마다 도파민이 흘러넘치며, 그 결과 연결은 더욱 강화되고 다른 자극에 대한 연결망은 점차 미약해진다.

동물을 대상으로 한 실험 결과에 따르면, 코카인이나 암페타민 같은 마약은 측좌핵에서 수상돌기들을 만발하게 하여 시냅스의 연결을 늘린다. 이런 구조가 뇌에 형성되면 마약 복용을 멈춘 뒤에도 몇 달, 심지어 몇 년 동안 사라지지 않는다. 그래서 중독 증세를 고쳤다가도 다시 재발되는 경우가 흔하다.

어떻게 보면 중독이란 뇌가 학습을 너무 잘한 상태라고 할 수 있다. 일단 적응을 하게 되면, 치킨 냄새만 맡아도 기저핵의 자동 조종 장치가 작동해서 발걸음이 자동적으로 KFC로 향하며, 전전두엽 피질은 그리로 가면 안 된다는 것을 잘 알면서도 행동을 억제할 능력을 잃어버리고 만다.

전전두엽 피질의 역할 가운데 하나는 위험과 그것에 따른 보상을 저울질해서 위험한 행동을 할지 안 할지를 결정하는 일이다. 중독자의 경우에는 전전두엽 피질이 잘못된 판단을 내린다기보다는 습관적으로 반복되는 행동을 억제하지 못하는 것이다. 동물과 인간을 대상으로 한 연구를 보면, 코카인은 전전두엽 피질의 신경세포를 파괴하며 심지어 회색질을 오그라들게 만든다. 20대 이전에는 전전두엽 피질이 완전히 성숙하지 않는다. 그래서 대부분의 마약 중독자들이 억제 능력이 충분히 발달하지 않은 청소년기에 중독이 되는지도 모른다. 로빈슨이 덧붙여 설명했다.

"중독자들의 두뇌에는 마약에 아주 민감하게 반응하는 체계가 형성됩니다. 그래서 인생에 치명적으로 해가 되는 잘못된 결정을 내리지요. 뇌와 인생이 모두 최악의 상황에 빠지는 것입니다."

재활

청소년의 자제력을 발달시키는 데에는 판사 앞에 서게 하는 것이 제일 좋은 방법이다. 러스티는 마약 중독자가 될 수도 있었다. 그런데 감옥에서 3년이나 썩어야 한다는 것이 두려워 마약을 끊었고, 그 과정에서 운동을 한 결과 오늘날까지도 정상적인 삶을 살고 있다.

내가 러스티를 진료하게 된 것은 고등학교 1학년 2학기가 끝난 여름, 그가 자살을 시도한 지 몇 개월 뒤였다. 사회에서 버림받았다는 느낌과 외로움 때문에 감추어두었던 약을 술과 함께 들이부어서 병원으로 실려온 것이다.

학교에서는 시험은 잘 치렀으나 성적은 좋지 않았고, 가끔씩 화를 버럭 내기도 했으며 친구는 전혀 없었다. 주의력 결핍 장애가 분명했다. 그리고 사회적 난독증이라고나 할까? 사람들과 이야기하는 법이나 긴장을 풀고 편안하게 대화하는 법을 몰랐다. 그런 러스티가 친구들에게 잘 보이기 위해 쓰게 된 전략이 검은 옷을 차려입고 직접 키운 마리화나를 파는 것이었다.

나는 러스티가 약물을 남용하지 못하도록 약효가 천천히 나타나는 ADHD 약을 처방해주었다. 그러자 성적이 차츰 향상되어 2학년 1학기에 치른 대학입학자격시험에서는 좋은 성적을 거두었다. 하지만 여전히 심심하거나 무엇을 해야 할지 모르겠으면, 코카인이든 감기약이든 손에 넣을 수 있는 것은 닥치는 대로 복용했다.

3학년이던 어느 날이었다. 러스티는 집에서 혼자 코카인을 흡입하다가 양이 지나쳐서 공황발작이 일어났다. 그래서 전화로 구급차를 불렀고, 구급차와 함께 온 경찰이 집에서 마약을 발견하고 말았다. 러스티는 마약을 소지하고 판매하려 했다는 죄로 그날 저녁을 감옥에서 지내야 했다.

재판은 4개월 뒤에 열릴 예정이었고, 변호사와 나는 치료 계획을 세웠다. 매주 두 번 마약 검사를 받고, 알코올 중독자 치료 모임과 약물 중독자 치료 모임에 참석하게 했다. 러스티는 최소한 재판이 열릴 때까지는 마약을 복용하면 안 된다는 사실을 잘 알고 있었지만 코카인을 간절히 원했다.

러스티는 최대 3년까지 징역을 선고받을 수 있다는 변호사의 말을 듣고 절박하게 도움을 청했다. 우선 코카인을 갈망하는 마음부터 없애는 것이 급선무였으므로 나는 러스티에게 운동에 강력한 억제 효과가 있다고 말해주었다. 하지만 러스티는 달리기를 비롯한 어떤 종류의 스포츠도 즐기지 않았다. 어렸을 때 잠시 축구를 한 것을 제외하고는 신체적으로 완전히 비활동적으로 살아온 것이다.

당시는 내가 네이퍼빌에서 막 돌아왔을 때였다. 러스티의 옷차림 때문일지도 모르지만, 나는 레이철이 생각났다. 과거에 무법자였던 레이철은 DDR 게임을 통해 자기 자신을 바꿀 수 있었다. DDR은 비디오 화면에 연결된 발판 위에서 춤을 춤으로써 화면에 나타나는 활동을 조종하는 쌍방향 비디오 게임이다. 현란한 발동작은 보기만 해도 어지러울 지경인데, 마치 두 줄로 늘어놓은 타이어 사이를 번갈아 달리는 미식축구 선수들의 훈련을 연상시킨다. 게임은 단계가 높아질수록 점점 빨라진다.

DDR을 하게 된 러스티는 처음에는 어색한 동작을 보였으나 곧 즐기기 시작했다. 그러자 즉시 마약에 대한 욕구가 줄었다. 감옥에 갈 걱정 말고는 별로 할 일이 없었던 러스티는 여름 내내 무료한 시간을 달래고 치료를 할 목적으로 게임에 매달렸다. 마약 습관을 떨쳐버리려는 사람에게는 빈둥거리는 시간이 아주 위험하므로 무료함을 달래는 일은 매우 중요하다.

러스티는 게임에 완전히 빠져서 아침에 몇 시간을 하고도 저녁에 또 하는 나날들이 계속되었다. 그러는 동안 러스티는 점차 활기차고 낙천적으로 바뀌어갔다. 나는 판사에게 편지를 썼다. 마약 검사와 약물 중독 치료 모임을 계속하고 대학에서 상담을 받는 조건을 전제로, 러스티를 감옥에 보내지 말고 집행유예를 선고하면 어떻겠느냐는 내용이었다. 러스티는 그후에도 한동안 DDR을 계속했다. 그러다 교내 축구부에 들어갔고 체력 단련실에도 나가기 시작했다.

운동은 러스티가 자신의 삶을 올바른 방향으로 전환하기 위한 통로 역할을 했다. 나는 운동이 마약 중독자들의 절망감과 무기력함을 잊게 해준다고 생각한다. 러스티의 경우를 보아도 잘 알 수 있다. 운동에 뇌가 관여하면서 마약이 아닌 다른 쪽으로 관심을 돌리고, 기저핵이 그러한 반사 행위를 뇌에 각인시키는 것이다. 많은 사람들이 포기를 한 채 소파로 돌아가기는 하지만, 몸을 움직인다면 스스로 뭔가를 이룰 수 있다는 자신감이 생긴다.

🏃 저명한 중독 연구 전문가 진잭 왕은 운동을 이렇게 철학적으로 설명한다. "중국어에서는 동물은 주체이며 식물은 객체입니다. 식물에게 여기에서 저기로 펄쩍 뛰어보라고 할 수는 없는 노릇이지요. 마찬가지로 움직이지 않는 사람은 더 이상 동물이 아닙니다. 식물이 되어가는 겁니다!"

오디세이 하우스의 마라토너들에게는 분명 운동이 이러한 긍정적인 작용을 했다. 또한 그들보다 중독 증세가 가벼운 러스티도 DDR을 통해 절망감을 인생에서 쫓아냈다.

현재 대학교 2학년인 러스티는 성적도 올랐고, 자신처럼 중독성 물질에 일절 손대지 않겠다고 결심한 여학생과 사귀고 있다. 기숙사에서는 리더 역할을 하며 암벽등반과 축구를 즐긴다. 심지어 온 가족이 즐기는 스쿠버다이빙도 이제는 빠지지 않고 동참한다.

도파민 과잉 분비에 대한 열망

마약이 없어도 삶의 즐거움을 찾을 수 있다는 깨달음은 마약의 유혹을 이겨내는 데 아주 중요하다. 심각한 마약 중독자들은 흔히 마약 복용을 제외한 다른 일들은 대부분 시시하게 느껴진다고 고백한다. 정상적인 생활에서는 아무런 느낌이 들지 않는 것이다.

어떤 사람들은 태어날 때부터 그렇다. 1990년의 한 기념비적인 연구에 따르면, 알코올 중독자들은 변이 유전자(D2R2 대립 유전자)를 지니고 있다. 이 유전자는 보상센터의 도파민 수용체를 빼앗고 그 수치를 낮춘다. 이 유전자가 있다고 반드시 중독자가 되는 것은 아니지만, 확률은 훨씬 높다.

코카인 중독자의 경우에도 50퍼센트가 이 유전자를 지니고 있었다. 또한 다른 종류의 마약을 함께 복용한 코카인 중독자는 80퍼센트가 이 유전자를 지니고 있었다. 도박에 빠졌거나 병적으로 비만인 사람의 경우도 비슷한 경향을 보인다. 과학자들은 이런 문제를 '보상 결핍증후군'이라고 명명했고, 언론에서는 드디어 '알코올 중독 유전자'를 발견했다고 선언했다.

보상 결핍은 주의력 체계와 스트레스 체계를 손상한다. 도파민 수치가 균형을 잃게 되면, 생존의 위험을 느낀 편도가 개입하면서 뇌의 균형 상태를 회복하려는 노력이 더욱 강렬해진다. 그 결과 주의력을 향상시키기 위해 즉시 코르티솔이 도파민의 분비를 촉진한다.

ADHD 증세를 지닌 많은 사람들이 과잉행동 증세를 보이는 것은 이러한 이유 때문이다. 중독성 행위에 쉽게 빠져드는 것은 이런 문제들이 끊임없이 괴롭히기 때문이다. 그래서 마약을 복용하거나 초콜릿을 게걸스레 먹는가 하면, 일주일에 40시간을 비디오 게임을 하면서 보낸다.

하지만 보상결핍증후군을 지닌 사람이 모두 오디세이 하우스에 갈 운명은 아니다. 어떤 것에 중독이 되는 데에는 최소한 수백 가지 요인이 영향을 끼치기 때문이다. 사실 새롭고 자극적인 것에 대한 충동은 우리를 대담한 탐험가나 독창적인 예술가, 진취적인 사업가로 만들어주기도 한다.

스카이다이빙과 같이 극도로 위험한 스포츠를 즐기는 사람들이 조심성이 덜하고 스릴을 더 추구하는 것은 놀라운 사실이 아니다. 최근에 네덜란드에서 발표된 연구에 따르면, 심각한 마약 중독자들과 마찬가지로 대다수의 스카이다이버들은 평범한 일상생활에서 전혀 즐거움을 얻지 못한다.

스카이다이버와 마약 중독자들은 둘 다 흥분점이 일반 사람들보다 높지만, 과연 이것이 그들이 도파민 과잉 행동을 보이는 원인일까, 아니면 결과일까? 한 연구에 따르면, 코카인 같은 마약은 D2 수용체를 파괴한다. D2 수용체는 흥분 신호를 보내기 위해 도파민이 달라붙는 곳을 말한다. 뇌를 항상 도파민 과잉 상태에 빠뜨리면 도파민 수용체의 양은 줄어든다. 그러므로 태어날 때 뇌의 형태가 어떠했든지 간에 마약을 복용할수록 동일한 강도의 흥분을 느끼기 위해 점점 더 많은 양의 마약이 필요하다. 과식을 하는 사람도 마찬가지다.

충동과 싸우고 습관을 떨쳐버리기

2004년 런던에서 실험한 결과에 의하면, 10분간의 운동일지라도 알코올 중독자의 음주 욕구를 줄여준다. 실험자들은 40명의 입원 환자들을 두 집단으로 나눈 다음, 한 집단은 자전거 페달 밟기 운동을 보통 강도로, 다른 집단은 약한 강도로 하게 했다. 그리고 다음날에는 서로 강도를 바꾸어 운동하게 했는데, 이틀 모두 강도 높은 운동을 한 집단이 술에 대한 욕구가 더 급격하게 줄었다. 3장에서 스트레스 상황에 처했던 수전도 대낮에 치솟는 술 생각을 줄넘기로 떨쳐버릴 수 있었다.

생물학적으로 볼 때, 어떤 행동을 중단하면 신체가 비상사태에 돌입한다는 점에서 스트레스를 해소하는 습관은 중독과 같다. 예컨대 갑자기 음주를 중단하면 도파민의 분비도 일시에 중단되므로 스트레스 축이 균형을 잃게 된다. 금단에 따른 극도의 불쾌감은 며칠 동안만 지속되지만, 술에 민감하게 반응하도록 각인된 뇌의 회로는 오랫동안 사라지지 않는다.

뇌에 일단 민감한 체계가 구성되면, 술을 끊은 뒤라도 스트레스 상황이 닥치면 뇌는 비상사태라고 간주하고 술을 마시라는 명령을 내린다. 이렇게 해서 알코올 중독자가 직장 문제나 사랑하는 사람과의 불화 때문에 술에 다시 빠져드는 것이다. 마약에 의존해왔던 사람이나 뇌의 도파민 체계가 이미 변경된 사람들에게는 스트레스 상황에 대한 최선의 해결책이 마약이다. 그들은 운동 역시 해결책이 된다는 사실을 모르고 있다.

담배를 피우는 사람은 5분만 운동을 해도 효과를 본다. 니코틴은 다른 중독성 물질과는 달리 흥분제 역할을 하는 동시에 이완제 역할도 하는 아주 독특한 성질을 지녔다. 그런데 운동은 도파민의 양을 부드럽게 늘려주는 동시에, 불안감과 긴장, 그리고 금단증상으로 오는 스트레스를 줄여주기 때문에 담배를 피우고 싶은 욕구에 대항하는 데 아주 효과적이다. 운동은 흡연 욕구를 50분 정도 잠재우며, 다음번 담배를 피우기까지의 시간을 두 배, 세 배 늘려준다. 또한 집중력을 높이기 때문에 대표적인 니코틴 금단증상인 집중력 저하를 막아준다.

니코틴과 집중력의 상관관계에 대해 살펴보자. 미국에서는 금연일이 되면 직장 재해 사고가 일 년 중 가장 빈번하게 발생한다. 내 ADHD 환자 중 대다수가 집중력을 요하는 경우, 즉 글을 쓰거나 어려운 일을 완수해야 할 때에는 주로 담배를 피운다. 그들은 니코틴의 도움 없이는 일을 해나가지 못한다.

물론 뇌를 무디게 만드는 마약도 있다. 최근 이란의 과학자들이 쥐에게 모르핀을 투여하고 운동이 어떤 영향을 끼치는지 실험해보았다. 그들이 내놓은 가설은 마약으로 인한 기억력 손실을 운동이 회복시킬 수도 있다는 것이었다. 운동이 중독 및 학습과 관련 있는 뇌 부위의 도파민 수치와 가소성에 영향을 끼치기 때문이다.

그들은 쥐를 어두운 상자에 넣고 발바닥에 전기 충격을 가했다. 그리고 다시 그 쥐를 어두운 방에 넣은 뒤 전기 충격은 없으나 밝은 상자(쥐는 어두운 장소를 선호한다)로 가는 데 시간이 얼마나 걸리는지를 관찰했다. 쥐들은 모르핀 주사를 맞고 트레드밀 위에서 달리기를 하는 집단, 위약으로 식염수를 맞고 달리기를 하는 집단, 모르핀 주사만 맞은 집단, 운동도 하지 않고 주사도 맞지 않은 비교집단으로 나뉘었다.

운동을 한 두 집단은 어두운 상자가 불길한 장소라는 사실을 잘 기억했다. 가장 오래 꾸물대면서 어두운 상자에 들어갔다가 전기 충격을 받자마자 가장 빨리 도망쳐 나온 것이다. 놀라운 사실은 운동/모르핀 집단이 비교집단보다 더 좋은 결과를 보여준 것이다. 이 결과는 운동이 마약으로 무뎌진 뇌의 기능을 회복시켜주었다는 것을 뜻했다.

쥐의 경우 금단증상은 고통으로 몸부림치면서 설사를 하는 것인데, 동일한 실험에서 운동/모르핀 집단은 마약을 끊었을 때 금단증상이 급격하게 줄었다. 이러한 연구 결과만으로도 마약의 중독에서 벗어나려는 사람들이 운동화 끈을 졸라매기에 충분하리라. 이 연구는 또한 오디세이 하우스 치료법의 과학적 근거가 되기도 한다.

의존하지 않기

그동안 보상결핍증후군의 사람들을 많이 만나보았는데, 그중에서 네덜란드 여성 조가 가장 극적인 경우에 해당한다. 조는 심각한 ADHD

증세로 고통받고 있었으며 우울증과 공격성, 다양한 약물 남용 등 전력이 화려했다. 가장 두드러진 것은 20년 동안 마리화나를 상습적으로 피워온 것이었다. 마리화나만이 조의 마음을 차분하게 가라앉히고 집중을 하는 데 도움을 주었다.

하지만 실상을 살펴보면 조는 좌절감과 분노감을 지우려고 노력하고 있었다. 조는 어렸을 때 호전적이었고 심각한 학습 장애가 있었다. 40세가 된 현재까지도 울화증과 불안증 증세가 있다. 한번은 비행기를 타고 보스턴으로 향하던 중 공황발작이 일어나서 비행기가 암스테르담으로 돌아간 적도 있었다.

조는 대학을 졸업하는 데 13년이 걸렸다. 수의학이라는 전공을 고려하더라도 그처럼 긴 시간이 걸린 데에는 27세가 될 때까지 ADHD라는 진단을 공식적으로 받지 못한 데 어느 정도 원인이 있다. 진단을 받은 뒤에는 리탈린을 처방받았는데, 그 전에 우선 병원에 입원해서 마리화나를 끊는 해독 프로그램을 거쳐야 했다. 그때부터 조는 약 일 년 동안 마리화나를 끊었지만 다시 하루 종일 피우는 심각한 상태로 되돌아가고 말았다. 그러면서도 리탈린과 항우울제는 계속 복용했다.

대학을 졸업한 뒤에도 그 습관은 10여 년에 걸쳐 계속되었고, 많은 부분에서 자신을 계발하는 일을 포기했다. 즉시 보상이 뒤따르는 일에만 몰두했으므로, 목표를 정하고 그것을 성취하기 위해 전략을 세우는 진취적인 삶을 살지 못했다. 당시 조는 자기 삶이 별로 가치가 없는 것 같다고 자주 불평했다. 마리화나를 피워야만 불행이 가득 찬 현실에서 벗어날 수 있었다.

조는 자전거나 요트, 승마 등의 운동을 산발적으로 해왔다. 하지만 나는 규칙적인 운동이 더 중요하다고 강조했다. 조는 의학적 지식이 풍부했으므로 운동이 뇌를 화학적으로 어떻게 변화시키는지를 설명해주었다. 또한 마약 중독뿐만 아니라 기분 상태와 공격성, 주의력을 통제하는 데 운동이 어떻게 새 회로를 개설하는지를 알려주었다. 조는 마리화나를 한 번 더 끊고 규칙적으로 운동을 해보겠다고 약속했다. 훗날 조는 당시를 이렇게 회상했다.

"제게는 선택의 여지가 별로 없었어요. 뭔가 변화가 절실하게 필요했거든요."

조가 선택한 것은 전문적으로 자전거를 타는 사람들이 실내에서 균형 감각과 체력을 기르기 위해 훈련하는 기구였다. 자유롭게 돌아가는 롤러 바퀴 위에서 페달을 밟는 것으로, 바닥에 떨어져 나동그라질 위험을 항시 염두에 두어야 했다.

도대체 왜 그렇게 위험한 운동을 택했는지 알 수 없으나 결과적으로 조에게는 아주 잘 맞는 운동이었다. 굴러다니는 롤러 바퀴 위에서 페달을 밟는 일은 균형 감각과 정밀함을 필요로 했으므로 주의력 체계 전체가 운동에 관여하게 되었다. 기저핵과 소뇌의 근육운동센터에서 보상센터를 거쳐 전전두엽 피질에 이르는 모든 부분이 말이다.

"아무리 페달을 밟아도 아무 데도 가지 못한다는 점이 처음에는 싫었어요. 지금은 아주 편리하다는 점이 마음에 들고, 운동을 하면서 집중을 같이 할 수 있어서 많은 도움이 돼요. 특히 떨어지지 않으려고 애를 써야 하기 때문에 흥미진진해요."

조가 마약에서 벗어나려고 애를 쓰던 크리스마스 바로 전에 엎친 데 덮친 격으로 남편이 조를 떠나버렸다. 나는 무척 걱정스러웠다. 그것은 조도 마찬가지였다.

"우울증에 빠져서 다시 마리화나를 피우게 될까봐 두려웠어요. 하지만 다행히 그렇게 되지 않았어요. 마음가짐에서 비롯된 당연한 결과였지요."

조는 아주 천천히 회복해가고 있지만 최소한 올바른 방향으로 가고 있다는 것만은 틀림없다. 조는 페달 밟기에서 예전 기록을 어떻게 경신하겠다, 또는 최근에는 줄넘기를 시작했다는 등 자신의 운동 생활에 대한 소식을 정기적으로 알려주곤 한다.

마약 없이 황홀감 느끼기

마리화나는 중독을 유발하지 않으므로 조가 마리화나에 중독된 것이 아니라고 말하고 싶은 사람도 있을 것이다. 하지만 조가 최소한 마리화나에 의존한 것만은 틀림없는 사실이다. 신체적·정서적 금단증상을 포함한 모든 약물 의존 증세를 보였기 때문이다.

쥐를 대상으로 한 여러 실험에 의하면, 마리화나의 유효성분인 THC 테트라하이드로카나비놀를 쥐에게 일정 기간 동안 투여했다가 중지하면 쥐의 뇌에 부신피질 자극호르몬 방출인자가 넘쳐흐른다. 그 결과 편도가 활성화되고 전체 스트레스 체계가 활성화된다. 그러면 쥐는 몸을 떨고 경련을 일으키는데, 이러한 현상은 마지막으로 약물을 투여한 지 48시간이 지나면 최고조에 달한다.

조가 병원에서 해독 프로그램에 참여했을 때에도 쥐와 똑같은 증세를 보였다. 신체적인 증세와 함께 도파민의 분비가 일시에 멈추자 우울증과 불안증의 격렬한 감정까지 몰아닥쳤다. 이런 환자가 운동을 하면 편도가 진정되고 도파민 수치가 높아져서 금단증상이 완화된다.

마리화나 중독이라는 것이 존재하는지의 여부와 상관없이, THC가 뇌에 끼치는 효과에 대한 연구는 운동이 어떻게 각종 중독을 중화하는지에 대한 새로운 단서를 제공한다. 무엇보다도 운동 후에 느끼는 쾌감은 마약으로 얻는 쾌락을 대신한다. 더군다나 운동에는 아무런 해로움도 없다.

최근 〈영국 스포츠의학 저널〉에 게재된 아른 디트리히의 학술 논문에 의하면, 사람들이 러너스 하이를 묘사하는 방식은 마약에 의한 몽환 상태를 묘사하는 방식과 비슷하다. 그들은 흔히 지각 작용이 뒤틀리고 사고 패턴이 불규칙해지는 동시에 주변 환경에 둔감해진다고 말한다. 또한 그런 상태에서는 평소보다 자신의 정체성과 감정 상태를 내적으로 훨씬 깊게 이해한다고 한다.

과학자들이 러너스 하이를 연구한 지는 30년 정도 되었다. 최근 몇 년 동안에는 그 관심이 엔도르핀을 넘어서 신경전달물질의 일종인 내인성 카나비노이드까지 확대되었다. 내인성 카나비노이드와 THC의 관계는 엔도르핀과 모르핀의 관계와 똑같다. 내인성 카나비노이드와 엔도르핀은 몸에서 분비되면서 마약과 똑같은 효과를 나타내는 것이다. 게다가 둘 다 고통을 완화해준다.

1990년대 초 과학자들은 THC가 뇌에서 어느 특정 수용체와 결합한다는 사실을 알고 연구를 한 결과, 내인성 카나비노이드의 존재를 발견하게 되었다. 그 수용체가 마리화나를 수용하기 위해 진화된 것은 분명 아니었으므로 그것에 딱 들어맞는 물질이 몸에 존재할 것이라고 추정한 것이다. 그래서 발견한 신경전달물질이 아난다마이드와 2-AG라는 내인성 카나비노이드다. 나중에 밝혀진 바로는 마리화나, 운동, 초콜릿이 모두 똑같은 수용체를 활성화한다.

운동을 하면 뇌와 신체에서 이 두 가지 내인성 카나비노이드가 생성된다. 둘은 혈액을 따라 돌다가 척수에 있는 수용체를 활성화하고, 척수의 수용체는 고통의 신호가 뇌로 가는 것을 차단한다. 이 점은 모르핀과 비슷하다. 또한 보상 체계와 전전두엽 피질 전체를 돌아다니면서 도파민에 직접적인 영향을 끼친다. 내인성 카나비노이드 수용체가 강하게 활성화되면 마약의 황홀한 기분을 선사하는 동시에, 엔도르핀과 함께 신체의 고통을 줄여주는 강력한 아스피린의 역할을 한다.

요즘에는 의사들이 만성피로나 섬유근육통과 같은 고통스러운 증세를 줄이기 위해 아난다마이드를 사용한다. 그리고 점진적으로 운동량을 늘리면 증세로 인한 고통과 피로감이 줄어든다는 연구 결과도 점차 늘고 있다. 이와 같은 천연 통증 완화제와 운동 사이의 긴밀한 관계는 당연한 것이다. 과거에 인간이 사냥을 하다보면 근육과 관절의 혹사에 따른 통증이 생기게 마련이었는데, 두 내인성 카나비노이드는 통증을 완화하기 위한 진화의 산물이기 때문이다.

엔도르핀과는 달리 내인성 카나비노이드는 혈액뇌장벽을 쉽게 뚫고 지나간다. 바로 이 점 때문에 내인성 카나비노이드가 러너스 하이와 연관이 있다고 믿는 과학자들도 있다. 2003년 조지아 공대의 심리학자 필립 스팔링이 이끄는 연구진은 운동이 내인성 카나비노이드 체계를 활성화한다는 사실을 최초로 보여주었다. 실험에 참여한 남자 대학생들은 50분 동안 최대심장박동 수치의 70~80퍼센트를 유지할 정도로 격렬하게 트레드밀 위에서 달리거나 자전거 페달 밟기 운동을 했다. 그리고 연구진은 운동이 혈액 내의 아난다마이드 수치에 끼치는 효과를 측정했다. 결과는 어땠을까? 아난다마이드의 수치는 거의 두 배로 늘어났다.

🏃 러너스 하이는 언제 일어날지 예상하기 어렵다. 심지어 마라톤 선수들도 달릴 때마다 매번 러너스 하이를 경험하지는 않는다. 그런데 수영을 하는 사람들은 러너스 하이를 아예 경험하지 않는다. 왜 그럴까? 최근에 발견된 사실에 기초해 한 가지 흥미로운 이론이 제기되었다. 즉 피부에 있는 내인성 카나비노이드 수용체는 달리기의 세찬 움직임을 통해서만 활성화된다는 것이다.

러너스 하이라는 가벼운 황홀감의 유무와 상관없이, 스팔링의 연구는 아난다마이드의 수치가 늘어나는 것이 우리가 운동을 하고 나면 긴장이 풀리고 만족스런 감정을 느끼는 이유 중 하나라는 것을 분명하게 보여준다. 하지만 오늘날까지도 과학자들은 엔도르핀이 그런 감정과 무슨 관련이 있는지에 관해서 논의 중이며, 이 요소들이 결합되어 전반적인 효과가 나타나는 것이라고 추정하고 있다.

좋은 습관에 중독되기

만약 운동이 뇌에서 일종의 마약과 같은 작용을 한다면 운동에 중독이 될 수도 있지 않을까 하고 궁금해 하는 사람도 있을 것이다. 내가 항상 받는 질문이기도 한데, 내 생각을 한마디로 표현하자면 운동 중독은 그리 심각하게 걱정할 만한 일은 아니다.

실제로 과학자들이 운동에도 중독이 될 수 있는지 쥐를 대상으로 실험을 한 적이 있다. 그들은 쳇바퀴를 옆에 두고 먹이를 하루에 한 시간만 주었다. 그랬더니 쥐는 매일 10킬로미터 정도를 뛰더니 결국 죽고 말았다. 하루에 필요한 영양분을 한 시간 안에 모두 섭취해야 한다는 사실을 알지 못한 것이다. 점점 많이 뛸수록 먹는 양은 줄어들었고, 열량 섭취량은 소모량을 따라잡지 못했다. 코카인에 중독된 것과 마찬가지로 운동에 중독되었던 것이다.

실험자들은 흥미로운 실험을 한 가지 더 추가해서 쳇바퀴 대신에 트레드밀 위에서 쥐를 달리게 했다. 그랬더니 이번에는 중독이 되지 않았다. 쥐가 쳇바퀴에 중독된 것은 어쩌면 끊임없이 쫓아가야 할 바퀴살 때문이었는지도 모른다. 원인이 무엇이든지 간에 쳇바퀴는 중독이 무엇인지를 은유적으로 완벽하게 보여준다.

운동 중독은 신경성 식욕부진증을 지닌 소녀들이나 신체이형장애(정신병의 일종으로 자신의 용모에 결함이 있다는 편견)를 지닌 사람들과 같은 극히 일부 사람들의 경우에만 위험하다. 이들은 식사량을 줄이는 데다 운동을 하면 몽롱하면서도 기분이 들뜨는 조증만이 심해진다. 그러는 가운데 외모가 훌륭하게 변하고 있다는 생각이 들면서 잠시 동안은 기분이 아주 좋다. 하지만 슬프게도 이런 식으로는 결코 원하는 바를 이룰 수 없다.

그러나 일반 사람들의 경우에는 이런 함정에 빠질 위험 가능성이 극히 희박하다. 비록 조의 경우처럼 운동에 의존 증세를 보이더라도 별로 걱정할 일은 아니다.

이 점을 증명해주는 가장 좋은 예는 아마도 울트라 마라토너로 유명한 딘 카나제스일 것이다. 캘리포니아에 거주하는 카나제스는 유명한 TV 토크쇼 〈60분〉과 〈투나이트 쇼〉에 출연한 바 있다. 50일 동안 50개의 주에서 50번의 마라톤에 참가했다는 그의 이야기는 수많은 잡지의 표지이야기로 실리기도 했다. 심지어 그는 멈추지 않고 560킬로미터를 달린 적도 있다. 또 하나의 감동적인 사실은 지난 15년 동안 운동을 하지 않고 지낸 최장 기간이 불과 3일이라는 것이다. 카나제스는 이렇게 회상했다.

"그때 독감에 걸렸어요. 그래서 3일을 앓아누워 있다가 결국엔 벌떡 일어나 '에라 모르겠다. 난 달려야겠다'고 소리쳤지요."

잘 모르는 사람을 위해 하는 말인데, 이렇게 꾸준히 운동을 하려면 면역체계가 엄청 튼튼해야 한다.

카나제스는 서른 번째 생일날 저녁에 술집에서 취하도록 술을 마시다가 불현듯 새로운 인생을 살기로 결심했다. 바로 그 순간부터 말이다. 집에 비틀거리며 돌아온 그는 낡은 운동화 끈을 졸라매고 달리기 시작했다. 그날 저녁에 달린 거리는 무려 48킬로미터! 카나제스는 알코올 중독자도 아니었고 마약을 복용한 적도 없었다. 그럼에도 여전히 한 가지 질문이 남는다. 이 남자에게 무슨 문제라도 있는 걸까? 여기에 대한 카나제스의 답변은 이렇다.

"열 번 달리기를 하는 가운데 한두 번 정도는 혹시 내가 운동에 중독된 것은 아닌가 하고 생각해요. 하지만 제가 간절히 원하는 것은 운동을 하고 난 뒤에 느끼는 희열과 충만감이에요. 그 순간에는 부족한 게 아무것도 없다는 느낌이 들어요. 운동을 할 수 없을 때에는 운동에 대한 열망이 더욱 심해져요. 가령 여행 중이거나 하루 종일 회의를 할 때면 그런 열망이 저를 끌어당기는 것을 느껴요."

매주 차이는 있지만 카나제스는 대략 110~145킬로미터를 달린다고 한다. 하루에 서너 시간쯤 달린 거리를 일주일 동안 합한 거리다. 달리 표현하자면, 다른 사람들이 일주일 동안 움직이는 전체 이동 거리 이상을 하루에 달리는 것이다. 이러한 엄청난 운동량 때문에 사람들은 카나제스를 별종이라고 치부한다.

하지만 그를 직접 만나보면 운동에 그토록 많은 시간을 할애하고도 삶의 균형이 잘 잡혀 있다는 사실을 알게 된다. 카나제스는 대기업에서 10년 이상 일하다가 퇴직한 뒤 건강식품회사를 설립했다. 그러다가 최근에는 전문 마라토너와 작가로 직업을 전환하는 중이다. 아홉 살, 열한 살짜리 두 자녀를 두었는데, 저녁마다 아이들의 잠자리를 챙겨주고 매일 등하교를 돕는다. 아침에 일어나는 시간은 보통 네댓 시간을 잔 뒤인 새벽 세 시. 아이들을 학교에 데려다주기 전에 운동을 하려면 그 시간에는 일어나야 한다.

"저는 제 삶의 방식을 달리기에 맞추었습니다. 어쩌면 중독인지도 모르지요. 정신분석을 받아본 적은 없으니까요. 다행히도 정맥에 주사를 맞지도 않고 일이 끝나자마자 술집으로 향하지도 않습니다. 운동은 최고의 마약이에요. 이처럼 항상 만족감을 주고 건강에도 해롭지 않은 마약이 운동 말고 또 있을까요?"

텅 빈 몸뚱이를 채우는 법

러스티와 조의 경우는 운동으로 중독을 이겨낸 모범 사례다. 이들은 하루 종일 마약에 탐닉하던 삶을 버리고 건전한 대체 방안을 찾았다. 중독자들의 뇌는 중독된 물질을 통한 보상을 얻기 위해 모든 주의와 노력을 집중하도록 전체 구조가 변경된다. 중독 대상이 술이든 마약이든, 혹은 그 밖의 어떤 물질이나 행동이든 뇌가 대응하는 방식은 똑같다. 중독이 점차 진행됨에 따라 뇌에서 삶의 다른 부분이 차지하는 자리가 점점 줄어든다.

그래서 중독자가 중독 대상을 끊으면 남는 것은 텅 빈 몸뚱이뿐이다. 이런 점에서 중독에 대처하는 방법은 불안증과 우울증 감정을 극복하는 방법과 유사하다. 문제의 원인을 제거하는 것은 단지 첫걸음에 불과하다. 일단 중독이나 부정적인 감정이 사라지고 난 다음에는 텅 빈 마음을 긍정적인 행동으로 채워주어야만 완전히 변화할 수 있다. 바로 이 시점이 운동이 최고의 효력을 발휘하는 순간이다. 원래 인간이란 이처럼 이리저리 돌아다녀야 하는 법이다. 즉 운동을 하는 것이 인간의 가장 자연스러운 모습이다.

운동은 불안증과 우울증의 결과로 나타나는 행동과 정반대의 행동이다. 그러므로 다른 모든 중독에도 큰 영향력을 발휘할 수 있다. 어떤 중독을 치료하든 불안증과 우울증이 큰 방해가 되기 때문이다. 가령 금단치료 중인 중독자가 불안감이나 절망감을 느끼면 중독을 극복하려는 결심이 아주 쉽게 사라진다. 불쾌한 감정에 사로잡혔을 때에는 충동적인 행동을 하기가 쉽기 때문이다.

그래서 담배나 술을 끊고 회복기에 있는 사람들에게는 근력 운동과 유산소운동이 우울증 증세를 줄이는 데 큰 도움이 된다. 건강할수록 회복력도 좋다. 스트레스를 처리하는 데 별 어려움을 겪지 않는 건강한 사람은 스트레스 상황이 닥쳐도 술이나 과자, 담배에 저절로 손이 나갈 확률이 적다. 신체적인 금단증상을 개선하고 악몽 같은 며칠을 무사히 견뎌나가기 위해서는 스트레스 체계를 잘 통제하는 것이 무척 중요하다.

운동은 또한 중독이 뇌에 직접적으로 끼치는 유독성을 중화해준다. 예컨대 태아알코올증후군을 연구한 학자들은 태반에 있는 쥐가 높은 수치의 알코올을 접하게 되면 해마에서 새로운 뇌세포가 생성되는 비율이 급격히 떨어진다는 사실을 발견했다. 세포가 학습과 기억을 하는 기전인 장기 강화도 방해를 받는다. 태반에 있을 때 알코올을 접한 쥐는 성장한 뒤에도 학습장애를 보였다.

이러한 상황에 처한 사람들에게 한 가지 반가운 사실이 있다. 운동을 하고 술을 끊으면 뇌의 손상이 멈출 뿐만 아니라 이미 손상된 부위도 다시 회복이 된다는 점이다. 신경재생이 늘어나 성인 쥐의 해마가 다시 자라나는 것이다. 엄마 쥐가 술을 끊고 운동을 시작하면 태반에 있는 쥐의 뇌에도 동일한 현상이 일어난다. 최근의 연구 결과에 따르면, 사람의 경우에도 술을 끊으면 알코올에 노출된 태아의 손상된 뉴런이 어느 정도 회복된다. 우리가 이미 알고 있듯이 운동은 신경재생을 늘려서 알코올 중독자의 뇌를 다시 자라나게 만든다.

여기서 내가 발견한 사실은 학습과 정신적 힘 사이의 밀접한 관계다. 뇌가 상황에 유연하게 적응하는 사람의 정신은 다른 사람들보다 강하고 자기 효능감 또한 강하다. 대부분의 중독자들은 어떻게 하면 자신의 삶을 파괴할 것인지만 생각한다. 그러다가 중독 물질이나 행동을 갑자기 중단하면 중독을 끊기 위한 자기 통제는 말할 것도 없고, 갑자기 아무것도 할 수 없다는 무기력감이 든다.

운동은 중독자가 스스로를 느낄 수 있도록 강력한 영향력을 발휘한다. 운동이라는 새로운 목표를 추구하다보면, 규칙적으로 운동을 하겠다고 자신에게 약속하고 그 약속을 지키기 위해서 노력하게 된다. 그리고 일단 규칙적인 운동을 지속적으로 할 수 있게 되면 스스로를 통제할 수 있다는 자신감이 생기고, 이러한 자신감은 삶의 다른 부분에도 영향을 끼친다.

호주의 과학자들은 2개월간 24명의 대학생들을 대상으로 운동이 자제력에 끼치는 효과를 측정해보았다. 2주에 한 번씩 학생들에게 자제력을 측정하는 두 가지 심리테스트를 실시했으며, 학생들은 매일 자신의 일상적인 습관을 일기로 썼다. 학생들은 심리테스트의 성적이 좋아진 것은 물론이고 자제력과 관련된 모든 행동이 개선되었다. 이들은 흡연과 음주가 줄어든 대신 체육관에 가는 횟수가 늘어났다. 충동구매와 과소비를 자제하게 되었으며 화를 내는 일도 줄었다. 또 일을 미루지 않고 약속도 잘 지켰다. 심지어 식사 후 설거지까지도 자주 하게 되었다.

중독에서 벗어나기 위한 운동요법

카나제스처럼 운동을 많이 하라고는 권하지 않겠다. 하지만 중독 성향이 있는 사람이라면 규칙적인 운동 습관을 기르는 일이 절대적으로 필요하다.

얼마나 많은 양의 운동을 해야 하느냐는 중독이 얼마나 심하느냐에 달려 있다. 하지만 중독에서 벗어나려는 사람이라면 최소한 일주일에 5일, 하루에 30분 동안 강도 높은 유산소운동을 할 것을 권하고 싶다.

처음에는 매일 규칙적으로 하는 것이 무엇보다 중요하다. 운동은 무료함을 느끼지 않게 할 일을 부여하고 긍정적인 일에 집중을 할 수 있게 해준다. 많은 사람들이 직장을 잃었을 때 주로 중독에 빠지므로 실직한 사람에게는 운동을 규칙적으로 하는 일이 더욱 중요하다. 나는 보통 아침 운동을 권하지만, 퇴근 후에 매일 술집으로 향하는 습관을 없애고 싶다면 저녁에 운동을 하는 것도 좋다. 각자의 중독 성향에 따라 얼마든지 운동 계획을 바꾸면 된다.

절대로 무리해서 운동을 하지 않도록 주의해야 한다. 운동의 종류를 고를 때에는 장기적으로 할 수 있는 운동을 찾아야 한다. 러스티는 항상 DDR만 할 수 없어서 축구를 다시 시작했고 암벽등반도 했다. 조는 처음에는 롤러 자전거 페달 밟기 운동을 하더니 봄이 되자 자전거를 타고 숲으로 향했다. 선택할 운동의 종류가 많아질수록 평생에 걸쳐 꾸준히 운동을 할 확률은 높아진다.

전혀 운동을 해본 적이 없다면 헬스클럽에 등록을 하거나 개인 트레이너를 고용하는 것도 좋은 방법이다. 일단 돈을 투자하면 열심히 하게 되니까 말이다. 음식을 너무 탐닉하는 사람이라면 빠른 걸음으로 동네를 한 바퀴 돌고 오거나 몇 분 동안 줄넘기를 하는 것도 좋다. 심지어 차려 자세에서 시작해서 발을 벌리면서 동시에 머리 위로 양손을 마주친 다음 다시 원상태로 돌아오는 거수도약 운동을 30회 하는 것도 도움이 된다. 중독에서 비롯되는 달콤한 기분에서 벗어나게 해주는 것이라면 무엇이든 좋다.

먹는 습관을 조절하기 위한 방법으로 운동을 권하는 것은 너무나 당연하다. 몸무게란 결국 섭취한 열량에서 소모한 열량을 뺀 수치이니 말이다. 하지만 운동의 효과는 단순히 열량을 소모하게 해준다는 점에 그치지 않는다. 운동 중에 분비되는 도파민은 D2 수용체에 달라붙어 중독 물질이나 행동에 대한 갈망을 줄여주며, 장기적으로 운동은 D2 수용체가 더 많이 생산되게 해서 보상 체계의 균형을 회복시켜준다. 자신의 외모가 형편없다고 생각해서 고민하는 사람은 관심사를 신체에서 뇌로 전환하면 새로운 의욕이 샘솟을 수 있다.

우리는 흔히 의욕이나 의지가 부족해서 술이나 마약 등에 중독된다고 생각한다. 아주 틀린 말은 아니지만 간과한 게 하나 있다. 의욕이나 의지도 뇌의 신호에 따르는 기능 중 하나에 불과하며, 그 신호는 손상되지 않은 신경 통로와 믿을 만한 신경전달물질에 의해 전달된다는 사실이다.

이처럼 중독을 도덕적인 결함이라기보다 신경계의 기능 이상이라고 보게 되면, 순식간에 중독을 고칠 수 있는 가능성이 생긴다. 그리 쉽게 고쳐지지는 않으나, 운동이라는 적절하고 다양한 도구를 이용한다면 어려운 일도 아니다. 운동은 뇌에다 중독 패턴을 우회하는 길을 새로 만들고, 중독 대상에 대한 갈망을 억제한다. 한번 운동을 해보라. 혹시 중독이 될지 누가 아는가.

chapter 8

운동과
여성의
두뇌 건강

호르몬은 우리의 뇌가 발달하는 데 커다란 영향을 미친다. 동시에 삶 전반에 걸쳐 개인적인 느낌과 행동 성향에도 큰 영향력을 발휘한다. 남성의 경우 사춘기가 지나면 호르몬 수치는 비교적 일정하게 유지되는데, 여성의 경우에는 호르몬 수치가 시계태엽 장치처럼 변동이 심하다. 끊임없는 호르몬의 변화가 여성에게 끼치는 영향은 사람마다 차이가 있으며, 여성의 두뇌 건강을 논할 때에는 반드시 이 사실을 고려해야 한다.

　운동은 호르몬의 변화로 일부 여성에게 나타나는 부정적인 현상을 개선해주고 긍정적인 현상을 강화한다는 점에서 여성들에게 특히 중요하다. 한 달 동안 작동되는 신체 시스템의 균형을 잡아주고, 더 나아가 임신 기간이나 폐경기에도 호르몬의 균형을 바로잡아준다.

　보통 여성은 평생 동안 400~500번의 월경을 하는데, 각 기간은 4~

7일 정도다. 기간을 모두 합하면 무려 5~10년에 달한다. 월경전증후군을 겪는 여성들에게는 정말 긴 시간이 아닐 수 없다. 그래서 나와 같은 직장에서 근무하는 패티는 이렇게 말하기도 한다.

"고약하고 신경질적이며 걸핏하면 화를 내는 사람이 품위 있는 삶을 살기란 힘들어요. 이렇게 말하면 페미니스트들은 싫어하겠지만 어떤 사람들은 그때가 되면 정말 정신이 이상해집니다."

이 말은 호르몬의 변화에 따른 여성들의 좌절감을 고스란히 보여준다. 약 75퍼센트의 여성이 월경 전에 신체적·정서적으로 고통을 겪으며, 패티 같은 일부 여성들은 증세가 너무 심해서 일상생활이 일시 중단될 정도다. 월경전증후군 때문에 학교나 직장에 나가지 못한 경험이 있는 여성은 14퍼센트나 된다.

패티는 16세 이래로 매달 월경 직전이 되면 피곤하고 신경이 과민해지며, 좀이 쑤시고 불안하고 공격적으로 변한다. 운동을 해야만 이런 성향들이 어느 정도 줄어든다. 월경 때가 되면 패티는 집중력을 발휘하기 힘들어지고, 밤에는 잠도 제대로 자지 못한다. 탄수화물을 섭취하려는 욕구가 샘솟기도 한다. 발목과 배가 붓고 얼굴은 홍조를 띠기도 하고, 변비가 생기거나 유방이 아프기도 한다. 그럴 때마다 패티는 아주 열심히 운동을 한다. 월경 전 일주일 동안은 최소한 네 번 한 시간 정도의 유산소운동을 해야지, 그렇지 않으면 자기 자신을 견딜 수 없기 때문이다.

패티는 어렸을 때부터 유산소운동이 이런 증상들을 극적으로 완화해준다는 사실을 깨달았다. 177센티미터의 키에 매력적인 붉은 머리칼과 밝고 환한 미소를 지닌 패티는 어렸을 때부터 20대 초반까지 모델 활동을 했다. 특별히 즐기는 스포츠는 없었으나 50킬로그램의 체중을 유지하기 위해 거의 광적으로, 어떨 때에는 하루에 세 시간 동안이나 운동을 했다. 운동을 하지 않으면 어머니조차 패티를 감당하지 못할 정도로 신경이 날카로워졌다.

패티는 체중을 계속 유지해야 한다는 일이 어리석다고 느껴져 모델 일을 그만두었다. 대신 공부를 계속해서 사회복지학 석사 학위를 받았다. 그후 몇 년 동안 운동을 중단한 적도 있었지만 결국엔 언제나 운동하는 습관을 되찾았다.

"운동은 감정의 기복을 가라앉혀줘요. 날카로운 감정을 누그러뜨리고 호르몬 변화에 따른 공격성도 없애주지요."

평소 이해심이 많고 만사태평인 패티는 월경전증후군을 겪는 동안에는 자주 발끈하고 앙칼지게 변한다. 남편 에이먼은 그녀의 모습을 이렇게 묘사했다.

"신경이 극도로 예민해져요. 냄새나 소리와 빛에도 아주 민감해지고요. 특히 나쁜 냄새에는 아주 예민합니다. 또 곁에 제가 있어주기를 바라는데, 까다롭게도 곁에 있는 제 모습이 자기 취향에 딱 맞아야 합니다."

이 말에 패티도 수긍했다.

"남편과 함께 소파에 앉아 있었어요. 그런데 남편의 숨소리가 거슬리는 거예요. 그러면 참지를 못하고, 혹시 축농증 같은 게 있느냐고 한마디 하지요."

에이먼이 웃으면서 맞장구친다.

"제 말이 그 말이에요. 그런데 거기서 끝나는 것이 아니라 혹시 아버지가 축농증이 있었던 것은 아니냐고 말을 잇지요. 우리 가족의 축농증 역사에 대해 토론이 시작되는 겁니다."

패티와 에이먼처럼 서로 원활하게 대화하며 힘이 되어주는 관계는 호르몬 변화를 겪는 여성들에게 큰 도움이 된다. 패티가 운동을 하고 싶어하지 않는 날에는 에이먼이 체육관에 함께 가자고 부추긴다.

월경전증후군이라는 용어는 1970년대에 정치적인 쟁점이 되기도 했다. 자연스러운 여성의 삶에 의학적인 문제가 있다고 낙인 찍는 말이라는 것이 그 이유였다. 다시 말해서 사람들에게 여성은 누구나 한 달에 한 번 정신적 장애를 겪는다는 선입관을 심어줄 수 있다는 것이다.

의학 용어를 정의 내리는 일을 맡은 사람들은 이 문제를 두고 뜨겁게 논쟁을 벌였다. 그 뒤로 월경전증후군이라는 말은 여러 이름으로 불렸는데, 1994년에는 '후기황체기 불쾌장애', 그리고 다시 '월경전 불쾌장애'로 바뀌었다. 하지만 월경전 불쾌장애라고 진단을 내리기 위한 조건은 의학적으로 상당히 까다롭기 때문에 월경전증후군으로 고통을 겪는 많은 여성들은 포함되지 않는다.

호르몬의 변화와 여성의 몸

월경전증후군을 일으키는 원인이 무엇인지는 아직 규명되지 못했지만, 호르몬 수치의 변화에 그 단서가 있음은 틀림없는 사실이다. 성호르몬은 혈액을 따라 온몸을 도는 강력한 신경전달물질로, 성적 특징이 몸에 나타나는 것을 감독하고 뇌에 다양한 방식으로 영향력을 행사한다. 성호르몬의 주기는 이렇다. 우선 시상하부에서 신호를 보내면 뇌하수체가 생식선자극호르몬을 분비하고, 이 호르몬은 난소로 가서 에스트로겐과 프로게스테론의 대량 생산을 유발한다.

에스트로겐은 배란 직전에 최고치인 평상시의 다섯 배로 늘어난다. 이후 월경이 시작될 때까지 2주 동안 수치가 오르내리며, 일단 월경이 시작되면 일정해진다. 프로게스테론은 배란이 시작되면 수치가 최저치의 열 배까지 불규칙하게 늘어나며, 월경 직전에 최고조에 달한다. 임신 기간에 에스트로겐의 수치는 평상시의 오십 배로, 프로게스테론은 열 배로 늘어난다. 폐경기에는 두 호르몬이 모두 감소하다가 결국엔 거의 사라진다.

월경전증후군, 산후우울증, 갱년기 장애를 겪는 여성과 그렇지 않은 여성의 차이는 호르몬 수치의 차이에서 오는 것이 아니다. 호르몬 변화가 일으키는 각종 신경화학물질의 변화에 몸이 얼마나 민감하게 반응하느냐에 달려 있다.

기분의 변화를 예로 들어보자. 호르몬은 기분이나 전반적인 뇌의 기능을 직접 조절하는 것이 아니라 관련 신경전달물질을 조절한다. 에스트로겐과 프로게스테론은 둘 다 변연계 전체에서 세로토닌 수용체와 도파민 수용체를 더 많이 생성함으로써 세로토닌과 도파민의 효율을 높인다. 최근에 과학자들은 에스트로겐이 신경세포 성장인자를 생산하라는 신호를 보내고, 그 결과로 추가의 세로토닌이 생성된다는 사실을 발견했다. 호르몬 수치의 변화와 뇌기능의 복잡한 상호작용에 대해서는 아직 우리가 모르고 있는 부분이 많으나, 이런 상호작용이 신경전달물질 체계에 끼치는 영향은 점차 중요해지고 있다.

우울증과 마찬가지로 월경전증후군에는 많은 신경전달물질이 관여한다. 생산된 호르몬이 신호를 보내서 감정이나 행동으로 나타나는 과정은 아주 긴 연결고리로 이어져 있으며, 어느 한 고리가 끊어지면 그 결과가 다른 곳에서 나타난다. 주로 이런 이유로 월경전증후군이나 임신, 폐경이 여성에게 제각기 다른 영향을 끼치는 것이다.

균형 바로잡기

　운동이 월경전증후군의 유일한 해결책은 아니다. 하지만 증세를 급격하게 완화해주고, 스스로 도저히 어떻게 할 수 없다고 느끼는 부분에 대해서도 통제할 수 있게 해준다. 운동을 통해 생활방식이 바뀌면 약을 복용할 필요가 없어지는 사람도 있다.

　이미 이런 사실을 아는 여성도 많다. 1,800명 이상의 여성을 대상으로 한 어느 설문조사에서는 반수 이상이 월경전증후군의 증세를 줄이기 위해 운동을 한다고 답변했다. 단순히 신체적 고통만 줄어드는 것이 아니다. 집중력과 기분, 변덕스러운 행동에 대한 테스트에서도 좋은 결과가 나타났다.

　운동이 월경전증후군의 정신적 증상에 도움이 된다는 사실을 증명한 실험이 있다. 1992년 듀크 대학의 제임스 블루멘탈은 폐경기 이전의 중년 여성들을 유산소운동과 근육운동을 하는 두 집단으로 나누고, 운동이 월경전증후군 증세에 어떤 영향을 끼치는지 실험을 해보았다. 각 집단은 일주일에 세 번 한 시간씩 운동을 했다. 유산소운동을 하는 12명의 여성들은 30분 동안 최대산소섭취량의 70~85퍼센트를 유지할 정도로 강도 높은 운동을 했으며, 준비운동과 정리운동을 각각 15분 동안 했다. 근육운동을 하는 11명의 여성들은 감독자의 지시에 따라 근력 운동을 했다.

　결과를 보니 두 집단 모두 신체적인 증세가 개선되었으나, 정신적인 부분에서는 달리기를 한 여성들이 압도적으로 훨씬 좋은 결과를 보여주었다. 그들은 23가지의 측정 분야 가운데 18가지 분야에서 기분이 더 좋아졌다고 답했으며, 가장 크게 개선된 것은 우울증, 초조감, 집중력과 관련된 분야였다. 두 집단의 가장 뚜렷한 차이점이라면 유산소운동을 한 여성들이 낙관적인 태도로 세상일에 더 많은 관심을 보였다는 점이다.

물론 다른 이유도 있을 수 있지만, 이것은 운동이 혈액 내의 트립토판 수치를 늘려주어서 뇌에 세로토닌이 늘어나기 때문이다. 또한 운동은 도파민과 노르에피네프린의 균형은 물론이고, 신경세포 성장인자 같은 시냅스 매개 물질의 균형을 바로잡는다. 이처럼 운동이 많은 요소들을 안정시켜주어 호르몬 변화에 따른 영향을 줄여주는 것이다.

운동은 최근에 나온 월경전증후군 이론에서도 중요한 역할을 한다. 에스트로겐과 프로게스테론은 둘 다 수십 가지의 파생 호르몬으로 전환되는데, 신경과학자들은 그중 일부가 뇌의 주요 흥분성 신경전달물질인 글루탐산염과 억제성 신경전달물질인 감마아미노부티르산을 조절해준다는 것을 알고 여기에 비상한 관심을 쏟고 있다.

호르몬의 양이 급격하게 변화하는 월경 직전 기간에는 서로 연관된 파생 호르몬들의 수치가 균형을 잃을 수 있으며, 그 결과 뇌의 감정 회로에 있는 신경세포가 심하게 흥분할 수 있다. 글루탐산염이 너무 많이 생산되거나 감마아미노부티르산이 너무 적게 생산되면 이런 일이 일어날 수 있다. 원인이 무엇이든 이런 현상이 일어나면 기분이 변하고 불안감과 공격성이 늘어나며, 심지어 발작이 일어날 수도 있다.

최근의 한 연구에 따르면, 월경전증후군을 겪는 여성과 그렇지 않은 여성의 호르몬 수치는 별 차이가 없으나 감마아미노부티르산의 수치는 차이가 있다. 운동은 감마아미노부티르산의 체계에 광범위한 영향을 끼침으로써 흥분 억제제인 자낙스와 마찬가지로 세포의 과잉 활동을 억제한다.

쥐를 대상으로 한 실험을 보면, 단 한 번의 운동만으로도 감마아미노부티르산을 생성하는 유전자가 활성화된다. 운동이 불안정한 여성들의 뇌에서 벌어지는 활동을 억제하는 힘과 부추기는 힘 사이에서 균형을 잡아주는 것이다. 또한 스트레스를 극복하는 능력을 길러주는 스트레스 축도 제대로 기능하도록 알맞게 조정한다. 운동이 에너지와 활력을 증진시킴으로써 다른 모든 증세에 강력한 영향을 끼친다는 점도 간과해선 안 된다.

임신부는 운동하지 마라?

오래전부터 임신 중인 여성은 운동을 하지 말아야 한다는 생각이 일반적이었다. 현대 의학이 발달하기 이전에는 출산이 생명을 위협하는 사건이었기 때문인지도 모른다.

최근에 와서 의사들의 생각은 많이 바뀌었다. 2002년부터 미국산부인과의사협회는 산전 산후의 엄마들에게 하루에 30분 동안 보통 강도의 유산소운동을 할 것을 권장하기 시작했다. 당시만 해도 활동적인 여성의 23퍼센트가 임신을 하면 운동을 그만두었으므로 그것은 상당히 획기적인 지침이었다. 평소에 운동을 하지 않는 여성들에게 임신을 하면 운동을 하라고 권장한 일도 이에 못지않게 중요했다. 임신부가 당뇨병이나 고혈압, 임신중독증 등에 걸리면 아기까지 위험할 수 있으므로 거기에 대한 대비책으로 운동을 권한 것이다.

물론 침대에서 휴식을 취해야 하는 질병도 있다. 그러므로 운동요법을 시작하기 전에 우선 산부인과 의사와 상의를 해야 한다. 아이스하키

나 라켓볼, 농구와 같이 신체적 접촉을 있는 운동은 물론 안 된다. 승마나 산악자전거, 평균대 체조 등 떨어질 위험이 있는 운동도 안 된다. 스쿠버다이빙도 마찬가지다.

미국산부인과의사협회는 과체중이거나 담배를 많이 피우는 여성과 당뇨나 고혈압이 있는 여성은 운동을 하지 말라고 조언했다. 그러나 바로 그런 여성들이야말로 운동이 필요한 사람들이다. 이때 운동을 무조건 하지 않는 것이 아니라 천천히 시작하는 것이 바람직하다. 물론 반드시 의사와 자주 상의해야 한다.

임신 중에는 에스트로겐과 프로게스테론의 수치가 기하급수적으로 늘어나 기분이 안정되고 불안증과 우울증이 줄기도 한다. 임신은 신체 시스템의 기능을 더 좋게 변화시켜준다. 예를 들어 일부 ADHD 여성들은 임신을 하면 차분히 앉아 책을 읽을 수 있게 된다. 하지만 임신 호르몬에 대한 개인의 신체적인 반응은 제각기 다르다. 어떤 여성은 고통을 겪기도 한다.

신체적인 반응이 어떠하든 간에 운동은 스트레스와 불안증을 줄이고, 임신한 여성의 기분 상태와 전반적인 심리 건강을 개선해준다. 2007년 영국에서 단 한 번의 운동이 건강한 임신부들의 기분을 어떻게 변화시키는지 실험을 했다. 66명의 참가자는 트레드밀 위에서 걷는 집단, 수영하는 집단, 미술공예 하는 집단, 아무것도 하지 않는 집단으로 나뉘었다. 그리고 나서 결과를 보니 걷기와 수영을 한 집단은 애초에 아무런 문제가 없던 상태에서 기분이 좋은 상태로 변화했다.

엄마의 정신건강이 태아의 발육에 영향을 끼친다는 사실은 잘 알려져 있다. 스트레스, 불안증, 우울증은 섬뜩할 정도로 강력한 영향을 끼치며 극단적인 경우에는 유산을 하거나, 아기가 태어나더라도 체중 미달이나 선천적 기형일 수 있고, 심지어 죽는 경우도 있다. 행복감을 느끼지 못하는 엄마에게서 태어난 아기는 울기는 잘하는데 달래기는 어려우며, 잠도 불규칙하게 잘 뿐만 아니라 주변의 변화에 잘 반응하지 않는 경향도 있다.

추적 조사 결과, 이런 아기들은 자라난 뒤에도 과잉행동과 인지장애를 보일 확률이 더 높다는 사실이 밝혀지기도 했다. 임신 중에 스트레스(발바닥의 전기 충격)를 받은 쥐에서 태어난 쥐는 행동이 굼뜨고, 잘 놀라고, 모험심이 없다. 또한 스트레스 조절 체계가 영구히 바뀌어 장차 문제 상황에 빠져들기가 쉽다.

컬럼비아 대학의 정신과 전문의 캐서린 몽크는 불안증 진단을 받은 임신부에게 스트레스를 느낄 만한 행동, 예컨대 사람들 앞에서 짧은 연설을 하게 했다. 그러고 나서 검사를 해봤더니 태아의 심장박동이 지나치게 증가했으며, 정상적인 산모의 태아에 비해 흥분이 쉽게 가라앉지도 않았다. 이것은 스트레스 축이 제대로 조절되지 않는다는 증거이며, 따라서 코르티솔을 제대로 통제하지 못한다는 뜻이다. 스트레스 축이 쉽게 흥분하면 장차 정신적인 문제를 겪게 될 가능성도 높다.

운동은 겪지 않아도 될 많은 질병을 막아준다. 그럼에도 대다수 여성들이 여전히 임신 중에는 운동을 하려고 하지 않는다. 설문조사 자료에 따르면, 여성의 60퍼센트가 임신 중에는 운동을 하지 않는다.

일반적으로 운동은 어지럼증, 피로감, 근육통 및 관절통, 지방 축적을 줄인다고 알려져 있다. 운동은 혈당 수치가 비정상적으로 바뀔 위험성을 절반으로 줄여서 임신성 당뇨병에 걸릴 가능성을 낮추어준다. 임신성 당뇨병에 걸리면 비만인 아기가 태어나며 출산 시기가 늦어진다. 혈당 수치가 높으면 엄마와 아기가 비만과 당뇨병에 걸릴 위험성이 높아지고, 이것은 뇌에도 나쁜 영향을 끼친다. 한 가지 다행스러운 점은 운동의 효과가 임신 전에 운동을 꾸준히 하지 않은 사람에게도 나타난 다는 사실이다. 한 연구에 따르면, 일주일에 다섯 시간을 빠른 걸음으로 걸으면 임신성 당뇨병에 걸릴 확률이 75퍼센트나 줄어든다.

몇 년 전 독일 과학자들이 운동이 출산에 따르는 고통을 줄여주는지를 실험한 적이 있다. 그들은 고정 자전거를 분만실에 가져다놓았다. 그리고 어떻게 설득을 했는지는 모르겠으나, 페달 밟기 운동을 하기로 동의한 50명의 여성들을 대상으로 실험을 시작했다. 20분 동안 운동을 한 뒤 고통의 강도를 측정하고, 출산할 때까지 혈액 내의 엔도르핀 수치를 계속 측정하는 방식이었다.

그들 중 84퍼센트는 가만히 출산을 기다릴 때보다 운동을 할 때 고통을 덜 느꼈고, 고통의 강도는 엔도르핀의 수치와 정확하게 반비례했다. 실험자들이 내린 결론은 다음과 같다.

"출산 때 자전거 페달 밟기 운동을 하는 것은 태아에게 위험하지 않은 듯하며, 자궁 수축을 도와주는 동시에 통증을 완화해준다."

아기를 잊지 마세요

케이스 웨스턴 리저브 대학의 생식생물학 교수 제임스 클랩은 운동이 아기에게 끼치는 영향에 대해 20년 이상 연구해온 산과의사다. 클랩이 연구조사한 바에 따르면, 운동을 하는 산모와 하지 않는 산모에게서 태어난 아기는 두개골의 크기나 체중 등에 아무런 차이가 없다. 그러나 운동을 하면 태아와 엄마를 연결하는 탯줄이 굵어져 태아는 필요한 산소와 영양분을 보다 손쉽게 얻을 수 있게 된다.

클랩과 다른 과학자들의 연구 결과에 따르면, 운동을 한 산모에게서 태어난 아기는 다른 아기들보다 더 날씬하다. 하지만 체중이 덜 나간다고 해서 그리 걱정할 필요는 없다. 일 년 이내에 다른 아기들과 체중이 비슷해진다.

운동의 효과는 여기서 그치지 않는다. 클랩은 운동을 한 산모에게서 태어난 아기 34명과 운동을 하지 않은 산모에게서 태어난 아기 31명을 태어난 지 5일 뒤에 비교해보았다. 아기들은 눈에 띄는 행동을 별로 보이지는 않지만, 두 가지 부분에서 차이가 났다. 운동한 산모의 아기들이 자극에 대해 반응을 잘 했고, 소음이나 혼란스러운 빛으로 울음을 터뜨리는 속도가 빨랐던 것이다. 클랩은 이 결과가 아주 중요한 의미가 있다고 생각했다. 왜냐하면 엄마가 운동을 하면 아기의 뇌신경이 발달한다는 증거일 수도 있기 때문이다.

클랩은 다음과 같은 이론을 세웠다. 엄마의 운동은 태아를 이리저리 흔들어놓는데, 그것은 태아에게 만져주고 안아주는 것과 똑같은 자극을 주어서 태아의 두뇌 발달에 도움이 된다는 것이다.

클랩은 아기들을 5년 후에 다시 검사해보았다. 두 집단의 행동이나 인지력에는 별 차이가 없었다. 단, 운동한 산모의 아이들은 언어 능력과 IQ가 상당히 뛰어났다. 또 정식으로 발표되지 않은 클랩의 연구 논문에 따르면, 운동을 한 엄마에게서 태어난 아이들은 훗날 학교에 가서도 운동을 하지 않은 엄마에게서 태어난 아이들보다 학업성적이 뛰어났다.

쥐에 대해서는 훨씬 많은 연구가 이루어졌다. 가장 흥미로운 연구는 2003년에 발표되었는데, 그 내용을 보면 운동을 한 쥐에게서 갓 태어난 쥐는 뇌의 신경세포 성장인자 수치가 다른 쥐보다 높았다. 14일 후와 28일 후에 측정해도 결과는 같았다. 해마와 관련된 학습 실험에서도 비교집단에 비해 더 뛰어난 능력을 발휘했다. 기본적으로 비교집단보다 속도와 양적인 면에서 학습 능률이 더 높았다.

다른 연구 내용을 보면, 그 이유는 아직 밝혀지지 않았으나, 달리기를 한 엄마 쥐에게서 태어난 쥐는 태어날 당시에 다른 쥐보다 해마에 있는 뉴런의 수가 적었다. 하지만 곧 뉴런 생성 속도가 빨라져서 결국에는 다른 쥐보다 많아졌다. 그러다 6주 뒤에는 무려 40퍼센트나 많았다. 2006년에 발표된 연구에 따르면, 임신한 쥐에게 강제로 매일 10분 동안 수영을 시키면 그 쥐에게서 태어난 쥐의 뇌에는 신경세포 성장인자가 더 많고 신경재생도 원활하게 이루어지며 실행기억, 즉 단기간의 기억력도 향상된다.

이 모든 실험 내용을 요약해보면, 임신을 한 쥐가 운동을 하면 태반에 있는 쥐의 뇌에서 뉴런들끼리 연결되는 능력이 향상된다는 것을 알 수 있다.

이 실험 결과들을 사람에게 직접 적용하기는 어려우나, 최소한 우리가 지난 10여 년 동안 운동과 뇌의 연관성에 대해 발견한 사실들과 별다른 차이를 보이지는 않는다. 물론 임신을 했을 때 달리기를 한다고 해서 자녀가 좋은 대학에 가리라는 보장은 없다. 하지만 실험 결과들을 보면, 산모가 운동을 꾸준히 하면 태아의 뇌세포 발달에 도움이 된다.

앞에서도 말했듯이 이러한 뇌세포의 변화는 학습 능력과 기억력은 물론 전반적인 정신 상태를 향상시켜준다. 나는 개인적으로 엄마의 운동이 성장하는 아기의 두뇌 발달에도 큰 영향을 미친다고 믿는다.

태아알코올증후군

태아알코올증후군은 발육부전 및 정신지체, 얼굴 기형을 유발하는 파괴적인 질병이다. 그러나 운동을 하면 걸릴 위험이 낮아진다는 연구 결과도 있다. 미국의 경우 태아알코올증후군은 예방이 가능하지만 선천적 기형을 일으키는 최대 원인이 된다.

다른 연구에 따르면, 임신 중에 술을 적정량만 마셔도 태아에게 학습과 행동, 사교 활동 등에 장애가 생길 수 있다. 엄마 쥐에게 알코올을 투여하면 태어난 쥐의 뇌에서는 신경세포 성장인자의 수치가 감소하며, 신경재생 및 신경 가소성도 줄어든다. 해마의 크기가 줄어들어서 결국에는 아기 쥐가 학습이나 기억을 제대로 하지 못하는 것이다. 알코올은 해마뿐만 아니라 글루탐산염 시냅스도 파괴하며, 뇌의 많은 부분에 영향을 끼친다.

2006년 브리티시 컬럼비아 대학의 과학자들은 태반에 있는 쥐의 뇌신경에 알코올이 끼치는 영향에 대해 조사했다. 그들은 또한 운동을 하면 뇌신경에 어떤 변화가 있는지도 실험해보았다. 결과는 예상한 대로였다. 엄마 쥐가 알코올을 섭취하면 아기 쥐의 신경재생 및 신경 가소성이 현저하게 감소했던 것이다. 그리고 아기 쥐에게 운동을 시켰더니 손상된 뇌가 정상 기능을 회복했다. 정말 놀라운 일이 아닐 수 없다.

이 실험 결과는 태아알코올증후군 증세를 지닌 아기를 돌보는 방법에 대해서 상당한 변화를 불러일으켰다. 예전에 의사들은 부모에게 아기의 주변 환경을 조용하고 어둡게 하라고 권했다. 아기에게 과도한 자극을 주지 않기 위해서였다. 하지만 요즈음에는 일반적으로 아기에게 자극을 주는 것이 더 좋다고 여기는 것 같다. 아기의 뇌를 자극해서 결핍된 뉴런을 보충할 기회를 만드는 것이 더 좋다는 생각에서다.

산후우울증

토니와 스테이시는 절박했다. 비가 내리는 금요일 오후였음에도 당장 고정 자전거를 사러 나선 것이다. 그러나 가게에는 재고가 없었다. 그들은 돈을 지불하고 보스턴에 있는 초라한 재고 창고까지 직접 고정 자전거를 가지러 갔다. 설상가상으로 차량의 짐칸이 좁아서 문이 닫히질 않았다. 할 수 없이 빗속에 문을 열어둔 채 운전을 해서 집에 돌아와야 했다. 90킬로그램은 족히 되는 그 물건을 집에 들여놓는 일은 그날 저녁 일의 시작에 불과했다.

"집에 오자마자 조립을 하기 시작했어요. 반드시 일을 끝내고야 마는 성격은 아니지만, 당시에는 스테이시의 상태가 나아졌으면 하는 생각뿐이었습니다."

스테이시는 첫 아기를 낳은 뒤로 갑자기 산후우울증에 빠졌다. 운동기구를 사는 데 이토록 서두른 것은 한시바삐 운동요법으로 증세를 치료하기 위해서였다. 스테이시는 몸이 극도로 피곤했는데도 벌써 5개월째 잠을 제대로 잘 수 없었다. 아기를 혼자 놔두면 죄책감이 들었고, 자기 몸매에 대해 불만도 많아졌다. 모든 일에 흥미를 잃었고, 가만히 있다가 갑자기 울음을 터뜨리는 일도 생겼다.

이런 증세는 출산 후 대부분의 여성들이 겪는 일시적인 우울증과는 전혀 다르다. 그리고 스테이시와 같은 증세가 있는 여성은 우리가 생각하는 것보다 훨씬 많다. 출산 여성의 10~15퍼센트 정도가 처음에는 아무런 문제가 없다가 갑자기 산후우울증을 겪는데, 증세는 일 년 이상 지속된다.

이럴 경우 주로 항우울제를 처방한다. 그런데 스테이시는 렉사프로를 복용하다가 모든 일에 둔감해지는 것 같아 복용을 그만두었다. 복용 기간은 불과 며칠 되지 않았으며, 이후로 다른 약도 복용하기를 꺼렸다. 나는 내 진료실을 찾아온 스테이시 부부에게 어떤 사람들에게는 유산소운동이 약보다 더 좋은 효력을 발휘한다고 설명해주었다. 그래서 두 사람은 진료실에서 나가자마자 당장 운동기구를 사러 가게로 향했던 것이다.

그날 밤 토니가 조립을 마치자 스테이시는 냉큼 기계에 올라가 20분 동안 운동을 했다. 스테이시가 당시를 회상하며 말했다.

"운동을 하자마자 효과가 느껴졌어요. 뭔가 나쁜 것을 태워버린다는 느낌이었어요."

그러자 남편 토니가 입을 열었다.

"맞아요. 처음에는 그런 이유로 스테이시가 운동에 빠졌던 것 같습니다. 몸의 지방을 태워 몸매가 예뻐진다는 생각 때문에요. 뭐 정신적으로 좋다든지, 잠을 편안히 잘 수 있게 된다는 생각은 전혀 하지 않았을 겁니다. 그런데 생활에도 변화가 생겼지요. 저는 스테이시에게 드디어 밤과 낮이 제대로 돌아온 것 같다고 말할 수 있었어요."

스테이시가 끼어들었다.

"잠을 그렇게 잘 자니까 낮에도 기분이 나쁘지 않았어요. 에너지가 넘쳤으니까요. 이상하게도 운동을 하기 전보다 한 후에 힘이 더 솟더군요. 그래서 하루 종일 아이와 논 탓에 저녁에 탈진할 지경이 되어도 어떻게든 운동은 꼭 해요. 힘이 생기고 행복해지거든요."

스테이시는 아기를 낳기 전에는 성격이 아주 쾌활했다. 우울증 따위는 없었으며, 토니가 만나본 사람 가운데 가장 행복한 사람이었다. 서로를 지극히 사랑하는 그들은 항상 너무 재미있게 살았다. 그런데 임신

후에 모든 것이 극적으로 돌변한 것이다.

스테이시는 금발에 키도 크고 운동으로 다져진 날씬한 몸매를 지녔다. 출산 2주 후에 잰 몸무게가 평상시 체중에서 불과 2킬로그램이 더 나갈 정도였다. 그런데 스테이시는 전혀 그렇게 생각하지 않았다. 출산 후에는 외출할 때 옷을 열 벌도 넘게 갈아입었다.

"거울에 비친 내 모습이 너무나 형편없었어요. 사람들이 뭐라고 얘기하건 절대 믿지 않았지요."

남편이 맞장구쳤다.

"신발은 열 번이나 갈아 신었고, 셔츠와 바지는 말할 것도 없었지요. 거울에서 누군가 다른 사람을 봤던 게 틀림없어요."

당시 스테이시에게는 이런 일 외에도 다른 일들이 벌어지고 있었다. 아기를 처음 집으로 데리고 왔을 때의 흥분이 가시자 곧 피로감이 몰려왔고, 더불어 여러 가지 불쾌한 감정이 따라왔다. 언제부터인가 자기 의견을 밝히지도 않고 모든 일에 흥미를 잃기 시작했다. 스테이시는 아기 침대를 자신의 침실로 옮겨왔으며, 잠을 자다가도 수시로 일어나 아기를 살폈다.

"아기를 혼자 둘 수 없었어요. 언제나 죄책감이 들었거든요."

아기를 처음 낳고 우울증에 빠진 엄마들은 자신에게 혹시 무슨 문제가 있는 것은 아닌지 끊임없이 의심한다. 아기에게 무슨 문제가 생기면 스스로 형편없는 엄마라고 여긴다. 그래서 본능적으로 자신과 아기를 세상으로부터 격리시킨다.

생활이 이런 식으로 변하면 엄마는 내적으로 갈등이 생기고 자신을 채찍질한다. 아기가 더없이 행복하지 않다는 사실이 창피한 것이다. 세상에서 자신만이 유일하게 그런 감정을 느끼는 듯이 말이다. 사실 아기를 낳아서 키우는 일은 이처럼 갈등을 불러오는 것이 아니라 삶을 충만하게 해주는 즐거운 것이어야 마땅하다.

몇 개월이 지나도 나아지지 않자, 토니는 조심스럽게 이 문제를 화제에 올렸다. 스테이시는 그제야 뭔가 잘못되었다는 사실을 깨달았다.

"제가 마치 다른 사람처럼 느껴졌어요. 도대체 어떻게 하면 예전의 나로 되돌아갈 수 있을지 몰랐어요."

스테이시는 가끔 근력 운동을 했는데, 유산소운동은 근육운동과는 전혀 다르다. 기분을 바꾸는 데에는 유산소운동이 절대적으로 중요하다. 요즘 스테이시는 거의 매일 밤 자전거 페달 밟기 운동을 45분 동안 한다. 며칠이라도 운동을 하지 않으면 잠을 제대로 잘 수가 없고 기분과 활력이 떨어진다.

그렇다면 스테이시는 아직도 우울증에 빠져 있으며, 운동으로 잠깐 그 증세를 가려놓은 것은 아닌가 하고 생각할 수도 있다. 하지만 그렇지 않다. 가령 월경 때와 같이 단지 증세가 심해지면 스테이시는 자전거 페달 밟기 운동을 해서 더 나빠지는 것을 막을 뿐이다. 무엇보다 중요한 것은 스테이시가 그러한 증세를 스스로 통제할 수 있다는 사실을 알게 되었다는 점이다.

휴식보다 운동

운동이 우울증 증세를 줄여주긴 하지만, 아기를 갓 낳은 여성의 경우에는 특별한 주의가 필요하다. 과학자들은 산후우울증이 일어나는 것이 과다한 호르몬 때문이 아니라고 말하지만, 아기를 낳은 뒤에 급격히 떨어지는 호르몬의 효과를 무시할 수는 없다.

2000년에 국립정신건강연구소의 미키 블로흐가 〈미국 정신분석 저널〉에 기고한 학술 논문이 바로 이 문제를 다루고 있다. 블로흐는 출산 경험이 있는 30대 여성을 대상으로, 임신했을 때와 똑같은 호르몬 조건을 부여하고 실험을 해보았다. 피실험자들을 여덟 명씩 두 집단으로 나누었는데, 한 집단은 출산 후 우울증을 겪은 경험이 있는 여성들로, 다른 집단은 그런 경험이 없는 여성들로 이루어졌다. 두 집단 모두 실험 당시에는 우울증 증세가 없었다.

블로흐는 모든 피실험자들에게 에스트로겐과 프로게스테론의 분비를 촉진하는 약을 복용하게 했다. 그리고 8주 후에 그 약을 몰래 위약으로 바꾸었다. 효과는 대단히 컸다. 에스트로겐이 감소하는 동안에 과거 우울증 증세를 겪은 집단에서 다섯 명이 증세가 재발한 것이다. 다른 집단은 아무런 변화가 일어나지 않았다.

블로흐는 호르몬이 신경전달물질에 얼마나 강력한 영향력을 발휘하는지 설명한 뒤, 여성의 뇌가 호르몬의 갑작스런 변화를 감당할 수 없거나, 정상적인 신호가 증폭되어 감정을 흐트러뜨리는 것이 이 현상의 원인이라고 의견을 제시했다. 이런 관점에서 본다면, 운동은 일반 사람보다 아기를 갓 낳은 여성에게 훨씬 강력한 효력을 발휘한다. 왜냐하면 운동은 신경전달물질의 수치를 바로잡아주기 때문이다.

몇 년 전 호주의 과학자들이 여기에 관해서 아주 뛰어난 실험을 했다. 실험 대상은 출산한 지 일 년이 안 되고 출산 후 우울증을 겪고 있는 20명의 여성들이었고, 절반은 항우울제를 복용하고 있었다. 그들에게는 지극히 편리한 운동기구가 주어졌다. 바로 유모차였다.

10명의 여성은 일주일에 세 번, 40분 동안 최대심장박동 수치의 60~

75퍼센트를 유지할 정도의 보통 강도로 유모차를 끌고 다녔다. 그리고 일주일에 한 번씩 사회적인 활동을 하는 모임에도 참석했다. 나머지 10명의 비교집단은 별다른 변화를 주지 않고 평상시와 똑같은 생활을 했다.

실험을 시작할 때 이들은 출산 후 우울증 진단 검사를 받았고, 6주 뒤와 실험이 끝나는 12주 뒤에 다시 한 번씩 검사를 받았다. 검사에서 12점이 넘으면 우울증이라는 진단을 받는다. 유모차 운동을 한 여성들은 신체가 건강해졌으며, 진단 검사 점수가 급격하게 떨어졌다. 처음에는 점수가 평균 17.4였다가 6주 뒤에는 7.2로, 12주 뒤에는 4.6으로 떨어진 것이다. 비교집단은 18.4에서 13.5로 떨어졌다가 다시 14.8로 점수가 올라갔다.

> 🏃 통계상 건강한 엄마는 우울증에 걸릴 확률이 낮다. 출산한 지 6주가 지난 천 명의 여성을 대상으로 영국에서 설문조사를 한 적이 있다. 그 결과 일주일에 세 번씩 격렬한 운동을 한다고 대답한 여성들은 기분 장애가 훨씬 적었다. 이들은 임신 때문에 불어난 체중도 빨리 감소했으며, 사회 활동도 더 적극적으로 했고, 엄마가 되었다는 사실에 자신감과 만족감을 크게 느꼈다. 운동은 자기만의 시간을 가질 기회를 제공한다. 이것은 분노를 가라앉히는 데에도 아주 중요한 요소다. 출산한 지 6개월이 지난 여성 중 70퍼센트가 스테이시처럼 자기 몸에 대해 불만을 느낀다고 하며, 그럴 때 운동을 하면 몸매도 좋아지고 자신감도 커진다.

운동이 신체적 건강을 회복시켜주는 것 이상의 효과를 발휘한다는 사실이 불행하게도 의사들과 환자들에게는 잘 전달되지 않고 있는 듯하다.

"사람들은 운동이라고 하면 대개 신체적인 건강만 떠올립니다. 정신적인 건강은 무시하고요."

산부인과 의사인 제니퍼 쇼는 안타까워하며 말했다.

"의사 입장에서는 환자에게 운동을 하라고 정식으로 처방을 내리기가 어려워요. 몸무게를 몇 킬로그램 빼는 것 말고 의학적인 효과가 있는 정식 처방으로 말이에요."

산과 분야에서는 원래 임신과 관련해서 발생하는 정신적인 문제에 대해서는 진단을 내리거나 치료를 하지 않는다. 물론 제니퍼 쇼는 그 해결책으로 운동을 제시할 것이다. 하지만 출산한 여성들은 새로 짊어져야 할 책임들 때문에 신체에 신경을 쓸 정신적 여유가 없다. 쇼조차 그런 여성들에게 운동을 권하는 것은 모험에 가깝다고 덧붙였다.

"여성들은 보통 삶이 복잡해지면 제일 먼저 제쳐놓는 일이 운동입니다. 운동이 주는 혜택들을 그리 대단하게 생각하지 않지요. 하지만 저는 기분이 안정되는 데에는 분명히 운동이 큰 영향을 끼친다고 생각합니다."

새로 엄마가 된 뒤 기분이 가라앉은 여성에게 편안하게 쉬라는 말은 최악의 조언이다. 휴식도 물론 중요하지만 운동만큼은 아니다. 운동은 빨리 시작할수록 좋다.

몸의 커다란 변화, 폐경

엄밀히 말하면, 폐경은 여성이 마지막으로 월경을 한 뒤 열두 번째 달의 마지막 날 단 하루에 일어나는 사건이다. 현실적으로 말하자면 그 순간을 전후로 호르몬이 변화하는 시기를 말한다. 나이가 들면서 난소의 기능이 점차 감소함에 따라 에스트로겐과 프로게스테론의 생산이 점차 뜸해진다. 이처럼 호르몬의 조화가 깨지면서 뇌에 있는 신경화학 물질의 섬세한 균형이 흐트러진다.

폐경에 따른 증세는 보통 폐경 몇 년 전부터 여러 해 동안 지속되는 것이 보통이다. 폐경은 흔히 40대 중반에서 50대 중반에 나타나며 평균 폐경 연령은 51세다. 전형적인 증상은 얼굴에 홍조를 띠거나 자는 도중 땀을 흘리며, 감정의 기복이 심하고 과민해지는 것이다. 하지만 증세는 사람마다 다르다. 어떤 사람은 아무런 증세도 느끼지 못하는 반면, 또 어떤 사람은 심한 고통을 겪기도 한다. 대부분은 보통 몇 가지 증세를 보이며, 그럴 때 운동을 하면 증세가 약해지는 경우가 많다.

운동은 폐경기 여성의 호르몬 감소에 따른 불균형을 바로잡아주며, 인지력이 감소하는 것도 방지해준다. 진화적인 관점에서 보자면, 운동은 신체가 나이를 먹어간다는 신호를 받은 두뇌에게 아직은 생존을 위해 건강을 유지해야 한다고 생각하게 한다. 운동은 신체의 자연스러운 호르몬 감소에 따른 심장 질환이나 유방암, 뇌졸중 같은 질병의 위험을 막아주기도 한다. 폐경 전의 여성은 유전적인 요인이 있거나 비만이나 당뇨병이 있지 않는 한 심장마비에 걸리는 경우가 드물다.

이러한 사실들은 호르몬 대체 요법의 이론적 근거가 되어왔다. 에스트로겐과 프로게스테론이 여성을 만성 질병으로부터 보호해주므로, 폐경 이후에는 이 호르몬들을 인위적으로 보충해주어야 한다는 것이다. 하지만 최근에는 이런 생각이 바뀌어 많은 의사들이 호르몬 대체 요법을 처방 내리지 않는다.

2002년 국립건강연구소가 주목할 만한 통계 자료 하나를 발견하자 의학계가 발칵 뒤집혔다. 호르몬 대체 요법을 받는 여성은 일반 여성에 비해서 여러 질병에 걸릴 확률이 꽤 높다고 나타났기 때문이다. 예를 들어 유방암은 26퍼센트, 뇌졸중은 41퍼센트, 심장마비는 29퍼센트나 더 높은 것으로 나타났다.

이 소식에 놀란 수백만 명의 여성이 호르몬 복용을 멈추었다. 〈뉴잉글랜드 의학 저널〉에서 발표한 설문조사 결과를 보면, 2004년에 유방암 환자가 9퍼센트나 줄었다. 그 뒤 영국에서 발표된 권위 있는 학술 논문에 따르면, 호르몬 대체 요법을 받는 여성은 그렇지 않은 여성보다 치매에 걸릴 확률이 두 배나 높은 것으로 나타났다. 하지만 다른 여러 연구 조사에서는 폐경기 여성이 호르몬 대체 요법을 단기간 이용하면 좋은 효과를 얻을 수 있다는 사실이 밝혀지기도 했다.

통제력 되찾기

여성들이 호르몬 대체 요법을 받는 주된 이유는 폐경기의 신체적 증상, 특히 안면 홍조를 없애기 위해서다. 호르몬 대체 요법은 안면 홍조에 대해 탁월한 효능을 발휘한다. 운동이 이를 대체할 수도 있지만, 아직은 운동이 안면 홍조와 수면 중 땀을 흘리는 증세를 줄여준다는 확실한 증거가 없다. 이탈리아에서 6만 6천 명의 폐경기 여성을 대상으로 대규모 연구 조사를 했는데, 운동을 하는 여성은 혈관운동신경 장애에 걸릴 확률이 낮다는 결론을 얻었다. 그러나 운동과 폐경기 질병 사이에는 아무런 관련이 없다는 연구 결과 또한 적지 않다.

심지어 일부 산부인과 의사들은 운동이 안면 홍조를 일으킨다고 말하기도 한다. 하지만 운동은 호르몬 대체 요법과는 달리 최소한 스스로 안전하게 실험해볼 수 있지 않은가. 그러니 증세를 가라앉히는 데 도움을 주든 그렇지 않든 결국 건강에 해를 끼치는 일은 없을 것이다. 운동이 폐경기 여성의 안면 홍조를 없애주는지에 관심을 쏟다보면 정작 중요한 문제를 간과하기 쉽다. 운동은 심장 질환, 당뇨병, 유방암 및 인지력 감소를 막는 데 도움이 된다는 사실이 더 중요하다.

폐경의 신체적 증세는 기분장애 증세를 악화시키는데, 이때 확실히 운동이 도움이 된다. 한 여성은 나이를 먹어간다는 사실이 제일 불쾌할 때가 자기 몸을 통제할 수 없어진다는 느낌이 들 때라고 말했다. 그녀는 안면 홍조와 고혈압으로 고통을 겪고 있으며 체중이 불고 시력은 나빠졌다. 게다가 가끔 불안증과 우울증을 느끼기도 한다. 이런 경우에 운동을 하면 통제력을 회복할 수 있다. 특히 기분에 대해서는 더욱 강력한 통제력을 느끼게 된다. 그녀는 이렇게 말했다.

"운동은 제 통제를 벗어난 일들에 순조롭게 대처할 수 있도록 저를 최적의 상태로 만들어준답니다."

월경전증후군과 마찬가지로 호르몬 수치의 감소보다는 호르몬의 불규칙성 때문에 일부 폐경기 여성들이 우울증이나 불안증에 쉽게 빠지는 것 같다. 매사추세츠 종합병원에서 여성 건강을 담당하는 정신과 전문의 리 코헨의 연구 결과에 따르면, 원래 여성은 남성보다 우울증이나 불안증에 걸릴 확률이 두 배나 높으며, 폐경기가 되면 그 확률은 더욱 높아진다. 코헨은 36~45세의 여성 460명을 6년 동안 추적 조사해서 폐경 전후의 기분 변화를 비교해보았다. 실험 참여자 가운데 아무도 우울증에 걸린 경험이 없었으나, 폐경기에 접어들자 우울증에 걸릴 확률이 두 배나 높아졌다.

최근에 호주 퀸즐랜드 대학의 연구진이 45~60세의 여성 883명을 대상으로 설문조사를 한 결과에 따르면, 운동과 폐경기 증세와는 밀접한 상관관계가 있다. 일주일에 두 번 이상 운동을 한다고 답한 여성의 84퍼센트가 운동을 하지 않는 여성보다 정신적·신체적 우울증 증세를 훨씬 덜 겪은 것이다. 정신적으로는 긴장감과 피로감을 덜 느꼈고, 신체적으로는 두통과 긴장, 불쾌한 압박감이 적었다. 연구진은 전반적으로 운동이 여성의 행복감과 윤택한 삶에 커다란 도움이 된다는 결론을 내렸다.

운동이라는 대체 요법

남성보다는 여성이 알츠하이머병에 걸릴 확률이 높다. 여성이 남성보다 오래 산다는 점을 고려해서 계산하더라도 마찬가지다. 그러나 인지력 감소를 막아주는 운동의 효과 또한 여성의 경우에 더 크게 작용하는 것 같다.

캐나다 퀘벡에 있는 라발 대학의 다니엘 로린은 65세 이상의 남녀 4,615명을 대상으로 운동이 치매에 끼치는 영향을 5년 동안 연구 분석했다. 그 결과 활동량이 많거나 운동을 하는 65세 이상의 여성은 치매에 걸릴 확률이 비활동적인 사람들에 비해 50퍼센트나 낮은 것으로 나타났다.

예전에는 호르몬 대체 요법이 폐경 이후에 발생하는 인지력 감소를 막아준다고 믿었다. 그러나 요즘 과학자들은 운동과 호르몬의 상호작용이 인지력 감소를 방지할 수 있는지를 연구하고 있다. 어바인 캘리포니아 대학에 있는 칼 코트먼 연구소의 과학자들은 운동이 암쥐의 전전두엽 피질에서 신경세포 성장인자의 수치를 늘리려면 에스트로겐을 필요로 한다는 의견을 내놓았다. 하지만 폐경기 여성에게 직접 적용하기에는 적합하지 않다. 무엇보다 난소를 추출한 쥐의 나이가 3개월, 사람으로 치자면 한창 때의 젊은 여성에 해당했기 때문이다. 사람을 대상으로 이러한 주제를 다룬 최초의 연구에서는 운동이 인지력의 감소를 막는 데 에스트로겐이 필수적인 요소는 아니라는 결과가 나왔다.

노스 캘리포니아 대학의 생리학자 제니퍼 에트니어는 101명의 폐경기 여성을 대상으로 두뇌의 문제 처리 속도와 최고 인지 기능을 테스트한 뒤, 그 결과를 평소에 유산소운동을 하는 양과 비교해보았다. 그랬더니 운동을 많이 하는 여성이 테스트에서 더 좋은 점수를 얻었다. 이것은 호르몬 대체 요법을 받았는지와는 아무런 상관이 없었다.

어바나 샴페인 일리노이 주립대학의 신경과학자 아서 크레이머는 MRI 촬영을 통해 일부 인지 능력과 뇌 구조 변화의 상관관계를 밝혀냈다. 크레이머는 운동과 호르몬 대체 요법이 상호작용을 해서 전전두엽 피질의 부피와 최고 인지 기능에 영향을 끼치는지 확인하려고 실험을 했다. 그는 정교한 실험 계획을 세운 뒤, MRI 촬영에 동의한 54명의 폐경기 여성을 모집했다.

여성들은 전전두엽 피질의 최고 인지 기능 테스트를 받고, 건강을 측정하기 위한 트레드밀 실험을 통해 최대산소섭취량을 재는 데 동의했다. 실험이 끝난 뒤, 호르몬 대체 요법을 받은 기간을 바탕으로 네 부류로 나누었다. 호르몬 대체 요법을 받은 적이 없는 집단, 그리고 짧은 기간(10년 이하), 중간 기간(11~15년), 오랜 기간(16년 이상) 동안 호르몬 대체 요법을 받은 집단으로 분류한 것이다.

크레이머가 2005년에 발표한 결과를 보면, 짧은 기간 동안 호르몬 대체 요법을 받은 여성들이 호르몬 대체 요법을 전혀 받은 적이 없거나 10년 이상 받은 여성들보다 테스트 성적이 우수했고, 뇌의 크기도 가장 컸다. 이것은 호르몬 대체 요법이 단기간에는 효력을 발휘한다는 사실을 보여준다.

유산소운동을 고려 대상에 포함하자 테스트 성적과 뇌의 크기가 급격하게 향상되었다. 호르몬 대체 요법을 전혀 받은 적이 없거나 10년 이상 받은 여성들의 경우에는 건강한 신체가 인지력의 감소를 어느 정도 막아주는 역할을 하는 것 같았다.

쥐를 대상으로 한 어느 연구를 보면, 장기적으로 호르몬 대체 요법을 받으면 뇌의 에스트로겐 수용체가 면역 반응을 활성화하는 시상하부에서 분해되기 시작한다. 시상하부가 제대로 작동하지 않으면 암 같은 질병에 쉽게 걸린다. 장기적으로 호르몬을 투여한 쥐는 세포 염증을 일으키기도 하는데, 이것은 알츠하이머병의 주요 요인 가운데 하나이며 기억력 장애와도 깊은 관련이 있다.

이러한 실험 결과는 단기간의 호르몬 대체 요법이 주는 효과를 운동이 더 강화한다는 사실을 보여준다. 운동의 신경학적인 효과에 대해 지금까지 설명한 내용과 일치하기도 한다. 운동은 신경전달물질과 신경영양인자의 생산을 촉진하고, 뇌의 주요 부위에서 그 물질들의 수용체를 더 많이 생성하며, 신체의 선순환을 유지하는 유전자를 활성화한다. 이런 역학적인 변화는 모든 여성들에게 도움이 되지만 폐경인 여성에게는 더욱 중요하다. 결국 모든 여성은 폐경 이후에도 수십 년을 더 살지 않는가.

여성을 위한 운동요법

　최소한 일주일에 네 번은 최대심장박동 수치의 60~65퍼센트를 유지할 정도로 빠르게 걷거나, 천천히 달리거나, 혹은 테니스 같은 운동을 할 것을 권한다. 바깥에 한 시간 정도는 나가 있어야 할 것이다. 사람들은 흔히 어떤 유산소운동이 제일 좋은지를 묻곤 하는데, 제일 좋은 운동은 자기 삶의 방식에 제일 잘 맞는 운동이다. 중요한 것은 꾸준히 하는 것이며, 호흡이 가빠질 정도로 심장을 빠르게 뛰게 하는 것 또한 중요하다. 일주일에 두어 번 정도는 근육운동도 해주어야 골다공증을 예방할 수 있다.

　월경전증후군이 있는 젊은 여성이라면 일주일에 다섯 번 유산소운동을 하는 것이 좋으며, 이틀 정도는 운동을 하면서 간간이 강도 높은 달리기를 하면 좋다. 강도 높은 운동을 한 뒤에는 근육이 회복되어야 하므로 하루 이상의 간격을 두어야 한다. 많은 연구 결과를 보면, 강도 높은 운동이 초조감, 불안증, 우울증, 불안정감 같은 증세를 개선하는 데 도움이 된다는 사실을 알 수 있다. 증세가 아주 심한 여성의 경우에는 여건이 허락하는 한 월경 전에 매일 강도 높은 운동을 하는 것도 좋다.

　미국산부인과의사협회에서는 건강한 임신부의 경우 임신 기간 동안 매일 적정 강도의 유산소운동을 30분 동안 할 것을 권장하고 있다. 물론 운동을 하기 전에 의사와 상의해야 하지만, 대부분의 경우에는 운동을 하는 것이 그리 위험하지 않다. 이와 마찬가지로 아기가 태어난 뒤에도 몸이 회복되는 즉시 동일한 강도로 운동하는 것이 매우 중요하다. 그러니 출산 이후 몇 주 이내로 운동을 시작하라. 모순처럼 들리겠지만 운동을 하면 피로가 회복된다. 그리고 스테이시의 경우와 같이 우울증과 불안증도 사라진다.

젊은 여성이 운동을 하는 주요 목적 가운데 하나는 날씬해지는 것이다. 그런 목적도 전혀 나쁠 것은 없다. 동기와 방법이 무엇이든 운동을 시작하는 것이 중요하다. 명심해야 할 것은 운동은 신체를 변화시킬 뿐만 아니라 정신도 굳건하게 다져준다는 사실이다. 이렇게 정신이 안정되면 모든 여성이 삶의 단계마다 겪는 호르몬 변화에 보다 유연하게 대처할 수 있다. 더 나아가 훨씬 복잡한 삶의 변화에도 적절하게 대처할 수 있을 것이다.

chapter **9**

현명하게
나이 먹기

어머니는 걸음이 무척 빨랐다. 동네를 하도 바쁘게 휘젓고 다녀서 사람들이 우리 형제들에게 어머니가 어딜 그리 바삐 가느냐고 항상 물어볼 정도였다. 아버지의 차를 타고 가족 모두 성당에 가는 일요일을 제외하고, 어머니는 매일 아침 미사에 참석하려고 성당까지 걸어갔다. 성당까지 거리는 2.4킬로미터 정도였으니 어머니처럼 빠른 걸음으로 오가면 상당한 운동이 되었을 것이다. 어머니는 몸매를 가꾸려고 그렇게 걸어다닌 것은 아니었다. 걷는 행위 자체를 즐겼다. 물론 1.5킬로미터 떨어진 곳에 있는 식료품 가게의 물건 가격을 우리 동네의 것과 비교하려는 목적도 있었다.

운동이 뇌에 끼치는 긍정적인 영향을 고려해보건대, 나이 든 후에도 어머니가 날카로운 두뇌 감각을 유지할 수 있었던 것은 운동 때문이 틀림없다. 80세를 훨씬 넘어서까지도 어머니는 풍요롭고 활기찬 삶을 살았다. 거기에는 성격도 한몫을 했다. 항상 뭔가를 능동적으로 해야 직성이 풀리는 성격이었으니 말이다.

한번은 소파를 샀는데, 어머니는 소파를 사기 전에 색깔과 크기를 두고 며칠을 곰곰이 생각했다. 마침내 소파를 사서 집으로 가져왔다. 어느 날 학교에서 돌아온 나는 어머니가 새로 산 소파의 천을 뜯어내는 광경을 보았다. 원하는 모양의 천으로 소파를 씌우려는 것이었다.

다른 모든 일도 이처럼 꾸밈없는 열의를 가지고 했다. 집에 딸린 거친 땅에 토마토를 심을 때에도, 겨울에 눈을 치울 때에도 마찬가지였다. 어머니는 전문 자원봉사자였으며, 우리 집 지하실은 언제나 성당의 자선 바자회를 위한 옷가지로 가득했다.

어머니가 59세였을 때 아버지가 세상을 떠났다. 어머니는 몇 년 동안 어려움을 겪었지만 원체 회복력이 뛰어난 데다가 친구가 많았으므로 결국 원기를 되찾았고, 60대 중반에 재혼을 했다. 겨울마다 두 분은 따뜻한 플로리다의 베로 비치에 가서 지냈다. 거기서 어머니는 수영을 배웠고, 남편에게 골프도 배웠다. 여름이면 아침에 일어나서 겉옷 속에 수영복을 입고 나들이 갔다가 수영을 하곤 했다. 한 번 하면 한 시간 정도 깊은 물에서 수영을 했다. 그리고 끊임없이 걸었다. 성당에도 가고, 식료품 가게에도 가고, 춤을 추거나 볼링을 치러 가기도 하고, 일주일에 세 번 브리지 게임을 하러 노인 회관에 가기도 했다.

골다공증이 있기는 했지만 전반적으로 무척 건강했다. 재치도 넘쳤다. 내가 전화를 걸 때마다 브리지 게임이나 돈을 관리하는 법에 관해 자세하게 이야기를 나누곤 했다. 70대 초반에는 두 번째 남편마저 세상을 떠났지만, 어머니는 여전히 정정했다.

86세 때 넘어져서 고관절이 부러진 일이 있었다. 미국에서는 매년 고관절이 부러져 응급실에 실려오는 노인이 180만 명이나 된다. 65세 이상인 사람들의 주요 사망 원인은 심장 질환, 암, 뇌졸중, 당뇨병 등이지만 노인들은 오히려 넘어져서 뼈가 부서질 것을 두려워하며 일상을 살아간다. 고관절이 부러지면 특히 고통스럽다. 왜냐하면 회복되는 데 몇 달이 걸릴 뿐만 아니라, 고관절이 몸무게를 받쳐주는 아주 중요한 뼈이므로 활동성에 커다란 제약을 받게 되기 때문이다. 고관절이 부러진 노인의 20퍼센트는 일 년 이내에 사망한다.

어머니의 경우에는 6개월 뒤에 회복되어 보조 기구에 의지한 채 걸을 수 있게 되었다. 하지만 어머니는 활동성이 떨어졌다. 이제는 걷는 것이 아니라 발을 질질 끌 정도였다. 그리고 골다공증이 급속히 악화되어 척추가 굽어지는 바람에 허리를 굽히고 걸어야만 했다.

몸이 느려지자 정신도 함께 둔화되었다. 더 이상 브리지 게임은 하지 않고 텔레비전 연속극을 보기 시작했다. 일요일에는 친구가 와서 성당에 함께 갔지만 그 밖에 외출하는 일은 거의 없었다. 정신적으로는 잠을 자는 것과 같았는데 치매는 그때까지도 걸리지 않았다. 내가 누군지도 완벽하게 기억하고 있었으니 말이다. 하지만 이야기를 해보면 대화의 소재는 점점 고갈되었다.

다음 해에는 다른 쪽 고관절마저 부러졌다. 거동하지 못하는 어머니의 모습을 보는 것은 괴로웠다. 그때부터 어머니는 자기 모습을 유지하지 못했고, 현실과 환상의 경계가 무너지기 시작했다. 연속극에 나오는 인물들이 삶의 일부가 되었고, 그들이 마치 바로 곁에 있는 듯이 말을 걸었다. 그리고는 88세에 세상을 떠났다.

신체의 모든 요소를 통합하기

지금까지 줄곧 설명해온 신체와 뇌의 생물학적 연결 관계는 노화에 대해 이야기할 때 특히 중요하다. 정신이 아무리 건강하더라도 몸이 망가지면 아무런 소용이 없지 않은가.

1900년에 미국인의 평균수명은 47세였지만 오늘날의 평균수명은 67세를 넘는다. 그리고 노인의 사망 원인은 대부분 어떤 특별한 질병이라기보다는 만성 질병인 경우가 많다. 질병통제센터의 통계 자료에 따르면, 75세가 되면 평균 세 가지 만성 질병에 시달리고 다섯 가지 약을 복용한다. 또 65세가 넘으면 대부분 고혈압으로 고생하고, 3분의 2 정도가 과체중이며, 약 20퍼센트가 당뇨병을 앓는다. 당뇨병 환자는 심장 질환에 걸릴 확률이 다른 사람보다 세 배나 높다. 최대 사망 원인은 심장 질환, 암, 뇌졸중이다. 65세 이상인 사람들의 61퍼센트가 이러한 질병들로 사망한다.

이 질병들을 일으키는 주요 원인은 흡연과 부실한 식사 습관, 운동 부족 등이다. 이와 동시에 평소의 생활방식이 나이가 들면서 생기는 정신적인 질병에 큰 영향을 끼친다는 사실 또한 최근의 연구를 통해 확실해졌다. 다시 말해서 신체를 죽이는 요인이 결국 정신도 죽인다는 뜻이다. 국립노화연구소의 신경과학자 마크 매트슨은 이 점에 대해 오히려 긍정적인 현상이라고 말했다.

"그런 사실을 고려해본다면, 심장혈관 질환과 당뇨병을 줄이는 요인이 노화와 관련된 신경 퇴행성 질환에 걸릴 위험도 낮추어줍니다."

이것은 당뇨병을 방지하기 위한 방법이 뇌의 인슐린 수치의 균형도 바로잡고 대사 스트레스에 대한 뉴런의 저항력까지 강화한다는 말이다. 또한 혈압을 낮추고 심장을 튼튼하게 하기 위해 달리기를 하면, 뇌의 모세혈관도 튼튼해져서 뇌졸중이 생길 위험성이 줄어든다는 말도 된다. 마찬가지로 뼈가 침식되는 골다공증을 예방하기 위해 역기 운동 같은 근육운동을 하면 성장인자가 분비되어 수상돌기가 무성하게 자라나게 된다. 정신적인 질병을 치료하기 위해 항우울제 오메가3를 복용하면 뼈도 튼튼해진다.

나이 든 사람이 걸리기 쉬운 정신적·신체적 질병은 심장혈관 시스템과 대사 시스템을 통해 서로 연결된다. 이런 이유로 비만증에 걸린 사람은 치매에 걸릴 확률이 두 배나 높으며, 심장 질환이 있는 사람은 알츠하이머병에 걸릴 확률이 다른 사람보다 훨씬 높다. 통계적으로 볼 때 당뇨병이 있는 사람은 치매에 걸릴 확률이 65퍼센트 더 높으며, 콜레스테롤 수치가 높은 사람은 그 확률이 43퍼센트 더 높다.

운동이 이러한 질병들을 방지한다는 사실이 밝혀진 지 수십 년이 흘렀다. 하지만 질병통제센터의 자료에 따르면, 65세 이상 인구의 3분의 1은 활동적인 여가 생활을 전혀 하지 않는다고 한다. 그래서 나는 운동이 정신건강에 도움이 된다는 사실을 사람들이 이해하게 된다면 운동을 열심히 하지 않을까 하고 기대한다.

'간호사의 건강에 대한 연구Nurses' Health Study'라는 연구 프로젝트는 운동이 나이 든 사람의 뇌에 끼치는 긍정적인 효과를 설득력 있게 증명해준다. 실험자들은 1970년대 중반부터 2년에 한 번씩 12만 2천 명의 간호사를 대상으로 건강과 관련된 습관에 대해 설문조사를 했다. 또 1995년에는 그들 중 일부를 대상으로 인지력 테스트를 실시했다. 하버드 대학의 유행병학자 제니퍼 위브가 그 결과를 분석해보았다. 70~81세 여성 1만 9천여 명의 인지력과 평소 운동량의 관계를 분석한 뒤, 과연 평생을 활동적으로 산 사람이 나이가 들어서도 정신적인 기능이 떨어지지 않는지를 확인하려는 것이 연구의 목적이었다.

결과는 위브의 예상과 정확하게 일치했다. 운동을 가장 열심히 한 집단은 기억력과 일반적인 지능을 테스트한 결과에서 인지력이 손상된 비율이 다른 집단에 비해 20퍼센트나 낮았던 것이다. 이 실험에서 보통 강도로 운동을 한 집단은 일주일에 12시간을 걷거나 4시간을 달렸고, 운동을 제일 하지 않은 집단은 일주일에 1시간 미만을 걸었다. 하지만 위브의 말에 따르면, 운동을 격렬하게 해야만 효과를 볼 수 있는 것은 아니다.

"다행스런 점은 적정한 양의 운동을 해도, 그러니까 최소한 일주일에 1시간 반 정도만 걸어도 상당한 효과를 볼 수 있다는 것입니다. 그만큼만 운동을 해도 운동을 거의 하지 않는 사람들에 비해서는 훨씬 좋은 결과를 얻을 수 있습니다."

노화, 늦출 수 있다

노화는 피할 수 없다. 하지만 노화에 따라 심신이 붕괴되는 것은 피할 수가 있다. 왜 어떤 사람은 건강에 별다른 이상 없이 백 살까지 사는데, 어떤 사람은 정신적·신체적 기능을 해치는 만성 질병에 시달리는 걸까?

나이를 먹을수록 신체를 이루고 있는 세포는 스트레스에 적응하는 능력을 서서히 잃기 시작한다. 정확한 원인은 아직 규명되지 못했지만, 세포가 노화하면 자유라디칼에 의한 분자 수준의 스트레스와 과도한 에너지 소모, 과잉 흥분 등에 대한 저항력이 약화된다. 그리고 파손된 부위의 폐기물을 제거하는 단백질을 생성하는 유전자가 임무를 제대로 완수하지 못하는 경우가 종종 발생한다.

그러면 세포 자살apoptosis이라고 불리는 세포 죽음의 악순환에 빠지게 된다. 손상된 부위가 점점 커지면 면역체계가 활성화되고, 죽은 세포를 청소하기 위한 백혈구와 그 밖의 요소들이 파견된다. 이런 현상을 염증이라고 한다. 염증이 쉽게 가라앉지 않고 오래가면 파괴적인 단백질이 더욱 많이 생성되며, 그 결과 알츠하이머병이 생긴다.

뇌에서 세포가 스트레스를 받아서 뉴런이 서서히 파괴되면 시냅스가 부식되면서 결국 연결이 끊어지게 된다. 활동량이 줄어들면 수상돌기가 시들어서 크기가 줄어든다. 신호가 여기저기에서 한두 군데 끊어지는 것은 별로 큰 문제가 아니다. 왜냐하면 뇌가 죽은 세포의 주변에 정보를 전달하는 새로운 통로를 만들고, 다른 부위에 정보 전달의 역할을 분산하여 신호가 끊긴 것을 보충하기 때문이다. 즉 뇌에는 동일한 역할을 수행하는 통로가 여럿 존재하는 셈이다.

생각해보라. 뇌에서는 천억 개의 뉴런이 각각 최대 십만 개 정도의 정보를 처리할 수 있다. 새로운 연결 통로를 만드는 것은 평소 하는 일에 불과하다. 이미 언급했듯이 뉴런은 상황이 변화함에 따라 끊임없이 적응하고 회로를 변경한다. 새로운 연결을 위한 뉴런의 성장을 촉진해줄 자극만 충분하다면 말이다. 나이를 먹을수록 동일한 기능을 수행하는 데 더 많은 부위들이 관여한다. 나는 인간의 지혜라는 것이 이러한 효율의 손실을 뇌가 얼마나 잘 보완하는지를 반영하는 것이라고 생각한다.

시냅스의 파괴 속도가 생산 속도보다 빠르면, 퇴화되는 부위에 따라 알츠하이머병에서 파킨슨병에 이르는 다양한 정신적 · 신체적 문제가 발생한다. 인지력 감소와 모든 신경 퇴행성 질환은 근본적으로 뉴런이 기능장애를 일으키거나 죽는 것에서 비롯된다. 정보 전달 체계가 마비되는 것이다. 매트슨은 이렇게 지적했다.

"노화에 대한 연구는 주로 신경세포가 정보 전달 능력을 회복하고 뉴런이 죽지 않게 하는 데 중점을 둡니다. 그렇게만 할 수 있다면 퇴화를 방지해서 질병을 막을 수 있거든요."

시냅스의 활동이 감소하고 수상돌기가 안으로 수축해감에 따라 뇌에 영양을 공급하는 모세혈관이 줄어들게 되고, 그 결과 혈액의 흐름도 제약을 받는다. 그 반대 현상도 같은 결과를 일으킬 수 있다. 즉 활동을 하지 않으면 심장에서 충분히 피를 뿜어주지 못하므로 모세혈관이 줄어들어 수상돌기가 오그라든다.

원인이 어느 쪽이든 결과는 치명적이다. 혈액이 산소와 연료, 성장 촉진제 및 손상 복구 물질을 공급해주지 않으면 세포는 죽게 된다. 노화가 진행됨에 따라 신경세포 성장인자나 혈관 내피세포 성장인자와 같이 영양을 공급하는 신경영양인자의 수치가 줄어들고, 신경전달물질인 도파민의 생성도 역시 둔화된다. 그 결과 운동근육 기능과 의욕 또한 감소한다.

한편 해마에 있는 뉴런의 수도 점차 감소한다. 쥐를 대상으로 한 연구에 의하면, 노화가 진행됨에 따라 신경재생이 급격하게 줄어든다. 새로 태어나는 줄기세포의 숫자가 줄어드는 것이 아니라, 태어난 세포가 분열해서 제 기능을 제대로 할 만큼 성장할 비율이 떨어지는 것이다. 어쩌면 혈관 내피세포 성장인자가 부족해서일 수도 있다.

태어난 줄기세포 대부분은 죽는 것이 보통이지만, 쥐의 경우 중년(사람으로 치면 대략 50세)이 되면 사용 가능한 뉴런으로 성장할 비율이 25퍼센트에서 8퍼센트로 대폭 줄어든다. 그리고 노년(사람으로 치면 65세 이상)이 되면 그 비율이 더욱 떨어져서 불과 4퍼센트밖에 되지 않는다. 즉 새로 생겨나는 뉴런이 죽는 뉴런의 숫자를 보충하기에 훨씬 못 미친다는 뜻이다. 보통 40세가 넘으면 뇌의 용량이 대략 10년에 5퍼센트 정도 줄어든다. 70세가 넘으면 여러 가지 요인이 뇌기능의 손상을 부추길 수 있다.

내 어머니처럼 활동적이면서 적극적으로 무슨 일이든 하면 퇴화 속도가 느려질 수도 있다. 갓 은퇴한 사람을 대상으로 실시한 어느 연구에 따르면, 운동을 하는 사람은 은퇴한 지 4년 후에도 뇌의 혈액의 흐름이 별로 변화하지 않았으나 비활동적인 사람은 상당히 감소한 것으로 나타났다. 새로 태어난 뉴런이 활발하게 자라지 않으면 뇌는 죽어가는 것이다. 운동은 스트레스 한계점이 낮아지는 현상을 늦추기 때문에 노화에 역행하는 얼마 안 되는 방법 중 하나다. 그래서 매트슨은 이렇게 말했다.

"역설적이지만, 세포가 정기적으로 적절한 강도의 스트레스를 받는 것은 오히려 좋은 결과를 가져옵니다. 스트레스에 대한 저항력이 커져서 나중에 더 심한 스트레스를 극복할 수 있는 능력이 생기니까요."

게다가 운동은 뇌세포 간의 연결을 촉발하고 새로운 뇌세포의 성장을 촉진한다. 또한 혈류량도 증가시키고 연료량을 적절하게 조절하며, 신경재생과 신경세포의 활동을 촉진하기도 한다. 나이를 먹을수록 뇌는 손상되기 쉽기 때문에 운동처럼 뇌를 강화하는 것이면 무엇이든 젊은 사람들보다 더 큰 효과를 얻을 수 있다.

그렇다고 해서 일찍 운동 습관을 들이는 일이 중요하지 않다는 뜻은 아니다. 보다 우수하고 강하며 연결이 잘 된 뇌를 지닌 채 노년기를 맞이하면, 신경 퇴행성 장애에 대한 저항력과 회복력을 훨씬 오래 간직할 수 있다. 운동은 해독제 역할뿐만 아니라 예방책 역할도 한다는 뜻이다. 나이 먹는 것을 막을 수는 없지만 언제 어떻게 노화를 맞이할 것인지는 우리의 손에 달렸다.

운동이 뇌를 바꾼다

인지력이 감소하는 것은 사소한 데에서부터 나타난다. 뇌의 연결이 서서히 끊어지면서 예전에 알고 있던 사람이나 장소를 생각해내는 일이 점차 어려워지기 시작한다. 어떤 이름이 혀끝에서 맴도는데 말로 표현할 수는 없다. 컴퓨터의 검색 엔진에 해당하는 전전두엽 피질이 단어를 찾지 못하는 것이다. 그러면 해마는 기억을 불러오는 다른 방법을 제공한다.

이처럼 예전에는 저절로 되던 일이 상당한 노력을 들여야만 가능해지면 좌절감을 느끼게 된다. 누구나 나이를 먹으면 겪는 일이지만, 사람들이 흔히 말하는 가벼운 인지력 장애는 사람마다 큰 차이가 있다.

가벼운 인지력 장애 증세가 언제나 악화되는 것은 아니지만, 계속 방치하면 치매로 발전할 수도 있다. 그러면 자신의 정체성을 형성하는 일생의 사건들이 뒤죽박죽 얽히기 시작하는데, 그런 현상은 자아감을 무너뜨리기 때문에 큰 두려움을 느낀다.

이때 사람들은 대부분 세상으로부터 도피하는 경향이 있다. 자신의 뇌에 있는 수상돌기가 수축해서 안으로 들어가는 것과 똑같은 행동을 무의식적으로 보이는 것이다. 또한 바깥에 나가서 사람이나 일에 새로운 접촉을 시도하는 데 대담하지 못하다. 자신이 적절하게 대처하지 못할까봐 두렵기 때문이다. 창피해서, 혹은 단순히 바깥에 나가는 일이 부담스러워서 스스로를 세상으로부터 격리시킨다. 이유가 무엇이든 결과적으로 뇌에 귀한 자극을 주는 '의미 있는 관계'로부터 단절된다. 활동을 하지 않거나 고립된 생활을 하면 세포가 죽는 악순환이 시작되며, 그 결과 뇌가 오그라든다.

퇴화가 가장 심하게 일어나는 곳은 전두엽과 측두엽이다. 전두엽은 전전두엽 피질의 회색질과 축색돌기로 이루어진 백색질을 감싸고 있는 곳이다. 측두엽은 단어와 이름을 분류하고, 해마와의 긴밀한 연결을 통해 장기 기억을 형성하는 데 도움을 주는 곳이다.

🏃 전전두엽 피질에 이상이 생기면 최고 인지 기능에 이상이 생기는 것이므로 모든 일상적인 일들을 노력을 해야만 할 수 있게 된다. 신발 끈을 묶거나 자물쇠를 여는 일과 같이 당연히 할 수 있다고 생각되는 일들은 역설적이게도 실행기억이나 업무 전환, 불필요한 정보 차단과 같이 뇌의 가장 수준 높은 기능에 의존하기 때문이다. 바로 이런 이유로 원숭이는 아무리 훈련해도 셔츠의 단추를 채우지 못한다. 뇌의 사전에 해당하는 측두엽은 알츠하이머병에 걸린 사람의 뇌에서 위축되는 부위 중 하나다. 알츠하이머병에 걸렸는지 확인하는 간단한 방법은 여러 단어를 외우라고 한 뒤, 30분 후에 무슨 단어를 기억하는지 물어보면 된다.

일리노이 대학에서는 두 부위에 관한 테스트 성적과 건강 수준 사이에 깊은 상관관계가 있다는 사실을 밝혀낸 일련의 실험을 했다. 그때 MRI 촬영을 해보니 평생 유산소운동을 격렬하게 한 사람들의 뇌는 나이가 들어서도 온전하게 보전된다는 사실이 드러났다. 하지만 연구진은 상관관계 정도에 만족하지 않고, 운동이 이 부위들을 물리적으로 변화시킬 수 있는지를 알고 싶어했다.

그래서 신경과학자 아서 크레이머가 이끄는 연구진은 운동을 하지 않는 59명(60~79세)을 두 집단으로 나눈 뒤, 한 집단에게만 6개월 동안 일주일에 세 번, 한 시간씩 운동을 하게 했다. 비교집단은 스트레칭을 시켰다. 운동집단은 트레드밀 위에서 최대심장박동 수치의 40퍼센트 정도로 천천히 걷기 시작해서 60~70퍼센트가 나올 정도로 점차 빠르게 달렸다. 이때 실험의 유일한 변수는 운동이었다. 6개월 뒤에 측정을 해보니 운동집단은 최대산소섭취량이 16퍼센트나 늘어났다. 최대산소섭취량은 산소를 처리하는 폐의 최대 능력, 즉 폐활량을 말한다.

하지만 선구적인 발견은 운동 전후에 촬영한 MRI 결과에서 나왔다. 운동으로 건강이 향상된 집단은 전두엽과 측두엽의 크기가 커졌기 때문이다. 해마에서 이러한 일이 일어난다는 사실은 이미 밝혀졌지만, 대뇌피질의 크기가 커진다는 사실은 상상 밖의 일이었다. 운동과 신경세포 성장인자의 관계를 밝혀낸 어바인 캘리포니아 대학의 칼 코트먼은 이 결과에 대한 자기 생각을 조심스럽게 밝혔다.

"정말 현재 과학의 한계를 넘어선 일입니다. 동물을 대상으로 연구하는 과학자 가운데 노화한 동물이 운동을 약간 했다고 해서 뇌의 크기가 커졌다는 사실을 밝힌 사람은 아직까지 없었습니다."

6개월 동안의 운동이 뇌의 중요한 부위를 바꾼다는 것은 정말 가슴을 뛰게 하는 일이다. 촬영 사진을 직접 살펴보니 운동집단의 뇌는 최소한 2, 3년은 더 젊은 사람의 뇌처럼 보였다. 이미지의 선명도가 낮아서 정확하게 전두엽과 측두엽의 어떤 부분이 성장했는지 확인하기는 어려웠으나, 동물을 대상으로 한 실험을 바탕으로 크레이머는 이렇게 추측했다.

"성장한 부분은 혈관의 구조나 새로운 뉴런일 수도 있고, 새로 형성된 뉴런들 간의 연결일 수도 있습니다. 저는 그 모든 것이라고 생각합니다."

이 실험이 시사하는 바는 운동이 뇌가 망가지는 것을 막고 손상된 세포를 복구한다는 점이다. 더불어 운동이 뇌의 보완 기능을 어떻게 강화하는지를 확실히 보여준다. 크레이머는 이렇게 설명했다.

"가령 전전두엽 피질이 제대로 작동하지 않는다고 칩시다. 그러면 대뇌피질의 다른 부위를 소집해서 그 일을 시킬 수 있을 것입니다. 뇌의 크기가 커진 것은 기존 회로의 다양한 역할이 점차 줄어드는 자연스러운 과정을 반대로 돌려놓는 현상이라고 볼 수 있습니다."

뇌가 2, 3년 젊어진다면 할 수 있는 일이 분명 훨씬 늘어날 것이다.

정서적인 퇴보

일부 사람들이 노년기에 접어들면서 성미가 까다로워지는 것은 전혀 이상한 일이 아니다. 경력, 인간관계, 가능성, 목표, 회복력, 용기, 활기 등 많은 것이 사라지는 시기이기 때문이다. 아무런 기색이 없다가 갑자기 찾아오는 우울증은 치매에 걸릴 위험을 높이기 때문에 나이 든 사람에게는 특히 중요한 문제다. 나이가 들면서 여성은 에스트로겐, 남성은 테스토스테론이라는 호르몬이 감소하기 때문에 활력과 흥미를 잃고 기분에 변화가 올 수 있다.

우울증이 치매의 원인이 될 수 있는 또 다른 이유는 우울증이 해마를 부식시키기 때문이다. 끊임없이 스트레스 상황에 처해 있어서 항상 코르티솔의 수치가 높으면, 넘쳐나는 코르티솔이 시냅스를 파괴한다. 나이가 들면 스트레스에 대한 저항력이 약해지므로 이런 상황에 충분히 대비하고, 더 나아가 사전에 공략해야 한다.

나이가 들어 몸이 쇠약해지고 원기가 떨어지면, 네팔에 트레킹을 하러 간다거나 브리지 게임 토너먼트에 출전하는 것과 같은 도전적인 일은 내키지 않을 것이다. 하지만 도전하는 행위는 회복력을 높이기 때문에 아주 중요하다.

> 🏃 운동이야말로 당신과 당신의 뇌에 대한 가장 큰 도전이다. 운동 때문에 바깥에서 타인과 인간관계를 맺게 된다면 더욱 좋다. 러시 알츠하이머병 센터가 최근에 발표한 내용을 보면, 외로움을 느끼는 사람은 알츠하이머병에 걸릴 확률이 두 배나 높다. 다음과 같이 말하는 사람은 바로 외로운 사람이다. "사람들에게 둘러싸여 있던 때가 그립다." "내 삶은 아무런 의미 없이 공허하다." 운동은 우울증을 눌러주며, 우울증을 막는 데 있어서는 항우울제 졸로프트보다 더 뛰어난 효력을 발휘한다.

나이 든 사람에게 운동이 주는 아주 중요한 효과는 노화에 따라 감소하는 도파민의 수치를 운동이 다시 늘려준다는 점이다. 도파민은 보상과 동기 시스템의 신호를 전달하는 신경전달물질이기 때문에 노화와 관련해서 아주 중요하다.

나이 든 사람들의 대표적인 특징은 무감동과 무관심이다. 양로원이나 노인 아파트로 이사를 가는 사람의 경우에는 특별히 경계해야 할 부분이다. 아무리 좋은 시설과 가족적인 분위기라 할지라도 그런 곳에서 살면 그저 죽기만을 기다리며 산다고 느낄 수 있으므로 우울증에 걸리거나 의욕을 상실하기 쉽다.

　내가 아는 한 노인 아파트는 이런 문제를 해결하기 위해 각종 활동에 주민들이 참여하게 하고 운동에도 관심을 갖게 한다. 그곳에는 동작이 그리 민첩하지 못한 사람이 사용하기에 적합한 각종 유산소운동 기구와 근력 운동 기구를 갖춘 체력 단련실이 있다. 심지어 보조 기구에 의지해서 걸어다니는 사람조차 운동을 할 수 있을 정도다. 노화와 관련된 운동생리학을 전공한 사람을 건강관리 담당자로 고용해서 단체로 수업을 받기도 하고, 운동을 할 수 있을 만큼 건강한 사람은 개인적으로 트레이닝을 받기도 한다. 하지만 건강관리 담당자인 준 스메들리가 주로 하는 일은 집집마다 방문해서 체력 단련실에서 운동을 해달라고 간청하는 일이다.

　"가끔은 벌컥 화를 내는 사람도 있어요. 심지어 말도 못 붙이고 쫓겨난 적도 있지요."

　스메들리의 주요 트레이닝 고객은 보통 80대다. 그들은 운동이 몸에 이롭다는 말을 한 번도 들어보지 못한 채 평생을 살아온 사람들이다. 그들 중 최고의 학생은 예전에 엔지니어로 일했던 해럴드다. 부인이 알츠하이머병에 걸려서 매일 간호를 받아야 하기 때문에 헤럴드는 일주일에 다섯 번 운동을 한다. 우선 10분간 준비운동을 하고, 근력 운동 기구를 모두 한 차례씩 한다. 다음에는 짐볼로 균형 운동을 한 뒤에 뉴스텝(손잡이가 달린 일종의 계단 오르기 기구)으로 30분 동안 유산소운동을 한다.

　"무슨 중요한 일 때문에 운동을 하는 것은 아닙니다. 그저 즐기는 일을 계속하고 싶어서 운동을 하는 것입니다."

　겨울에는 스키를 타고 여름에는 골프를 치는 것을 말한다. 80세의 나이에도 친구들과 유타에 스키를 타러 일주일 동안 다녀왔는데, 벌써 15년째다. 해럴드는 스메들리와 함께 운동을 하면서부터 스키를 탈 때 힘과 자세가 좋아졌다고 한다. 해럴드는 높이 3,216미터에 달하는 알타산 꼭대기에서 멈추지 않고 내려올 수 있는 스키 실력을 지녔다. 이것은 웬만큼 스키를 능숙하게 타는 사람에게도 어려운 일이다. 운동은 스키를 타는 데 도움이 될 뿐만 아니라 부인을 돌보는 데에서 오는 피로도 풀어준다.

"여기서 잘 돌봐주고 있기는 하지만 남편으로서 제가 할 일도 상당히 많습니다. 운동은 그런 일에서 오는 스트레스를 줄여주지요. 운동을 할 때에는 땀이 흠뻑 젖을 정도로 열심히 하는데, 매일 그 순간이 기다려집니다. 저만을 위한 시간을 갖는다는 점도 중요합니다. 성취감이 들기도 하고요. 운동이 정신과 감정은 물론이고, 신체의 건강과 행복에 큰 도움이 된다는 사실은 의심할 나위가 없습니다."

치매 공격하기

뇌의 특정 부위가 손상되거나 활동을 멈추면 치매가 일어난다. 치매에 걸리면 뇌의 일부 기능이 상실되어 일상생활을 영위해나가는 능력이 급격하게 떨어진다. 마치 집에서 전기 퓨즈가 끊어지면 부엌에 있는 전기 기구는 아무런 문제 없이 작동하는데 침실의 불은 들어오지 않는 것과 같은 현상이 뇌에서 일어나는 것이다. 치매는 원인이 무엇이고 어느 퓨즈가 끊어졌는지에 따라 종류가 다르다.

알 츠 하 이 머 병

가장 보편적인 형태의 치매다. 신경섬유성 농축체로 불리는 세포 내부의 폐기물과 아밀로이드 플라크 등의 침전물이 해마에 축적되고 염증이 생기면서 전두엽과 측두엽으로 퍼지는 병이다. 2000년 미국의 인구통계 조사에 따르면, 450만 명의 미국인이 알츠하이머병을 앓고 있으며, 베이비 붐 세대가 노년기에 접어드는 50년 안으로 그 숫자가 세 배 늘어난 1,320만 명이 될 것이라고 한다.

뇌 졸 중

뇌의 모세혈관 가운데 하나가 붕괴 혹은 파열되거나 막혔을 때 일어나는 병이다. 뇌의 사전에 해당하는 측두엽에 잠시라도 혈액의 흐름이 중단되면, 말은 할 수 있으나 단어가 뒤죽박죽이 된다. 전두엽 피질에서 뇌졸중이 발생하면, 말을 할 수는 없으나 다른 사람이 하는 말을 이해할 수는 있다.

파 킨 슨 병

흑색질의 도파민 뉴런이 고갈되어 뇌의 자동변속기에 해당하는 기저핵으로 흘러들어가지 않을 때 생기는 병이다. 기저핵은 정신적으로나 육체적으로 여러 일을 동시에 할 때 한 가지 일에서 다른 일로 원활하게 전환할 수 있게 해주는 곳이다. 또한 근육을 움직이거나 멈추는 일을 부드럽게 하기 위해서도 필요한 부위다. 도파민이 고갈되면 자동차에서 자동변속기의 윤활유가 다 새나간 것과 유사한 현상이 뇌에 일어난다. 그래서 이 병에 걸린 사람은 몸을 덜덜 떤다. 주로 인생의 후반기에 발생하며, 60세 이상인 사람의 1퍼센트 정도가 이 병으로 고통을 겪는다. 먼저 근육 장애 증세가 나타나며, 우울증이나 주의력 장애 같은 정신적인 증세는 뒤늦게 나타나 결국 치매로 발전한다.

치매의 최대 원인은 우리가 타고난 유전자에 있다. 알츠하이머병과 관련 있는 유전자는 여러 가지가 있는데, 아포리포단백질 E4 변이 유전자가 그중 하나다. 하지만 이런 유전자를 타고났다고 해서 반드시 병에 걸리지는 않는다. 예를 들어 알츠하이머병에 걸린 사람의 40퍼센트가 아포리포단백질 E4 변이 유전자를 지니고 있는데, 병에 걸리지 않은 건강한 사람의 30퍼센트도 동일한 유전자를 지니고 있다.

아포리포단백질 E4 변이 유전자를 갖지 않은 알츠하이머병 환자도 아주 많다. 유전자는 병에 걸릴 위험도만 결정할 뿐이며, 오히려 우리의 생활방식이나 환경이 결정적인 역할을 한다. 한 연구에 따르면, 고등학교 이후의 학업 기간이 일 년 늘어날 때마다 알츠하이머병에 걸릴 위험은 17퍼센트 낮아진다.

통계를 따져보지 않더라도, 동물을 대상으로 한 실험을 통해 우리는 운동이 뇌의 생물학적 구조를 바꾼다는 사실을 잘 알 수 있다. 칼 코트먼은 쥐의 유전자를 조작해서 뇌에 플라크가 쌓이게 한 뒤 쥐에게 운동을 시켰다. 그랬더니 운동을 하지 않은 쥐에 비해 플라크가 쌓이는 속도가 느렸다. 운동은 염증도 방지하는데, 코트먼은 플라크가 쌓이는 게 염증 때문이라고 생각한다. 왜냐하면 인지력 감소 단계에서 알츠하이머병으로 발전할 때에는 염증이 늘어나기 때문이다.

매트슨도 파킨슨병과 유사한 상태를 만들기 위해 쥐에게서 도파민 뉴런을 제거하고 실험해보았더니 유사한 결과가 나왔다. 쳇바퀴에서 달리기 운동을 한 쥐의 뇌는 가소성이 뛰어나고, 기저핵에서 뉴런 간의 연결도 더 많이 이루어진 것이다. 이것은 뇌가 도파민 감소를 보완하기 위해 새로운 회로를 만드는 데 적응한 증거라고 해석할 수 있다.

운동이 파킨슨병에 끼치는 효과는 실험실의 쥐에게만 적용되는 것이 아니다. 최근 점점 많은 의사들이 파킨슨병의 처방으로 운동을 권하고 있다. 병의 초기에는 특히 그렇다. 운동을 하면 파킨슨병 때문에 퇴화되던 부위의 운동근육이 다시 활동한다는 사실 때문에 요즘에는 과학자들이 파킨슨병에 대한 운동의 효과를 실험해보고 있다.

운동을 해서 기저핵이 활성화되면 뉴런 간의 연결이 늘어나고 신경세포 성장인자 및 다른 신경보호인자들의 수치가 늘어난다. 파킨슨병의 치료제인 레보도파를 복용하면서 운동을 함께 하면 어떤 결과가 나타나는지 실험한 연구도 있다. 레보도파는 파킨슨병의 가장 보편적인 치료제이며 도파민의 생산을 늘리는 물질인데, 장기적으로 사용하면 효과가 떨어진다는 단점이 있다. 게다가 부작용도 상당히 많다. 실험 결과, 레보도파를 복용하기 직전에 자전거 페달 밟기 운동을 40분 동안 가볍게 했더니 운동근육에 끼치는 약의 효과가 개선되었다.

운동이 알츠하이머병의 영향을 감소시키는 과정에 대해서는 아직 밝혀지지 않았다. 아직 병의 정확한 원인조차 모르니, 고치는 과정을 모르는 것은 당연한 일이다. 이런 가운데 코트먼은 염증을 줄이고 신경세포 성장인자의 수치를 늘리는 것이 바로 운동이 알츠하이머병의 증세를 경감해주는 과정이라고 설명한다.

운동이 치매를 방지한다는 사실을 증명해주는 대규모 인구집단 연구들이 있다. 그중 하나는 핀란드에서 이루어졌는데, 1970년대 초반에 1,500여 명을 대상으로 설문조사를 하고, 21년 뒤 그들이 65∼79세가 되었을 때 다시 한 번 설문조사를 했다. 이들 가운데 일주일에 최소한 두 번은 운동을 한다고 대답한 사람들은 치매에 걸린 비율이 50퍼센트 낮았다. 특기할 만한 사실은 아포리포단백질 E4 변이 유전자를 지니고 있는 사람들은 규칙적인 운동과 치매의 상관관계가 더욱 뚜렷하게 나타났다는 점이다.

실험자들은 변이 유전자가 뇌의 신경 보호 시스템을 위태롭게 하기 때문이라고 해석했다. 그렇다면 활동적으로 생활하는 것은 더욱 중요하다. 매트슨은 이렇게 결론을 내렸다.

"현재 우리가 할 수 있는 일은 유전자로부터 최선의 상태를 끄집어낼 수 있도록 환경 요소를 바꿔주는 일입니다."

운동의 장점

규칙적으로 운동을 하는 생활방식이 단순히 오래 사는 것뿐만 아니라 건강한 삶을 영위하는 데 큰 도움이 된다는 사실을 인식하게 된다면, 최소한 활동적인 삶을 살려는 노력이라도 하게 될 것이다. 또 운동이 심장뿐만 아니라 두뇌에도 중요한 영향을 끼친다는 사실을 받아들이기만 한다면 운동을 하겠다는 마음을 굳게 가질 것이다. 그래서 지금부터 운동의 장점 몇 가지를 소개하겠다.

심장혈관계가 튼튼해진다

튼튼한 심장과 폐는 활동하지 않을 때의 혈압을 낮춰준다. 그 결과로 신체와 뇌에 있는 혈관에 부담이 적어진다. 이와 관련된 메커니즘은 많다. 첫째, 운동 중에 수축하는 근육은 혈관 내피세포 성장인자나 섬유아세포 성장인자 같은 여러 가지 성장인자를 분비시킨다. 분비된 성장인자들은 뉴런들이 서로 연결되는 것을 돕고 신경재생을 증진시킬 뿐만 아니라 혈관의 내피세포를 생산하는 분자 연쇄반응을 촉발한다. 내피세포는 혈관의 안쪽 벽을 이루는 물질이므로 새로운 혈관을 만들 때 매우 중요한 물질이다. 이처럼 새 혈관이 만들어지면 혈관 네트워크가 확장되며, 그 결과로 뇌의 각 부위가 물자 보급로에 가까워지게 된다. 또 피가 순환하는 길이 풍부하게 확보되어 혈관이 막히는 일을 예방한다.

둘째, 운동을 하면 혈관의 통로를 넓혀주는 일산화질소가 많이 생겨서 혈류량이 증가한다. 셋째, 보통 강도 이상으로 운동을 해서 혈액의 흐름이 늘어나면 동맥경화가 줄어든다. 넷째, 운동은 손상된 혈관을 어느 정도 복구한다. 그래서 뇌졸중으로 쓰러진 적이 있는 환자나, 심지어 알츠하이머병 환자가 유산소운동을 하면 인지력이 향상된다. 어렸을 때부터 운동을 시작하는 것이 심장혈관계를 튼튼하게 만드는 제일 좋은 방법이기는 하나, 운동을 하기에 너무 늦은 나이란 없다.

연료 공급이 조절된다

카롤린스카 연구소의 과학자들이 75세 이상의 당뇨병이 없는 1,173명을 대상으로 9년에 걸쳐 연구를 한 적이 있다. 그 결과 혈당 수치가 높은 사람은 알츠하이머병에 걸릴 확률이 77퍼센트나 더 높았다.

나이가 들수록 인슐린 수치는 떨어지고, 세포의 연료인 포도당이 세포까지 도달하기가 더 힘들어진다. 그러다가 어느 순간 갑자기 너무 많은 포도당이 세포에 전달된다. 그러면 자유라디칼 같은 폐기물이 세포에 쌓이고, 그 폐기물이 혈관을 손상시켜 뇌졸중이나 알츠하이머병에 걸릴 위험이 높아진다. 신체가 건강해서 모든 것이 균형을 이루고 있을 때에는 인슐린이 폐기물이 쌓이는 것을 방지해주지만, 과잉 인슐린은 오히려 폐기물이 쌓이는 것을 부추긴다. 또한 염증을 일으켜 주변의 뉴런을 파괴하기도 한다.

운동을 하면 인슐린 유사 성장인자의 수치가 높아진다. 인슐린 유사 성장인자는 신체에서는 인슐린의 수치를 조절하고, 뇌에서는 시냅스 가소성을 향상시킨다. 운동은 또한 과잉 포도당으로 줄어든 신경세포 성장인자의 공급을 포도당 수치를 낮춤으로써 다시 늘려준다.

비만이 줄어든다

신체에 축적된 지방은 심장혈관계와 대사 체계를 엉망으로 만들 뿐만 아니라 뇌에도 악영향을 끼친다. 질병통제센터는 65세 이상의 미국인 73퍼센트가 과체중일 정도로 비만이 유행병 수준에 이르렀다고 발표했다. 이것은 비만이 일으키는 심장혈관계 질병에서 당뇨병에 이르는 각종 질병을 고려해볼 때 진정 우려할 만한 수준이다. 단순히 과체중이라는 사실 하나만으로도 치매에 걸릴 가능성이 두 배나 늘어난다. 그리고 비만과 보통 함께 오는 증세인 고혈압과 고콜레스테롤혈증을 감안해보면 위험성은 여섯 배로 늘어난다.

사람들은 보통 은퇴를 하면 스스로 즐길 자격이 충분하다고 생각해서 맛있는 음식을 양껏 먹기 시작한다. 그들이 깨닫지 못하는 사실은 식사 후에 꼭 챙겨 먹는 디저트가 공짜가 아니라는 점이다. 운동은 열량을 소모하고 식탐을 줄여줌으로써 비만을 막아준다.

스트레스 한계점이 높아진다

운동은 만성 스트레스로 생기는 과잉 코르티솔의 부식 효과를 억제함으로써 우울증과 치매를 방지한다. 포도당이나 자유라디칼, 흥분성 신경전달물질인 글루탐산염은 모두 인체에 필요한 물질이지만, 적정 수치를 넘어서면 세포를 파괴한다. 운동은 이 물질들을 조절해서 뉴런을 보호해준다.

폐기물이 세포 내에 축적되면 세포의 기능을 마비시키는 위험한 물질로 변한다. 다시 말해서 손상된 단백질이나 조각난 DNA 부스러기 같은 위험한 물질이 세포 내에 쌓여서 잠복해 있다가 결국엔 세포를 죽게 만든다. 이런 과정이 바로 노화이며, 운동을 하면 노화의 과정이 늦춰지고 손상된 부위를 복구하는 단백질이 생성된다.

기 분 이   좋 아 진 다

운동을 하면 신경전달물질과 신경영양인자, 뉴런들 사이의 연결이 모두 늘어나 우울증이나 불안증으로 오그라든 해마의 상태가 좋아진다. 항상 즐거운 기분을 유지하면 치매에 걸릴 확률이 낮아진다는 사실은 여러 실험 결과로도 알 수 있다. 운동을 하면 우울증 증세가 호전되며, 동시에 전반적인 생활 태도도 개선된다. 또한 활동적인 생활을 유지하면 어떤 일에 관여하거나 사람들과 지속적인 관계를 유지하기가 쉽고, 새로운 관계를 맺기도 쉽다. 사람들과 사회적인 관계를 유지하는 일은 즐거운 기분을 유지하는 데 매우 중요한 요소다.

면 역 체 계 가   강 화 된 다

스트레스와 노화는 면역체계를 약하게 하지만, 운동은 두 가지 방법을 통해서 면역체계를 강화한다. 첫째, 보통 강도의 운동만 해도 면역체계의 항체와 림프구의 기능이 회복된다. 항체가 있으면 박테리아 및 바이러스의 침입에 대항해 싸울 수 있으며, 림프구가 체내에 많으면 암 같은 나쁜 증세가 악화될 때 저항력이 커진다. 대규모 인구집단 연구의 결과를 보면, 암을 유발하는 가장 보편적인 요인은 활동 부족이다. 예를 들어 활동적인 사람은 그렇지 않은 사람보다 결장암에 걸릴 확률이 50퍼센트나 낮다.

둘째, 면역체계는 손상된 조직을 복구하는 세포를 활성화한다. 이 기능이 제대로 작동하지 않으면 손상된 부위가 곪는 만성 염증 상태가 일어난다. 바로 이런 이유로 50세 이후의 건강검진에서 C반응성 단백질 검사를 하는 것이다. C반응성 단백질은 만성 염증이 있다는 징표이며, 심장혈관 질환과 알츠하이머병이 생기는 첫째 위험 요인이다. 운동은 면역체계가 염증을 멈추고 질병에 대항할 수 있도록 균형을 잡아준다.

뼈 가 튼 튼 해 진 다

골다공증은 뇌와 별 상관이 없다. 그러나 여기서 굳이 언급하는 이유는 나이가 들어도 운동을 계속하려면 튼튼한 신체가 필요하기 때문이다. 골다공증은 얼마든지 예방할 수 있는 질병이다.

미국에서는 2,000만 명의 여성과 200만 명의 남성이 골다공증으로 괴로움을 겪고 있다. 여성들은 유방암으로 사망하는 비율보다 골다공증으로 고관절이 부러져 사망하는 비율이 더 높다. 여성은 보통 30세 정도에 뼈의 밀도가 가장 높으며, 이후로는 일 년에 1퍼센트씩 밀도가 줄어들다가 폐경 이후에는 매년 2퍼센트씩 줄어든다. 결과적으로 60세까지 30퍼센트 이상의 뼈가 몸에서 사라진다.

물론 칼슘을 복용하고, 매일 10분 정도 햇볕을 쬐어서 비타민 D를 얻고, 뼈를 강화하기 위해 근육운동을 하면 뼈 밀도가 줄어드는 속도를 늦출 수는 있다. 이때 걷는 것은 별 소용이 없으니 걷기 운동은 나이가 좀 더 들면 한다. 젊은 성인의 경우에는 역기 운동 같은 근육운동과 달리기나 점프가 포함된 운동을 하면 뼈 강화에 도움이 된다. 운동을 하면 뼈의 손실을 상당히 줄일 수 있다. 한 연구에 따르면, 근력 운동을 몇 개월 동안만 해도 여성의 다리 근력이 무려 두 배로 늘어난다. 심지어 90대 여성도 운동으로 근력을 키워 골다공증을 예방할 수 있다.

의욕이 강해진다

건강하게 나이를 먹는 비결의 첫 단계는 건강해지고 싶은 열의를 갖는 것이다. 활동적이고 활기차게 생활해야겠다는 마음이나 계속 움직여 사회에 뭔가를 기여하겠다는 열의가 없으면, 홀로 외롭게 앉아 있기만 하는 죽음 같은 생활에 쉽게 빠지게 된다. 나이가 들면서 생기는 제일 큰 문제는 도전할 만한 일이 별로 생기지 않는다는 점이다. 하지만 운동을 하면 끊임없이 자신의 한계를 시험하고 스스로를 개선해나가게 된다.

의욕과 운동근육 체계에서 가장 중요한 신경전달물질인 도파민은 나이가 들면서 저절로 감소하는데, 운동을 하면 낮아진 도파민의 수치가 다시 높아진다. 또한 도파민 뉴런 간의 연결이 강화되면서 자동적으로 의욕이 높아지는 동시에 파킨슨병도 예방된다. 운동을 할 때에는 계획과 목표를 세우고 약속을 하는 일이 중요하다. 그래서 골프나 테니스 같은 운동은 끊임없이 자신의 실력을 점검하게 하고 실력을 높이려는 의욕을 부추기는 좋은 운동이라 하겠다.

신경 퇴행성 질병에 대항하는 제일 좋은 방법은 뇌를 튼튼하게 하는 것이다. 유산소운동은 뇌세포 간의 연결을 강화하고, 시냅스를 더 많이 생성해서 연결망을 확장해주며, 해마에서 생성된 새로운 줄기세포들이 분열하고 성장해서 제대로 역할을 하는 데 도움을 준다.

신경 가소성과 신경재생에 필수적인 역할을 하는 성장인자들은 나이가 들면서 저절로 줄어들다가 운동으로 다시 늘어나 뇌가 끊임없이 성장하는 데 도움을 준다. 이와 더불어 근육을 수축하면 혈관 내피세포 성장인자, 섬유아세포 성장인자, 인슐린 유사 성장인자 같은 각종 성장인자가 신체에서 분비되어 혈관을 타고 뇌로 들어가 뇌의 성장에 도움을 준다. 운동을 하면 이러한 뇌의 구조적인 변화가 일어나 학습 능력, 기억력, 최고 인지 기능, 감정 조절 능력이 개선된다. 세포 간의 연결이 튼튼할수록 뇌의 어느 부위가 손상되더라도 쉽게 복구할 수 있는 능력이 커진다.

장수비결 1. 현명한 식사 습관

오래 사는 비결 중 하나는 적게 먹는 것이다. 쥐를 실험해보니 음식을 충분히 섭취한 쥐에 비해 30퍼센트 적게 먹은 쥐가 수명이 40퍼센트까지 늘어났다.

"운동을 하지 않은 쥐는 너무 많이 먹는데도 운동은 너무 적게 했어요. 현재 대부분의 미국인들처럼 말입니다."

이런 실험 가운데 하나를 주도한 신경과학자 마크 매트슨의 말이다.

그가 몸담고 있는 국립노화연구소는 19년 전에 원숭이를 대상으로 이와 똑같은 실험을 한 뒤, 영장류의 경우에도 같은 결과가 나온다는 사실을 보여주었다. 사람을 대상으로 한 어느 실험에서는 천식 환자들에게 하루는 정상적인 식사를 하고, 다음날에는 하루에 500칼로리만 섭취하는 제한적인 다이어트를 두 달 동안 실시해보았다. 그랬더니 혈액 내의 산화 스트레스와 염증에 대한 표시가 줄었으며, 천식 증세도 개선되었다. 이러한 결과들은 세포에 약한 스트레스(연료 공급의 차단)를 가하면, 문제 상황에 대한 저항력이 강화되며 자유라디칼이 줄어든다는 것을 입증한다.

"음식을 적게 섭취할 때 몸에 나타나는 현상은 매일 한 시간씩 운동을 하면 나타나는 현상과 비슷합니다. 일종의 스트레스이기는 하지만, 회복기만 충분히 주어진다면 오히려 건강에 도움이 됩니다."

매트슨은 사람들에게 식사를 거르라고 하는 대신에 다음과 같은 방법을 제시한다. 아침은 굶고, 점심에는 샐러드를 먹고, 저녁은 정상적으로 먹어서 하루의 열량 섭취량이 2,000칼로리가 되게 한다. 정상 체중을 지닌 사람은 별 혜택을 보지 못한다. 또 50세 이상인 사람은 근육과 뼈가 어쨌든 줄어들기 때문에 부실한 식사는 매우 조심스럽게 시작해야 한다. 하지만 과체중인 사람은 뇌를 손상시키고 있는 셈이므로 식이요법이 도움이 된다.

무엇을 먹으면 좋을까? 3장에서 설명했듯이 세포의 복구 기전을 활성화하는 음식이 좋다. 예를 들어 미나리, 마늘, 양파, 브로콜리 등에는 해충의 침범을 막기 위한 독소가 함유되어 있는데, 그 수치가 낮아서 인체에 유익한 스트레스 반응을 일으킨다. 자유라디칼에 대항하게 하는 블루베리, 석류, 시금치, 사탕무 같은 야채도 마찬가지다. 이러한 음식은 독소인 동시에 궁극적으로 손상된 세포를 복구하는 산화 방지제 역할을 한다. 녹차와 포도주도 유사한 작용을 한다.

여기에 현미와 같이 정백하지 않은 곡물과 단백질, 음식에 들어 있는 지방 등을 함께 섭취하면 좋다. 탄수화물을 적게 섭취하면 체중이 줄기는 하지만 뇌에는 그리 좋지 않다. 현미 같은 곡물은 복합 탄수화물을 함유하고 있어서 에너지를 일정하게 공급해주므로 잠시 동안 에너지를 대량으로 공급해주는 단당보다 낫다. 복합 탄수화물은 트립토판 같은 아미노산을 뇌로 전달하는 데 필요한 물질이며, 트립토판은 세로토닌이 생성되는 데 필요한 물질이다. 그리고 트립토판과 다른 주요 아미노산은 단백질에서 나온다.

뇌를 이루고 있는 물질 가운데 50퍼센트 이상을 차지하는 지방 또한 중요하다. 물론 유익한 종류의 지방을 말한다. 트랜스 지방, 동물성 지방, 경화유는 인체에 해롭지만 생선에 함유된 오메가3는 아주 유익하다. 대규모 인구집단 연구의 결과에 따르면, 생선을 많이 먹는 나라는 조울증 환자의 비율이 낮다.

어떤 사람들은 오메가3를 ADHD나 기분장애를 치료하기 위한 정식 식이요법으로 사용한다. 한 연구에 따르면, 최소한 일주일에 한 번 생선을 먹는 사람은 연간 인지력 감소가 10퍼센트 늦춰진다. 900명의 실험 참가자들을 9년 동안 추적 연구한 결과, 일주일에 세 번 생선 기름을 섭취한 사람은 치매에 걸릴 확률이 다른 사람들의 50퍼센트에 불과하다는 사실이 발견되었다. 오메가3는 혈압과 콜레스테롤의 수치를 낮추고, 신경 염증을 가라앉히며, 면역 반응을 강화하는 동시에 신경 세포 성장인자의 수치를 높인다. 연어, 대구, 참치 같은 깊은 바다에 사는 생선에 많이 함유되어 있다.

또한 비타민 D는 뼈를 튼튼하게 하고 암이나 파킨슨병을 억제하는 데 도움이 된다. 여성의 경우에는 비타민 D 1,000IU와 칼슘 1,500밀리그램을 매일 복용하면 좋다. 또한 비타민 B를 폴산염 800밀리그램과 함께 복용하면 기억력이 좋아지고 두뇌의 처리 속도가 빨라진다.

장수비결 2. 꾸준한 운동

60세가 넘은 사람이라면 거의 매일 운동하기를 권한다. 은퇴한 사람이라면 일주일에 6일 동안 운동하는 것이 이상적이지만, 의무적으로 하는 것보다 운동에서 즐거움을 찾는 일이 중요하다. 운동할 때에는 심장박동 측정기를 이용하는 것이 좋다. 심장박동 측정기는 개인의 운동 발달 상황을 측정해서 의욕과 확신을 갖게 해주는 매우 귀중한 도구다. 이러한 도구가 없으면 충분히 운동을 했는지, 운동의 강도는 적절한지를 도대체 알 길이 없다.

심장박동 측정기는 가슴에 맬 띠가 부착된 심장박동 감지기와 함께 감지기에서 신호를 받아서 1분에 심장이 몇 번 뛰는지 숫자로 보여주는 디지털시계로 되어 있다. 예를 들어 높은 강도로 운동을 한다고 가정해보자. 45세라면 이론 상 최대 심장박동 수치는 220에서 나이를 뺀 숫자인 175가 된다. 175의 75~90퍼센트는 175에 0.75와 0.9를 각각 곱하면 131~158이 된다. 이것이 높은 강도로 운동을 하고 싶은 사람이 목표하는 심장박동 수치의 범위다. 그 다음에는 131과 158을 시계에 입력하고, 달리면서 시계가 지시하는 대로 따르기만 하면 된다. 달리는 동안에 심장박동의 범위에서 벗어나면 시계에서 경보가 울린다.

전반적인 운동 목표는 폐활량, 근력, 균형 감각, 유연성이라는 네 가지 분야를 고려해야 한다. 운동 계획을 세울 때에는 주치의나 전문 트레이너와 상의하면 더욱 좋다.

폐 활 량

일주일에 네 번, 30~60분 동안 최대심장박동 수치의 60~65퍼센트를 유지할 정도의 강도로 운동하라. 이 정도의 운동량이면 몸의 지방을 태워서 없앨 수 있으며, 뇌의 구조적인 변화에 필요한 모든 요소가 생성된다. 걷기만으로도 필요한 운동량을 완전하게 충족시킬 수 있으나 가능하면 바깥에서 친구와 함께 하라. 어떤 운동을 선택하든 장기적으로 즐길 수 있는 운동을 찾는 것이 중요하다.

일주일에 두 번은 강도를 좀 더 높여서(최대심장박동 수치의 70~75퍼센트 정도) 20~30분 동안 운동을 하면 좋다. 이전에 운동을 해본 적이 없다면 당장은 불가능할 수도 있는데, 그래도 전혀 상관 없다. 운동의 강도보다는 꾸준히 하는 것이 더 중요하기 때문이다.

근 력

일주일에 두 번은 근력 운동을 하는 것이 좋다. 무게는 단숨에 10~15회 정도 할 수 있을 만큼이 적당하며 세 가지 정도의 운동을 번갈아 하면 된다. 근력 운동은 골다공증을 예방하고 치료하는 데 아주 필수적이다. 유산소운동을 아무리 많이 하더라도 나이가 들면서 근육과 뼈는 쇠퇴하게 마련이다.

50~70대 여성을 대상으로 한 터프츠 대학의 연구에 따르면, 일 년 동안 근육운동을 한 여성은 등뼈와 골반 뼈의 밀도가 1퍼센트 늘어난

반면, 운동을 하지 않은 여성은 2.5퍼센트가 감소했다. 근육운동을 전혀 해본 적이 없는 사람은 전문 트레이너에게 한 달 정도 지도를 받거나 운동 방법을 정확히 익혀야 한다. 자세가 바르지 못하면 부상을 입을 수 있기 때문이다. 펄쩍 뛰거나 뛰어오르는 동작이 포함된 운동은 뼈를 강화하는 데 도움이 된다. 달리기는 물론 테니스, 무용, 에어로빅, 줄넘기, 농구 등이 여기에 해당한다.

균 형   감 각 과   유 연 성

30분씩 일주일에 두 번 정도가 적당하다. 요가나 필라테스, 무용, 태극권 같은 무술은 균형 감각과 유연성을 길러주고 민첩함을 유지하도록 해준다. 균형 감각과 유연성이 없으면 유산소운동과 근육운동을 지속적으로 하는 데 제약을 받는다. 활동적인 운동 대신에 운동용 볼기구나 균형 운동용 보드, 혹은 보수bosu 등으로 훈련해도 좋다. 보수는 반쪽짜리 고무공으로, 위에서 균형을 잡으면서 몸통 중심 근육을 키우는 운동기구다. 80세의 스키 선수 해럴드도 최근에 스키 여행을 떠나기 전에 보수로 운동을 했다.

장수비결 3. 끊임없는 정신 활동

정신에게 계속 도전적인 과제를 부과해야 한다. 지금껏 설명한 바와 같이 운동은 뉴런이 연결할 준비를 갖추어준다. 반면에 정신적인 자극은 준비가 갖추어진 뉴런들이 서로 연결되도록 한다. 교육 수준이 높을수록 인지력이 오래도록 손상되지 않고 유지되며 치매에도 늦게 걸린다는 사실은 전혀 우연이 아니다. 졸업장이 중요하다는 말이 아니다. 학업을 오래 한 사람일수록 학습에 흥미를 나타내는 경향이 더 높다는 뜻이다.

대학을 나오지는 않았으나 주변에서 일어나는 일에 대해 강한 관심을 키워온 사람들의 경우도 여기에 해당한다. 존스 홉킨스 대학의 유행병학자들이 '체험단Experience Corps'이라고 이름 붙인 도시 생활자들의 건강에 대한 연구를 살펴보자.

먼저 교육 수준과 경제 수준이 별로 높지 않은 60~86세의 여성(다수가 흑인) 자원봉사자 128명을 모집해서 훈련시킨 다음, 초등학생들에게 읽기와 도서관 사용법 등을 가르치게 했다. 그랬더니 아이들의 학력 평가 성적이 향상된 것은 물론, 여성들의 건강도 상당히 좋아졌다. 지팡이를 짚고 다니던 여성 중 반수가 더 이상 지팡이를 필요로 하지 않았으며, 44퍼센트의 여성은 예전보다 건강해졌다고 느꼈고, 텔레비전을 보는 시간도 상당히 줄었다. 그리고 필요할 때 도움을 청할 수 있다고 생각하는 사람도 크게 늘어났다.

자원봉사는 사회적인 접촉을 하고 그 과정에서 뇌에 자극을 받는다는 점에서 유익하다. 자원봉사뿐만 아니라 다른 사람들과 접촉하는 활동은 모두 건강하게 오래 사는 데 도움이 된다. 사교성과 수명 사이에 강한 비례관계가 존재한다는 통계도 있다.

새로운 경험을 하면 뇌가 더욱 활발하게 활동해야 하므로 뇌의 보완 능력이 커진다. 신경세포 성장인자 및 뉴런 간의 연결이 늘어나고, 새로운 뉴런도 늘어남에 따라 더욱 다양한 일을 할 수 있게 된다.

85세의 나이로 1990년대 중반에 심장마비로 별세한 베르나데트 수녀는 600명이 넘는 다른 수녀들과 함께 자신의 뇌를 데이비드 스노우

든이 지휘하던 과학 실험을 위해 기증했다. 수녀들은 보통 여러 종류의 퀴즈를 풀고 정치적 문제에 대해 토론하는 등 끊임없이 뇌를 사용하며, 백 년 이상 장수하는 사람도 많다.

베르나데트 수녀는 죽기 직전까지 인지력 테스트에서 상위 10퍼센트에 들 정도로 우수한 성적을 보였다. 사망 후에 뇌를 해부해보니 알츠하이머병으로 뇌의 대부분이 손상되어 있었다는 점이 실험자들의 흥미를 끌었다. 해마에서 대뇌피질로 이어지는 세포 조직에 플라크와 신경섬유성 농축체가 아주 심하게 쌓여 있었고, 아포리포단백질 E4 변이 유전자까지 있었다. 치매가 뇌를 완전히 유린한 것이다. 베르나데트 수녀는 뇌가 그렇게 파괴되었는데도 명철한 정신을 유지했던 것이다.

스노우든은 이런 현상을 예비 인지력이란 개념으로 설명했다. 한 부위가 손상을 입으면 다른 부위가 그 일을 대신 수행하는 뇌의 보완 및 적응 능력 때문이라는 것이다. 베르나데트 수녀는 아주 늦은 나이에도 뇌를 활발하게 사용함으로써 생물학적 조건을 극복하도록 뇌를 훈련했다. 베르나데트 수녀나 내 어머니의 생활방식은 노년기 생활의 좋은 사례라 할 것이다.

chapter **10**

뇌를
튼튼하게
하는
운동요법

지금까지 유산소운동이 뇌에 끼치는 놀라운 효과에 대해 열심히 설명했다. 달리기를 할 때 뇌에서 일어나는 일들을 이해하게 되면 매일 운동화 끈을 졸라매야겠다고 단단히 결심을 하게 될 것이다. 굳이 달리기가 아니라 수영이나 자전거 등 각자 즐기는 어떤 운동이라도 마찬가지다. 나는 사람들이 운동에 중독되기를 진심으로 바란다.

뇌기능을 최적화하는 데 운동만 한 도구가 없다는 나의 견해는 최근 10여 년 동안의 많은 연구 논문에서 수집한 증거들을 바탕으로 한 것이다. 나는 이 책을 위해 자료를 조사하면서 운동의 혜택에 대해 평소 가졌던 열렬한 관심이 배가되었으며, 막연했던 생각들은 명백한 과학적 사실들로 바뀌었다.

그러면 한때 이단적인 개념이긴 했지만 뇌세포가 평생 생겨난다는 신경재생 이야기를 해보자. 2007년 컬럼비아 대학의 실험실에서 일어난 일이다. 신경과학자 스콧 스몰은 실험 참가자들에게 3개월 동안 운동을 하게 한 뒤 그들의 뇌를 촬영했다. 주로 사진을 확대하고 연속촬영을 하는 MRI 기계의 작동 방식을 약간 변형하여, 발생기 뉴런의 생존에 필요한 모세혈관이 새로 형성된 모습을 찍었다. 스몰은 사진을 통해 해마에서 기억을 담당하는 부위의 모세혈관이 30퍼센트나 부피가 증가했다는 놀라운 사실을 발견했다.

사람의 뇌를 잘라보지 않고도 신경재생의 모습을 볼 수 있게 되자, 이때부터 연구 대상이 쥐에서 사람으로 옮겨지게 되었다. 새로운 기술 덕분에 특정 변수가 신경재생에 끼치는 영향을 측정할 수 있게 되었다. 스몰은 운동을 어느 정도 해야 할 것인가 하는 문제도 그중 하나라고 말했다.

"일주일에 한 시간만 운동하면 충분할까요? 아니면 매일 하는 것이 좋을까요? 마라톤 같은 격렬한 운동만이 신경재생을 극대화할까요? 그건 아직 아무도 모릅니다. 하지만 이제 신경재생을 간접적으로 측정할 수 있는 방법이 생겼으니 최적의 운동량을 찾을 수 있는 길이 열린 셈입니다."

물론 이것은 몇 년 후에 그럴 것이라는 이야기다. 현재 스몰 연구진은 운동을 새로운 세포의 성장을 늘려주는 확실한 촉진제라고 생각하는 정도다. 그들은 자신들이 개발한 도구를 이용해서 아직 활발한 연구가 이루어지지 않고 있는 운동 자체에 대해서도 연구하고 있다. 내가 이제껏 설명한 내용, 즉 운동이 각종 신경전달물질과 성장인자들을 늘려주며, 근육에서 여러 가지 인자를 분비시켜서 뇌에 새로운 모세혈관을 형성하는 데 도움을 주는 동시에 시냅스의 신경 가소성을 북돋아준다는 것을 새로운 과학 기술을 통해 연구한다는 말이다.

1970년대 초에 운동을 하면 뉴런이 새로운 가지를 뻗는다는 사실을 전자 현미경으로 발견한 신경과학자 윌리엄 그리노프라면 유산소운동이 뇌에 유익하다는 것은 자명하다고 말해줄 것이다. 또한 에어로빅이나 무술 같은 복잡한 근육운동을 운동 계획에 넣는 것이 매우 중요하다는 말도 분명 해줄 것이다. 구체적인 운동 지침까지는 말해줄 수 없겠지만 말이다.

그래도 괜찮다. 운동을 시작하는 데 굳이 신경과학자의 말에 전적으로 의지할 필요는 없다. 무엇보다도 우리는 이미 발견된 사실만으로도 나름대로 결론을 도출할 수 있으니 말이다.

다른 분야에서도 도움이 될 만한 증거를 찾을 수 있다. 신체운동학자나 유행병학자들도 신체가 건강할수록 두뇌가 원활하게 작동한다는 사실을 연구 결과를 통해 끊임없이 밝혀냈다. 찰스 힐먼은 최고 인지기능의 인지력 테스트에서 건강한 아이들이 그렇지 않은 아이들보다 점수가 더 높다는 사실을 증명했다. 아서 크레이머는 나이 든 사람들이 운동을 해서 신체가 건강해지면 뇌가 커진다는 것을 보여주었다. 그리고 수만 명의 사람들을 대상으로 한 여러 대규모 인구집단 연구에서는 모든 연령 계층에서 건강할수록 밝은 기분을 느낄 확률이 높고, 불안증이나 스트레스 수치가 낮다는 점을 보여주었다.

얼마만큼 운동을 해야 뇌에 도움이 되는지를 묻는 사람들에게 나는 신체가 건강해지도록 노력하고 끊임없이 자신의 한계에 도전하는 것이 최선이라고 대답한다. 운동을 어떻게 하는 것이 최선인지는 사람마다 다르지만, 신체가 건강할수록 뇌는 유연해지고 인지적·심리적으로 기능을 보다 잘 수행한다는 사실이 많은 연구 결과 밝혀졌다. 신체가 건강해지면 뇌는 저절로 건강해진다.

그렇다고 속옷 광고 모델과 같은 몸매를 지녀야 뇌가 운동의 혜택을 본다는 말은 절대 아니다. 실제로 믿을 만한 연구 가운데 다수가 걷기를 운동 방법으로 정하고 실험을 했다. 건강한 신체를 자주 강조하는 이유는 정상적인 체질량 지수와 강건한 심장혈관계가 뇌의 기능을 최적화하는 것이 확실하기 때문이다.

어떤 강도의 운동이든 건강에 도움이 된다. 하지만 기왕에 뇌에 도움이 되는 운동을 하기로 결심했으면 심장 질환, 당뇨병, 암 등의 질병을 예방할 수 있을 정도로 하는 게 더 좋지 않겠는가. 신체와 뇌는 서로 연결되어 있는 것이 분명하다. 그렇다면 굳이 뇌에만 도움이 되는 운동에 집착할 필요가 있겠는가.

달리는 것은 본성이다

생물학자 베른트 하인리히는 인류를 '장거리 포식동물'이라고 정의했다. 오늘날 우리 몸을 지배하는 유전자는 수십만 년 전 인류가 식량을 찾으러 끊임없이 돌아다니거나 짐승을 쫓아다니는 동안 진화했다. 인간의 몸은 장거리 경주에 적합하다. 또한 빠른 속도로 달리거나 오랫동안 달리는 데 적합한 근육조직이 고르게 분포되어 있다. 그래서 한참 동안 달린 뒤에도 단숨에 목표물까지 질주하여 사냥을 할 수 있는 신진대사 능력을 지녔다.

오늘날에는 물론 생존을 위해 식량을 찾으러 다니거나 사냥을 할 필요가 없다. 하지만 우리의 유전자에는 이런 활동을 위한 유전 부호가 각인되어 있으며, 뇌는 그것을 감독하도록 구조가 형성되어 있다. 그래서 활동을 하지 않으면 50만 년 동안 섬세하게 조정되어온 예민한 생물학적 균형이 흐트러진다. 간단히 말해서 신체와 뇌가 최적의 상태를 유지하려면 장거리 신진대사를 해야 한다.

우리의 DNA에 들어 있는 활동 리듬에는 걷기나 천천히 달리기, 중간 속도 혹은 빠른 속도로 달리기가 모두 포함되어 있다. 그러므로 어떻게 보면 선조들이 한 것과 똑같이 하는 것이 최선이다. 즉 매일 걷거나 천천히 달리고, 일주일에 두어 번은 달리기를 하고, 간혹 가다가 한 번씩 사냥감을 잡을 때처럼 순간적으로 빨리 날리는 것이다.

물론 다른 식으로 유산소운동을 해도 좋겠지만 이처럼 낮은 강도, 중간 강도, 높은 강도의 운동으로 분류하면 운동 계획을 짜기가 편하다. 그리고 들인 시간과 노력으로부터 최대한의 효과를 얻고 싶으면 자신의 운동량이 어느 범주에 속하는지 정확하게 판단할 방법을 찾아야 한다.

여기서 말하는 낮은 강도의 운동은 최대심장박동 수치의 55~65 퍼센트 정도를 유지할 정도를 말한다. 또 중간 강도의 운동은 65~75 퍼센트, 높은 강도의 운동은 75~90퍼센트인 것을 말한다. 높은 강도로 운동하면 고통스럽기는 하지만 효과가 좋아서 최근 과학자들도 많은 관심을 보이고 있다.

운동은 어느 정도가 적당할까

질병통제센터가 미국운동의학협회에 보낸 공중보건 권고안에 따르면, 일주일에 최소한 다섯 번 이상 중간 강도의 유산소운동을 30분 동안 하는 것이 적절하다고 한다. 하지만 나는 너무 소극적인 권고안이라고 생각한다. 사람들이 하도 운동을 하지 않으니까 너무 까다로운 지침을 제시하면 아무도 따르지 않을 거라고 우려한 것 같다. 실제로 듀크 대학의 운동생리학자 브라이언 듀스차는 이렇게 말하기도 했다.

"사람들은 효과를 볼 수 있는 최소한의 운동량이 얼마인지 알고 싶어하지요. 저는 사람들이 부담을 느껴서 운동을 중단하지 않게 하려고 조심하고요."

듀스차는 일주일에 세 시간 정도만 걷기 운동을 해도 심장혈관계에 도움이 된다는 논문 내용을 발표하면서 언론의 빗발친 취재 요청을 받은 인물이다. 심장혈관 건강 전문가이지만 듀스차는 많은 신경과학자들과 거의 똑같은 말을 했다.

"조금이라도 운동을 하면 도움이 됩니다. 더 많이 할수록 효과는 더욱 커지고요."

지금까지 내가 직접 보고 읽은 경험을 종합해보면, 최선의 운동 방법은 45~60분간의 유산소운동을 일주일에 여섯 번 하는 것이다. 4일은 중간 강도로 조금 오래, 2일은 높은 강도로 조금 짧게 하면 좋다.

높은 강도로 운동하면 신체가 무산소 대사를 하게 되는데, 이것이 사고력과 기분에 어떤 영향을 끼치는지에 대해서는 아직 논란의 여지가 있다. 하지만 높은 강도의 운동이 중요한 성장인자들을 분비시켜서 뇌를 튼튼하게 한다는 점은 분명하다. 그러므로 높은 강도로 운동하는 날에는 근력 운동이나 저항 훈련을 함께 하는 것이 좋다. 높은 강도로 운동한 뒤에는 신체와 뇌가 회복될 시간이 필요하므로 연속해서 이틀 동안 하는 것은 바람직하지 않다.

결론적으로 말해서 일주일에 6시간은 뇌를 위해 할애해야 한다. 이것은 깨어 있는 시간의 5퍼센트에 불과하다. 하지만 듀스차가 말한 것처럼 뭔가를 조금이라도 하는 것이 무엇보다도 중요하다. 우선 운동을 시작하는 일 자체가 중요하다는 뜻이다. 너무나 쉬운 일처럼 들리겠지만 운동을 전혀 하지 않는 사람, 특히 우울증 때문에 운동을 하지 않는 사람의 경우에는 운동을 시작하는 것이 거의 불가능하게 느껴질 것이다. 그들은 활력이 없어서 운동을 시작할 수가 없는데, 운동을 하지 않으니 활력이 생기기도 어렵다.

　내 환자들 중에도 이런 사람들이 간혹 있다. 이것은 의지와는 전혀 상관 없는 문제이며 얼마든지 일어날 수 있는 현실적인 문제다. 해결 방법은 운동을 시작하는 일 자체를 하나의 도전으로 여기고 돌진하는 것이다.

규칙적인 운동을 더 손쉽게 하려면

　다른 사람과 함께 운동을 하라. 친구와 함께 달리기를 하거나, 여럿이서 함께 자전거를 타거나, 아니면 이웃과 함께 걸으면 운동을 하기가 쉽다. 최근 연구를 통해 밝혀진 바에 따르면, 다른 사람들과 함께 운동을 하면 앞에서 설명한 신경학적인 혜택도 훨씬 커진다.

　좀처럼 운동을 하는 습관을 들이지 못하는 환자들에게 나는 일정 기간 동안 개인 트레이너를 고용할 것을 권하기도 한다. 운동 시간을 예약해놓으면 운동을 하러 가지 않더라도 돈을 지불해야 할 테니 억지로라도 운동하러 갈 확률이 높아질 것이다. 일과표에 치과 예약 시간을 표시해놓는 것과 마찬가지로 운동 시간을 적어놓는 것도 좋다. 한동안 운동을 계속하면 뇌에 운동 일과가 기록되어서 나중에는 양치질을 하는 것처럼 자연스럽게 운동을 하게 된다.

우선 걷기 운동부터 시작하는 것이 제일 좋다. 엘리베이터를 타는 대신 계단을 이용하거나, 주차장 맨 구석에 주차를 하거나, 점심시간에 회사 주변을 빠른 걸음으로 한 바퀴 도는 것도 좋은 운동이 된다.

만 보 걷기 운동은 하루에 얼마나 걸었는지를 걸음 측정기로 계산하여 별 생각 없이도 걷기 운동을 일상적인 습관으로 만들 수 있는 좋은 방법이다. 평균 보폭이 75센티미터라고 한다면 만 보는 7.5킬로미터에 해당한다. 이것은 운동 시간을 따로 설정해놓지 않고도 신체를 건강하게 만드는 현명한 방법이다.

효과 또한 상당히 좋다. 걸음을 세는 행위는 몸무게를 재거나 심장박동을 측정하는 일과 마찬가지로 노력을 쏟을 방향을 제시해주며, 운동에 집중하게 해주고 의욕을 북돋아준다. 다양한 강도로 운동할 때 신체와 뇌에서 일어나는 변화를 이해하는 사람에게는 특히 그렇다.

걷기

건강해지는 과정은 결국 산소를 받아들이는 능력을 키우는 일이다. 심장과 폐는 운동을 해서 더 많이 사용할수록 신체와 뇌에 산소를 공급하는 일을 보다 효율적으로 수행한다. 물론 혈류량이 늘어나면 세로토닌과 신경세포 성장인자 및 그 밖의 영양 물질의 생성도 늘어나는 화학적 변화가 뒤따른다.

최대심장박동 수치의 55~65퍼센트를 유지하면서 매일 한 시간 동안 걷기 운동을 하면, 같은 시간 동안에 걷는 거리는 점차 늘어나고 몸도 건강해진다. 이 정도의 강도로 운동할 때에는 신체가 지방을 태워서 연료로 사용하므로 신진대사 기능의 효율이 점차 높아지기 시작한다.

신체에 너무 많은 지방이 축적되면 인슐린에 대한 근육의 저항이 늘어나 지방 축적이 심화되고 인슐린 유사 성장인자의 생성이 줄어든다. 2007년 미시간 대학에서 발표한 연구 결과에 따르면, 단 한 번만 유산소운동을 해도 다음날 인슐린에 대한 근육의 저항이 줄어든다. 실험자들은 운동을 하기 전과 한 뒤에 근육의 생체조직을 검사해서 비교해보고 이 사실을 알아냈으며, 운동을 한 뒤의 세포 조직이 지방 합성에 중요한 단백질을 생성한다는 점도 밝혀냈다. 이런 효과가 얼마나 오랫동안 지속되는지는 밝혀내지 못했으나, 최소한 적은 양의 운동조차도 긍정적인 도미노 효과를 일으킨다는 사실이 증명된 셈이다.

운동을 함으로써 근육이 더 많은 연료가 필요하다는 사실을 감지하면 그때부터 온갖 좋은 일이 일어난다. 지방을 소모하는 낮은 강도의 운동을 하면 자유 트립토판이 혈액 내에 분비되어 기분을 안정시켜주는 세로토닌의 생성을 돕는다. 뿐만 아니라 노르에피네프린과 도파민의 양도 조절된다.

이와 같은 낮은 강도의 운동이 주는 혜택은 앞서 말한 하인리히의 '장거리 포식동물'이라는 진화적인 관점에서 보면 딱 들어맞는다. 사냥감을 쫓았던 우리 선조들은 사냥을 포기하지 않으려면 인내심과 낙천성, 집중력과 의욕 등이 필요했을 것이다. 그런데 이 모든 특성은 세로토닌과 도파민과 노르에피네프린의 영향을 받는다.

걷기 운동을 시작하면 주변 세상과 좀 더 가까워지는 느낌이 든다. 그리고 얼마 안 가서 점점 더 자주 걷고 싶은 마음이 생긴다. 의사가 환자의 건강을 측정하는 간단한 방법은 6분 동안에 환자가 얼마나 멀리

걸을 수 있는지를 측정하는 것이다. 하지만 앨라배마 의과대학의 과학자들은 사람들의 걷기 능력이 너무나도 빨리 향상되어 정확하게 측정하려면 두 번 걷게 해야 한다는 사실을 발견했다. 말하자면 걷기 운동을 시작하면 같은 시간에 더욱 먼 거리를 걷는 즐거움을 너무나도 빨리 경험하게 되는 것이다.

걸으면서 대화를 나눌 수 있는 속도보다 조금 빠르게 한 시간을 걸을 수 있으면 중간 강도로 운동할 준비가 다 된 것이다. 일단 중간 강도의 운동을 할 수 있게 되면 운동을 하는 동안 신체와 뇌에 많은 변화가 일어날 뿐만 아니라 삶의 모든 부분이 바뀌기 시작한다. 활력과 에너지가 늘어나는 동시에 부정적인 태도도 줄어들고, 스스로 삶을 통제하고 있다는 느낌이 커진다. 무엇보다도 이 정도로 활동적인 사람이 되면 더 이상 집에 외롭게 틀어박혀 있지 않게 된다.

천천히 달리기

최대심장박동 수치의 65~75퍼센트 정도의 중간 강도로 운동을 하면, 지방만 태워서 연료로 사용하던 신체는 포도당을 함께 태우기 시작한다. 그리고 근육조직에 스트레스의 결과로 미세 균열이 일어난다.

신체와 뇌의 모든 세포는 손상 과정과 복구 과정을 끊임없이 반복한다. 중간 강도로 운동을 할 때에는 신진대사가 더욱 빨리 이루어져야 하므로 신체의 대응 강도가 높아진다. 신체는 더욱 강한 산소 공급 체계가 필요하다는 사실을 알기 때문에 근육이 혈관 내피세포 성장인자와 섬유아세포 성장인자를 분비한다. 성장인자들의 도움을 받은 새로운 세포는 더 많은 혈관을 만드는 데 필요한 재료인 조직을 만들기 위해 분할을 시작한다.

스콧 스몰은 바로 이 과정의 모세혈관을 사진으로 촬영했다. 최소한 실험실 환경에서는 성장인자들이 더 많은 혈관을 만들기 위해 세포를 활성화하는 데 불과 두 시간밖에 걸리지 않는다는 사실이 발견되었다. 두 성장인자는 뇌에서 새로운 혈관을 형성할 뿐만 아니라 세포 연결과 신경재생도 촉진한다.

중간 강도의 운동을 하면 신진대사로 말미암은 폐기물을 청소하는 물질들이 뇌세포 내부에서 분비된다. 염증 유발 물질 및 자유라디칼, 부서진 DNA 조각 등은 가만히 놔두면 세포를 파괴하는데, 이 물질들을 제거하는 단백질과 효소가 생성되는 것이다. 산화 방지제를 알약 형태로 복용하는 것은 그리 도움이 되지 않는다. 아니, 오히려 실제로 해롭다는 연구 결과가 늘고 있다.

대부분 사람들은 유산소운동을 하면 세포 내부에서 천연 산화 방지제가 생성된다는 사실을 여전히 깨닫지 못하고 있다. 산화 방지제는 전체 이야기의 일부에 불과하다. 회복 기간만 적당히 주어진다면 운동을 한 뒤의 복구 작업은 뉴런을 더욱 강하게 만든다.

중간 강도의 운동을 하면 혈액 속에 에피네프린이 분비된다. 아직 운동이 습관이 안 된 사람의 경우에는 스트레스 축이 활성화되기도 한다. 즉 신체가 극도로 긴장하는 상태가 된다. 이렇게 되면 코르티솔이 뇌 여기저기를 흘러다니기 시작한다. 코르티솔은 세포의 학습 기전을 활성화하므로, 생존에 중요한 상황이라고 간주되는 현재 상황이 기억에 저장되기 시작한다. 하지만 코르티솔이 만성적으로 분비되면 신경세포에 해를 끼치는데, 이때 신경세포 성장인자가 뇌신경을 보호해주는 최선의 방어막이 된다.

중간 강도의 운동을 해서 손상된 부위를 복구하는 화학물질의 수치가 높아지면, 뇌의 회로가 튼튼해지고 스트레스 축의 기능이 강화되어 작은 스트레스에도 쉽사리 경보 신호가 울리지 않는다. 면역체계도 마찬가지로 강화되어 감기에서 암에 이르는 외부의 진짜 침입에 대항할 만반의 준비 태세를 갖춘다.

중간 강도의 운동을 할 때에는 ANP도 활동을 시작한다. 심장이 세차게 피를 뿜어낼 때 심장에 있는 근육에서 직접 분비되는 ANP는 혈액을 따라 돌다가 뇌에 들어가 스트레스 반응을 완화하고 불필요한 잡음을 줄인다. 또한 정서적인 스트레스와 불안감을 없애기 위해서 분비되는 일련의 화학물질 중에서도 ANP는 아주 중요하다. 우리가 중간 강도의 운동을 한 뒤 긴장이 풀어지고 차분해지는 것은 고통을 무디게 하는 엔도르핀 및 내인성 카나비노이드와 함께 ANP의 수치가 늘어나기 때문이다. 흔히 운동을 해서 스트레스를 날려버린다고 말할 때에는 바로 이러한 요인들이 몸속에서 작용하는 것이다.

중간 강도로 운동할 때에는 신체와 뇌에서 기존의 구조물을 파괴하고 전보다 더 튼튼하게 짓는 작업이 끊임없이 이루어진다. 그래서 운동을 한 뒤에는 신체와 뇌가 회복될 충분한 시간을 갖는 것이 중요하다.

빨리 달리기

최대심장박동 수치의 75~90퍼센트 정도의 강도로 운동을 하면, 신체는 완전히 비상사태에 돌입하며 대응 강도도 아주 높다. 그리고 이 단계(주로 90퍼센트에 가까운)에서는 신진대사가 유산소운동에서 무산소운동으로 전환된다. 다시 말해서 근육이 혈액으로부터 충분한 산소를 끌어오지 못하므로 저산소증 상태에 빠지는 것이다.

글리코겐을 효율적으로 태우는 데에는 산소가 필요하다. 그러므로 근육은 글리코겐 대신 크레아틴을 태우고 글리코겐을 근육조직에 직접 저장한다. 이런 복잡한 과정을 거치는 동안 지방산이 축적된다. 허벅지와 가슴 근육이 뻑뻑해지는 느낌이 드는 것은 이 때문이다. 유산소운동에서 무산소운동으로 전환되는 지점이 사람마다 다르기는 하지만, 높은 강도의 운동이란 허벅지가 뻑뻑해지기 직전의 강도로, 즉 뻑뻑해지면 속도를 줄이는 식으로 운동하는 것을 일컫는다.

심장박동이 얼마일 때 유산소운동에서 무산소운동으로 전환되는지는 알려져 있지 않다. 아이오와 주립대학의 신체운동학자 판텔라이몬 에키카키스의 최근 연구에 따르면, 신진대사의 변화를 알 수 있는 가장 믿을 만한 지표는 운동을 하는 사람이 다소 힘들다고 느낄 때다. 애매하게 들리기는 하겠지만, 에키카키스는 이 지표가 놀랄 만큼 정확하다는 사실을 발견했다. 이 지점을 판단하는 또 다른 기준은 무산소 신진대사로 전환되기 직전인 '다소 힘든' 상태로 운동을 하더라도 30~60분 동안 꾸준히 같은 속도를 낼 수 없을 만큼 힘들어서는 안 된다는 사실을 명심하는 것이다.

아주 격렬하게 운동을 하고 싶다면 높은 강도로 운동하는 동안에 전력으로 질주하는 구간을 군데군데 넣는 인터벌 트레이닝을 하면 된다.

중간 강도의 운동과 높은 강도의 운동이 지니는 주요 차이점 중 하나는 최대심장박동 수치에 접근하면, 특히 무산소운동 범위에 접어들게 되면, 뇌하수체가 성장호르몬을 분비한다는 것이다. 이것이 바로 오래

살고자 노력하는 사람들이 말하는 소위 '청춘의 샘'이다. 혈액에 자연스럽게 분비되는 성장호르몬의 수치는 나이가 들면서 점차 감소한다. 남녀를 불문하고 중년이 되면 분비되는 성장호르몬의 양이 어린 시절의 10분의 1로 줄어든다. 앉아 있기만 하는 생활방식도 이런 감소 현상을 가속화한다. 너무 높은 코르티솔의 수치나 인슐린 저항, 과도하게 축적된 지방산 등은 모두 성장호르몬의 분비를 더욱 감소시키는 역할을 한다.

성장호르몬은 뱃살을 빼고 근육조직을 형성하며 뇌의 크기를 늘려주는 등 신체를 가다듬는 일을 총지휘하는 호르몬이다. 과학자들은 나이가 들면서 점차 줄어드는 뇌의 크기를 성장호르몬이 다시 크게 만들 수 있다고 믿는다. 올림픽 단거리 선수나 미식축구 선수 같은 운동선수들이 인터벌 트레이닝을 하면 혈액 내의 성장호르몬 수치가 증가한다. 법에 저촉되지 않는 천연 마약을 복용하는 셈이다. 그 결과 빨리 달리기 위한 근육이 형성되어 더 빨리 달릴 수 있게 된다. 이와 더불어 새로운 근육조직을 늘리는 과정은 전반적인 신진대사를 강화하므로, 인터벌 트레이닝 뒤에는 신체가 지방과 탄수화물을 보다 효율적으로 태울 수 있게 된다.

성장호르몬은 보통 혈액 내에 몇 분 동안만 머물러 있지만, 전력 질주를 한 뒤에 늘어난 성장호르몬 수치는 거의 4시간까지 유지된다. 성장호르몬은 뇌에서 신경전달물질 수치의 균형을 바로잡고 모든 성장인자들의 생성을 늘려준다. 그중에서도 활동과 연료와 학습에 모두 관련된 인슐린 유사 성장인자에 가장 큰 영향을 끼치는 것 같다. 성장호르몬은 세포핵에 들어가서 뉴런의 성장 기전을 관장하는 유전자를 활성화한다.

한계라고 생각하던 수준을 넘어서는 고통 속에서 1, 2분만이라도 머물러 있게 되면, 정신은 일상을 초월하여 아주 높은 상태에 도달하곤 한다. 그런 상태에서는 어떤 고난이라도 극복할 자신이 생긴다. 러너스 하이를 한 번이라도 겪어봤다면, 거의 극한에 달하는 노력을 기울인 결과였을 것이다.

그런 도취감은 많은 양의 엔도르핀, ANP, 내인성 카나비노이드, 신경전달물질 등이 몸 전체에서 분비된 결과로 나타나는 느낌일 확률이 높다. 사냥감을 쫓다가 최후의 일격을 가할 때 온 힘을 쏟을 수 있도록 뇌가 다른 모든 감각을 차단하는 것이라고도 생각할 수 있다.

높은 강도로 운동을 하면 정신적으로나 육체적으로 강인해진다. 그래서 사람들이 등산이나 여행을 하고 극기 훈련 프로그램에 참가하는 것이다. 하지만 이러한 혜택을 얻기 위해서 극단적인 활동을 할 필요는 없다. 영국 배스 대학이 실시한 어느 연구에 따르면, 운동을 하는 도중에 30초 동안 전력 질주를 한 번 하면(이 경우에는 자전거 페달 밟기 운동) 성장호르몬이 여섯 배까지 늘어난다. 이때 수치가 가장 높은 때는 두 시간 후다.

독일 뮌스터 대학의 신경과학자들은 최근에 인터벌 트레이닝이 학습 능력을 높인다는 연구 결과를 발표했다. 실험 참가자들은 40분 동안 트레드밀 위에서 달리는 도중에 3분 동안의 전력 질주를 두 번 했다. 중간에는 2분 동안 낮은 강도의 운동을 했다. 나중에 검사해보니 이들은 낮은 강도로 운동한 집단에 비해 신경세포 성장인자와 노르에피네프린이 훨씬 많이 늘어났다. 달리기를 한 직후에 실시한 인지력 테스트에서도 단어를 20퍼센트나 더 빨리 암기했다. 이처럼 자신의 한계에 달하는 운동을 한두 번만 해도 뇌에 커다란 효과를 불러온다.

인터벌 트레이닝은 소파에 앉아 텔레비전만 보던 사람이 갑자기 할 수 있는 것은 아니다. 무엇보다도 산소 공급 체계가 아주 튼튼해야 한다. 인터벌 트레이닝을 하려면 우선 의사와 상의해야 한다. 운동이 몸에 익숙지 않은 사람이 갑자기 심장에 무리한 부담을 주는 것은 별로 바람직하지 않기 때문이다. 체력에 따라 다르겠지만 인터벌 트레이닝을 하기 전에 최소한 6개월 정도 유산소운동을 할 것을 권한다. 물론 이때에도 의사와 상의하는 것이 바람직하다.

무산소운동

지금까지 무산소운동에 대해서는 별로 언급하지 않았다. 왜냐하면 솔직히 말해서 무산소운동이 학습 능력, 집중력, 기분, 불안감 등에 끼치는 영향에 대해 연구한 사례가 거의 없기 때문이다. 쥐에게 역기를 들게 하거나 요가를 시키기란 쉽지 않은 일이므로 무산소운동에 대한 연구는 사람을 대상으로 할 수밖에 없다. 그러나 실험한 뒤에 뇌를 잘라서 조직을 검사하기란 불가능하다. 혈액을 채취해서 분석을 하거나 행동을 테스트하는 수밖에 없는데, 그러다보니 하나의 결과를 놓고도 해석에 따라 여러 가지 결론이 나온다. 이런 이유로 무산소운동은 유산소운동만큼 알려져 있지 않다.

일단 이런 사실을 전제로 하고 살펴보자. 근력 운동은 근육을 키우고 관절을 보호해준다. 그리고 요가나 태극권을 익히면 균형 감각과 유연성이 향상된다. 근력, 균형 감각, 유연성 등의 모든 신체적 능력은 평생을 활동적으로 살아가는 데 큰 힘이 된다.

아주 최근에 발표된 한 연구에 따르면, 나이 든 사람들이 6개월 동안 일주일에 두 번씩 역기 운동을 했더니 유전자 차원에서 노화 증세의 일부가 역전되었다. 뇌가 성장하는 데 핵심 역할을 하는 혈관 내피세포 성장인자, 섬유아세포 성장인자, 인슐린 유사 성장인자의 생성을 관장하는 유전자들이 65세가 아니라 마치 30세의 유전자처럼 활동을 한 것이다.

저항 훈련에 관한 뇌 연구는 대부분 학습이나 기억이 아니라 기분과 불안감에 초점이 맞춰져왔다. 10여 년 전 보스턴 대학에서는 노인들로 구성된 실험 참가자들에게 12주에 걸친 근력 강화 프로그램(일주일에 세 번 운동)을 하게 한 뒤, 다양한 심리적 기능과 인지 기능을 측정했다. 그 결과 참가자들은 근력이 40퍼센트 증가함과 동시에 불안감이 줄었고, 기분과 자신감도 고양되었다. 하지만 사고 능력에는 별 차이가 없었다.

이와 비슷한 시기에 스위스 베른 대학의 심리학 연구소에서는 8주에 걸친 근력 운동의 효과를 실험했다. 일주일에 한 번씩 실험 참가자들은 10분 동안 준비운동을 한 뒤 여덟 가지의 근육운동 기구를 이용하여 운동을 했다. 그 결과 심리적인 만족감이 늘어났고 기억력도 조금 좋아졌다. 추적 조사를 실시해보니, 효과는 실험 뒤에 운동을 계속했는지와 상관없이 일 년까지 지속된 것으로 나타났다. 하지만 이 실험 결과를 놓고 근육운동이 기억력에 도움이 된다고 결론을 내리기에는 변수가 너무나도 많다.

근육운동의 강도도 결과에 영향을 끼치는 변수 가운데 하나인 것 같다. 무거운 것보다는 중간 무게의 기구로 근육운동을 했을 때 효과가 더 좋은 것으로 나타났기 때문이다. 최소한 나이 든 여성들을 대상으로 한 실험에서는 그랬다. 다른 실험에서도 높은 강도의 근육운동은 남성과 여성 모두에게 불안감을 높여준 것으로 나타났다. 높은 강도의 근육운동이란, 들 수 있는 최고 무게의 85퍼센트를 드는 것을 말한다.

하지만 많은 연구가 이런 필수적인 변수조차도 정의 내리지 않는다. 몇 년 전 〈미국 스포츠의학 저널〉에 게재된 연구 결과를 보면, 30분의 근육운동과 30분의 페달 밟기 운동을 혼합한 크로스 트레이닝이 불안감을 줄여주었다고 나와 있다. 하지만 그런 결과를 만든 요인이 도대체 무엇인지를 판별할 수 없도록 실험이 짜여졌다. 그리고 실험들은 거의 노인을 주요 대상으로 했다. 노인은 애초에 근육이 별로 없기 때문에 근육운동을 하면 뚜렷한 결과가 나타나는 것이 당연하다.

확실히 말할 수 있는 사실은 근육운동이 성장호르몬에 영향을 끼친다는 점이다. 최근 실시된 한 실험에서 운동으로 단련된 사람들이 근육운동을 할 때와 유산소운동을 할 때를 비교해보았다. 그 결과 역기를 들고 앉았다 일어서는 운동을 한 뒤에는 높은 강도로 30분 동안 달린 뒤보다 두 배나 많은 성장호르몬이 분비된 것으로 나타났다. 이런 사실은 앞으로 연구를 더 하면 운동의 혜택을 설명할 때 중요한 요소가 될 것이라고 생각한다.

한편 리듬과 균형, 숙련된 동작과 관계된 운동이 뇌에 끼치는 효과에 대한 연구는 무산소운동에 관한 연구보다도 훨씬 적다. 요가의 복식호흡은 스트레스와 불안감을 줄이고 태극권은 교감신경계의 활동을 줄인다(심장박동과 혈압으로 판단했을 때)는 사실을 보여준 간단한 실험만이 존재할 뿐이다.

최근에는 요가를 전문으로 하는 여덟 사람의 뇌를 MRI로 촬영한 실험도 있었다. 그 결과 60분 동안 요가를 하자 뇌에서 감마아미노부티르산의 수치가 27퍼센트 늘어났다. 감마아미노부티르산은 발륨이라는 신경안정제의 목표 물질이며 불안감과 깊은 관련이 있다. 어쩌면 이것이 요가를 하면 마음이 안정되는 이유 중 하나일 것이다. 이런 분야는 아직 밝혀지지 않은 부분이 많이 있으나, 신경과학자들이 뇌를 깊숙이 탐구하다보면 언젠가는 체계적인 증거들을 밝혀낼 것이다.

꾸준히 운동하기

통계에 의하면, 새로 운동을 시작하는 사람 가운데 약 반수가 6개월에서 일 년 내에 운동을 그만둔다. 그들 가운데 높은 강도의 운동으로 서둘러 전환했다가 육체적·정서적으로 힘이 들어 그만두는 사람이 제일 많다는 것은 그리 놀라운 일이 아니다.

에키카키스는 운동의 강도와 불쾌함의 관계를 연구하는 신체운동학자다. 실험을 통해 그는 유산소운동을 하며 느끼는 감정은 사람마다 다르지만, 일단 무산소 신진대사로 전환되면 누구나 불쾌함과 함께 운동의 강도가 아주 세다고 느낀다는 것을 발견했다. 위험 상황이 닥쳤다고 뇌가 우리에게 알려주는 것이다. 여기서 중요한 점은 비록 낮은 강도로 운동을 하고 있더라도, 만약 기분이 별로 상쾌하지 않으면 절대 인터벌 트레이닝을 시도하면 안 된다는 것이다. 그래야 운동을 중단하지 않고 꾸준히 할 수 있다.

운동에 별로 취미가 없다면 스스로를 너무 괴롭히지 않아도 된다. 원래 운동을 싫어하는 유전자를 타고났을지도 모르는 일이니까 말이다. 2006년 유럽 과학자들이 일란성 쌍둥이 13,670쌍과 이란성 쌍둥이(유전자의 반만 공유한 쌍둥이) 23,375쌍의 운동량을 비교했다. 그 결과 과학자들은 유전자가 운동량을 결정하는 비율이 62퍼센트나 된다는 사실을 발견했다.

다른 연구에 따르면, 운동을 즐기는 정도와 일단 시작한 운동을 계속할 확률, 운동을 한 뒤에 기분이 변화하는 정도 등이 모두 유전자와 상당히 밀접한 관련이 있다. 과학자들은 이와 연관된 많은 유전자 중에 도파민과 관련 있는 유전자와 신경세포 성장인자의 발현을 통제하는 유전자에 관심을 기울인다.

보상 및 의욕과 관련된 신경전달물질인 도파민에 차이를 보이는 사람들은 보상결핍증후군, 즉 체육관에 있는 다른 모든 사람들이 향유하는 즐거움을 혼자만 느끼지 못하는 증세를 보일 수 있다. 그리고 신경세포 성장인자의 신호가 꺼져 있으면 운동을 해서 기분이 호전되는 기전이 부진할 수도 있다. 운동의 긍정적인 효과가 별로 나타나지 않는 사람들에게 변명하기 위함은 아니다. 이런 사람들조차도 운동을 함으로써 뇌의 회로를 다시 형성할 수 있다는 사실을 다시금 강조하고 싶어서다.

운동을 시작하는 즉시 도파민의 수치는 늘어난다. 운동을 규칙적으로 하면 동기센터의 뇌세포는 도파민 수용체를 새로 만들어서 도파민을 분비하게 하려는 욕구를 늘려준다. 새로운 신경 회로가 개설되거나 쓰지 않아서 녹슨 기존의 회로가 다시 정비되는 것이다.

새로운 운동 습관을 들이는 데에는 몇 주 정도면 충분하다. 운동이 일단 습관이 되면 그때부터는 유전자를 압도하는 강력한 힘을 발휘해서, 심지어 운동을 싫어하는 유전자를 지닌 사람조차도 자연스럽게 운동을 하게 된다. 유전자는 아주 복잡한 공식의 일부분에 불과하며 다른 변수들은 우리의 손에 달려 있다.

신경세포 성장인자의 경우도 마찬가지다. 처음에 운동 습관을 들이는 어려움을 극복하고 운동의 즐거움을 느끼기까지는 시간이 조금 오래 걸릴 수도 있다. 하지만 일단 습관을 들이고 나면 뇌는 뉴런의 성장 촉진제 역할을 하는 신경세포 성장인자를 점차 효율적으로 생성하게 된다.

신경과학자 칼 코트먼은 해마가 신경세포 성장인자를 생성하기 위한 분자 기억molecular memory을 갖고 있다고 말했다. 3개월에 걸친 실험에서 코트먼은 쥐에게 다양한 운동 일과를 부여하고 효과를 측정해보았다. 예컨대 쳇바퀴 운동을 매일 하는 것과 하루걸러 하는 것을 비교하기도 하고, 몇 주 동안 운동을 중단시키고 효과를 측정하기도 했다. 이러한 독특한 실험을 실시한 것은 실험실에서 이루어지는 대부분의 규칙적인 운동 실험과 달리 "인간은 엄격하게 시간을 재고 운동하지 않을뿐더러 매일 규칙적으로 운동을 하지도 않는다"라는 생각에 기초한 것이다.

여기서 몇 가지 뚜렷한 결론이 나왔다. 우선 매일 운동을 하면 하루걸러 운동을 할 때보다 신경세포 성장인자가 더욱 빨리 늘어났다. 운동을 시작한 지 2주 뒤에 검사를 해보니 매일 운동을 한 쥐는 신경세포 성장인자가 150퍼센트, 하루걸러 운동을 한 쥐는 124퍼센트 늘어났다. 흥미로운 사실은 똑같은 측정을 한 달 뒤에 다시 했더니 하루걸러 운동을 하는 집단의 신경세포 성장인자 수치가 매일 운동을 하는 집단을 따라잡았다는 점이다. 두 집단 모두 운동을 멈춘 지 2주 뒤에는 신경세포 성장인자가 원래의 수치로 돌아갔다. 하지만 다시 운동을 시작하니 불과 이틀 만에 신경세포 성장인자의 수치는 급격히 늘어났다. 매일 운동을 하는 집단은 137퍼센트, 하루걸러 운동을 하는 집단은 129퍼센트 늘어났다.

이것이 바로 코트먼이 말하는 분자 기억이다. 일단 규칙적인 운동 습관을 들이면, 운동을 멈추었다가 다시 해도 해마가 짧은 시간 내에 신경세포 성장인자를 이전의 수치로 올려놓는다. 그래서 코트먼은 매일 운동을 하는 것이 최선이나 간헐적으로 운동을 해도 놀라운 효과를 볼 수 있다는 결론을 내렸다. 며칠 운동을 하지 못했더라도 운동을 다시 하면 해마가 신경세포 성장인자를 높은 수치로 올려놓을 것이다. 그 광경을 한번 상상해보라.

집단의 힘

운동 습관을 들이는 가장 좋은 방법은 집단에 합류해서 다른 사람들과 함께 운동을 하는 것이다. 사회적 교류를 통해 얻는 자극이 뉴런에 끼치는 영향은 막대하다. 복잡하고 도전적이며 재미도 있다. 이런 정신적인 활동에 운동이 주는 신체적인 혜택을 보태면 그야말로 뇌의 성장 가능성을 최대한 활용할 수 있게 된다.

프린스턴 대학의 신경과학자 엘리자베스 굴드는 홀로 사는 동물과 무리지어 사는 동물에게 끼치는 운동의 여러 가지 효과를 실험했다. 굴드는 운동과 환경이 뇌를 어떻게 변화시키는지를 주로 연구하는 신경재생 분야의 선구자다.

이 실험에서 굴드는 사회적인 교류가 신경재생에 커다란 영향을 끼친다는 사실을 발견했다. 한 실험에서 12일 동안 달리기를 한 무리지어 사는 쥐는 같은 운동을 한 홀로 사는 쥐에 비해 신경재생이 훨씬 활발하게 일어났다. 게다가 홀로 사는 쥐는 운동을 전혀 하지 않은 무리지어 사는 쥐처럼 낮은 수준의 세포 증식을 보였다.

분명 이것은 스트레스 호르몬인 코르티솔과 어떤 관련이 있을 것이다. 굴드는 2006년 〈네이처 뉴로사이언스〉에 기고한 글에서, 운동을 할 때에는 두 집단의 쥐 모두 코르티솔의 수치가 높았는데, 운동을 하지 않을 때에는 혼자 사는 쥐만 여전히 코르티솔의 수치가 높았다고 밝혔다. 다시 말해서 격리된 상황에서는 코르티솔이 신경재생을 억제한 반면, 사회적 교류가 있는 상황에서는 스트레스 축의 반응이 희석되어 코르티솔로부터 뉴런의 성장이 방해를 받지 않은 것이다.

그렇다면 홀로 달리는 것은 오히려 해롭지 않을까? 그런 걱정은 하지 않아도 된다. 운동 자체가 스트레스 요인이며 운동이 스트레스 축을 활성화하여 코르티솔의 수치를 높일 수도 있다는 사실이 기억나는지? 격리된 생활도 마찬가지 역할을 한다. 실험에서는 달리기에서 비롯되는 스트레스에 홀로 사는 스트레스가 겹쳐 과잉 코르티솔 상황을 만들어냈고, 그 결과로 신경재생이 억제되었던 것이다.

어쩌면 쥐에게 충분히 회복할 수 있는 시간을 주지 않았을지도 모른다. 상황을 더욱 악화시킨 요인은 애초에 운동을 전혀 하지 않던 쥐에게 갑자기 하루에 몇 킬로미터를 뛰는 강행군을 시켜 신진대사에 커다란 부담을 준 것이다.

12일 이후로도 실험이 계속되자 전혀 다른 결과가 나타났다. 동일한 조건으로 계속 운동을 했더니 홀로 사는 쥐가 무리지어 사는 쥐의 신경재생을 따라잡은 것이다. 24~48일 동안 계속 운동을 한 뒤에는 두 집단의 신경재생 속도가 똑같아졌다. 굴드는 이런 현상이 나타나는 이유가 세로토닌 때문일 것이라고 추측했다.

다시 말해서 사회적인 교류를 하거나 달리기를 하면 세로토닌이 더 많이 분비되어 신경재생을 강화하는데, 격리된 생활을 하거나 코르티솔의 수치가 오랫동안 높으면 해마의 세로토닌 수용체가 줄어든다. 그러니 달리기를 해서 세로토닌의 수치는 늘어났지만, 달라붙을 수용체가 없어서 제 기능을 발휘할 수가 없었을 것이라고 굴드는 생각했다.

아주 복잡한 스트레스와 환경 및 운동의 상관관계를 명료하게 설명하는 이 실험은 우리에게 상당히 중요한 몇 가지 사실을 전해준다. 첫째, 운동을 한 적이 없고 살면서 많은 스트레스를 받고 있다면 운동을 서서히 시작하는 것이 바람직하다. 둘째, 사회적 교류는 뇌에 큰 영향을 끼치며 스트레스의 부정적인 효과를 상쇄하는 동시에, 운동을 함으로써 신경재생을 가속화하는 데 방해가 되는 요소를 제거한다. 그러므로 뉴런의 원활한 연결을 위해서는 다른 사람들과 긴밀하게 접촉해야 한다. 셋째, 규칙적으로 운동을 계속하면 신체 시스템이 변화한다.

굴드는 동물을 대상으로 한 실험에서 어떤 결론을 도출해내는 데에는 물론 한계가 있다는 것을 강조한다.

"쥐는 사람과는 아주 다릅니다. 쥐 곁에 쳇바퀴를 가져다놓으면 예외 없이 쥐는 운동에 몰두하지만, 사람은 그렇지 않습니다. 많은 사람들이 트레드밀을 사다놓고 옷걸이로만 사용하지요."

인간이 천성적으로 달리기를 좋아하는 것은 사실이지만, 휴식 기간을 이용해서 필요한 에너지를 충분히 비축해두려는 성향도 유전자에 각인되어 있다. 그러니 소파에 깊숙이 틀어박혀 있으려는 본능은 최근 백여 년 동안에 갑자기 생겨난 것이 아니다. 오늘날의 환경이 유전자에 각인된 내용과 일치하지 않을 뿐이다. 과거에는 수십 킬로미터를 헤매야 구할 수 있었던 식량을 이제는 냉장고 쪽으로 몇 걸음만 옮기면 손에 넣을 수 있다. 따라서 식량을 구하기 위해서 들여야 했던 노력을 이제는 유산소운동에 쏟아야 한다.

하지만 실험실의 쥐처럼 운동을 할 필요는 없다. 트레드밀 위에서 달리는 것은 비 오는 날이나 다른 사람들과 운동을 할 수 없는 날을 위해 참아라. 운동 팀에 합류하거나 자선 모금을 위한 마라톤에 참가하는 것을 목표로 세우고 아는 사람들과 함께 운동을 하면 책임감이라는 강력한 동기가 생긴다. 3대3 길거리 농구도 좋고 조기 축구도 좋다. 아니면 수영 동호회에 가입해도 좋다.

사랑하는 사람과 함께 걷는 것이 운동에 취미를 붙이는 계기가 될 수도 있고, 평소에 관심이 있었다면 태권도를 배우는 것도 좋다. 혹은 암벽등반에 푹 빠지는 것도 좋다(암벽등반은 파트너가 필요하다). 우리는 상상할 수 있는 어떤 운동이든 할 수 있다는 점에서 운이 좋다. 일단 습관을 들이기만 하면 운동은 하면 할수록 점점 더 하고 싶어질 것이다.

유연성을 갖기

스트레칭을 해서 신체를 유연하게 만드는 것도 물론 중요하지만, 여기서 내가 말하고자 하는 것은 정신적인 유연성이다. 규칙적인 운동은 우리의 자연스러운 본성과는 어긋나는 행동이다. 우리의 주변 환경은 끊임없이 변화하므로 똑같은 일을 계속 반복하는 일은 쉽지 않다. 규칙적으로 운동을 하라고 권하지도 않겠다. 거의 매일 운동을 하는 것이 중요한 일이기는 하지만, 운동 계획을 유연성 있게 실행하는 것이 바람직하다.

기존의 운동과 새로운 활동을 적절하게 배합하여 새로운 환경에 대처하고, 자신의 한계에 끊임없이 도전하는 것이 좋다. 이제부터 운동을 하다가 어떤 점이 잘못될 수 있고, 어떻게 하면 좋은지를 내 경험을 예로 들며 설명해보겠다.

나는 펜실베이니아 서부 지역에서 자랐다. 당시에는 미식축구 선수들이 상당한 인기를 끌었으며, 나는 미국의 3대 스포츠인 미식축구, 농구, 야구를 즐겨 했다. 뛰어난 선수라기보다는 최선을 다하는 이류 선수쯤 되었다. 그러나 내게 맞는 운동은 테니스였다. 나는 친구들이나 동료 선수들과 함께 고등학교 내내 테니스를 했다. 콜게이트 대학에 진학해서 테니스 선수로 활동하기로 되어 있었는데, 그만 대학을 가기 직전에 교통사고로 팔과 다리가 부러지고 말았다. 팔 때문에 두 번 수술을 받았고, 당연히 몇 년 동안 테니스를 전혀 칠 수가 없었다. 그 이후로 10여 년 동안 테니스는 물론 다른 어떤 운동도 하지 않았다.

그러다 다시 운동을 하게 된 것은 레지던트 생활을 할 때였다. 당시에는 달리기 전도사로 유명한 빌 로저스의 성공과 보스턴 마라톤의 대중적인 인기를 둘러싸고 달리기 열풍이 한창일 때였다. 달리기를 하다보니 다시 테니스를 치고 싶은 욕구가 일었다. 그래서 테니스 대신에 동료들과 함께 스쿼시를 하기 시작했다. 내 오랜 동료인 네드 할로웰도 함께 운동을 했다. 우리는 일주일에 세 번은 만나서 서로 경쟁도 하고 격려도 하면서 거의 25년 동안을 함께 운동했다. 둘 다 무척 바빴으나 스쿼시 약속만큼은 꼭 지켰다.

그런데 7년 전에 오른쪽 팔 근육둘레띠가 회복이 불가능할 정도로 파열되면서 라켓을 더 이상 휘두를 수 없게 되었다. 그때부터 재활 운동의 일환으로 근육운동을 하기 시작했으며 규칙적으로 체육관에 다니기 시작했다. 일주일에 서너 번 가서 40분 정도 각종 운동기구로 운동을 하고, 근육운동도 일주일에 두 번은 반드시 했다. 그러다가 운동을 더 많이 하고 싶어서 하루에 한 시간씩 운동을 하기 시작했는데, 여전히 동료들과 함께 스쿼시를 하던 때가 그리웠다.

그러던 어느 날, 할로웰이 자신의 개인 트레이너 사이먼 잘츠먼과 나를 거의 강제로 인연을 맺어주었다. 강한 러시아 억양을 지닌 살츠먼은 예전에 권투 코치였던 사람으로, 어떻게 하면 나를 한계에 다다를 때까지 운동을 하게 할 수 있을지 항상 궁리하는 것 같았다. 그때부터 근력 운동과 함께 균형 운동 및 복근 운동을 일주일에 두세 번씩 했다. 근력 운동을 하지 않는 날에는 자전거 페달 밟기 운동을 하고, 인터벌 트레이닝을 하고 싶으면 트레드밀 위에서 달리기를 했다.

그러는 가운데 이 책을 쓰려고 자료를 모으다가 성장호르몬의 신비한 효과에 대해서 알게 되었다. 그리고 내가 목표로 하는 체력을 기르기 위해서는 가끔씩 전력 질주를 하는 인터벌 트레이닝이 필요하다는 사실을 깨달았다. 나는 일주일에 두 번씩 트레드밀 위에서 달리기를 할 때에는 전력 질주를 몇 번씩 함께 했다. 정말 고통스러운 운동이었다.

지금 돌이켜보면 몸이 움츠러들 정도였지만 과연 노력한 보람은 있었다. 인터벌 트레이닝을 한 달 동안 했더니 몇 년 동안 빼지 못하고 끙끙대던 4.5킬로그램이 마침내 빠진 것이다. 그것도 배와 허리에서 말이다. 과체중은 아니었지만 아무리 열심히 운동을 해도 빼지 못하던 뱃살이 드디어 빠진 것이다.

요즈음에는 일주일에 두 번 유산소운동을 하는데, 20분 동안 천천히 달리는 가운데 20~30초 동안 전속력으로 달리는 것을 다섯 번 정도

섞어서 한다. 사람들이 운동할 시간이 없다고 호소할 때면 나는 이와 같은 내 이야기를 해준다.

내 나이는 비록 60세에 가깝지만 신체의 나이는 훨씬 젊다고 느낀다. 나의 뇌를 촬영한다면 나이보다 젊게 보일 거라고 확신한다. 나는 전전 두엽 피질과 거기에 연결된 모든 부위의 기능을 유지하고 보호하기 위해서 모든 노력을 다 기울인다. 물론 운동을 하지 않는 날도 있기는 하지만 이틀 연속으로 하지 않는 일은 없도록 노력한다.

체육관에 가지 못하는 날에는 아내와 함께 개들을 데리고 산책을 나간다. 그런 날에는 평소처럼 10분 동안 천천히 걷는 것이 아니라 30분 동안 빨리 걷는다. 개들에게는 이런 날이 바로 운 좋은 날이다. 개들은 이유도 모른 채 마냥 좋아서 뛰기만 한다.

이 책의 독자는 주로 하루의 대부분을 앉아서 보내는 사람들일 것이다. 운동과 별로 친숙하지 않은 장애인이나 노인, 바쁘게 일하느라 운동할 시간이 없는 직장인도 마찬가지다.

저자가 이 책을 쓰기로 결심한 것은 시카고 네이퍼빌의 체육 수업이 학생들의 건강과 학업성적을 획기적으로 향상시키는 모습을 본 뒤였다. 네이퍼빌의 혁명을 처음 일으킨 중학교 체육 교사 필 롤러가 처음 심장박동 측정기를 시험할 때였다. 날씬하지만 운동신경이 별로 뛰어나지 않은 한 여학생에게 심장박동 측정기를 착용하게 하고 달리기를 시켰더니 여학생은 평소와 다름없이 느린 속도로 달리기를 끝마쳤다. 그런데 심장박동 수치를 본 롤러는 깜짝 놀랐다. 수치가 거의 최대치에 가까울 정도로 높게 나왔기 때문이다. 그러니까 비록 속도는 느렸지만 여학생은 정말 최선을 다해서 뛴 것이다.

바로 그 순간 롤러는 깨달았다. 평소 같았으면 "야, 좀 더 빨리 뛰지 못해!"라고 윽박질렀을 것이다. 그러면 운동선수조차도 하기 어려울 정도로 있는 힘껏 뛴 그 학생은 수치심과 모멸감을 느끼고 체육 수업을 싫어하게 되었을 것이다. 롤러는 그동안 자신이 최선을 다한 학생들을 몰라주어서 많은 학생들이 운동에 흥미를 잃었을 수도 있겠다는 생각을 하게 되었다. 그 이후로 롤러는 실기 능력이 아닌 각자의 노력에 따라 학생들을 평가하게 되었다. 운동에 소질이 없더라도 체육 시간을 즐겁고 유익하게 보낼 수 있게 된 학생들은 건강은 물론이고, 학업성적도 눈에 띄게 향상되었다.

저자는 이러한 체육 수업이 학생들에게 끼치는 긍정적인 효과, 즉 운동이 사람의 뇌에 어떻게 영향을 끼치는지를 다양한 분야에서 과학적으로 설명하고 있다. 저자가 깨달은 것은 다음과 같다.

"운동을 하기만 하면 뇌는 스스로 이상이 있는 부분을 고친다."

다시 말해서 달리기를 하면 다리만 튼튼해지는 것이 아니라 심장이나 폐도 건강해지는데, 뇌 역시 마찬가지라는 것이다.

현재 뇌의 기능에 관해서는 아직 밝혀지지 않은 부분이 많다. 그러나 이 책은 지금껏 밝혀진 사실만으로도 우리에게 충분히 도움이 된다는 것을 보여준다. 저자의 학자다운 성실한 자세와 다른 사람의 행복을 바라는 마음이 글에 여실히 드러나 절로 고개가 숙여진다.

주변 사람 모두에게 추천해주고 싶은 책이다.

2009년 여름
이상헌

• **감마아미노부티르산** gamma aminobutyric acid

뇌의 대표적인 억제성 신경전달물질이다. 불안감, 공격성, 기분, 발작을 통제한다. 또한 모든 신경세포, 특히 변연계에 있는 신경세포의 과잉 활동을 억제한다. 변연계에는 정서 반응을 주관하는 감정센터인 편도가 한 부분을 차지하고 있다. 많은 항불안제가 감마아미노부티르산 수용체를 표적으로 삼는다.

• **교감신경계** sympathetic nervous system

뇌와 몸을 연결하며, 노르에피네프린에 의해 활성화되는 신경세포의 광대한 네트워크다. 항상 활동 중인 자율신경계의 일부분이지만 스트레스에 대응할 때에는 활동이 급격히 늘어난다.

• **글루탐산염** glutamate

뇌의 대표적인 흥분성 신경전달물질이다. 세포 간의 결합에 필수적이며, 신경 가소성에 아주 중요한 역할을 한다.

• **내인성 카나비노이드** endocannabinoid

'뇌의 마리화나'라고 알려진 호르몬이다. 고통을 무디게 한다는 점에서는 엔도르핀과 유사하지만, THC보다 훨씬 빨리 화학 변화를 일으키며 효과도 더 빠르다.

- **노르에피네프린** norepinephrine
  각성, 경계, 주의력, 기분에 영향을 끼치는 신경전달물질이다. 노르에피네프린의 신호는 교감신경계를 활성화하고 감각 기능을 향상시킨다.

- **뇌하수체** pituitary gland
  시상하부 바로 밑에 있는 완두콩 크기의 내분비선을 말한다. 뇌하수체에서 분비되는 호르몬과 인자들은 몸 전체에서 다른 호르몬을 통제한다.

- **대뇌피질** cortex
  대뇌를 덮고 있는 불과 세포 여섯 개의 두께밖에 되지 않는 얇은 회색질을 일컫는다. 인간의 두뇌 가운데 가장 최근에 진화한 부위로, 빠른 계산을 담당하고 뇌의 다른 부위들을 지휘한다. 뇌 전체에 있는 뉴런은 축색돌기를 뻗어서 대뇌피질과 연결되어 있으면서 다양한 정신 활동을 대뇌피질에 알려준다.

- **도파민** dopamine
  몸의 움직임, 주의집중, 인지력, 의욕, 쾌감, 중독 등에 필수적인 역할을 하는 신경전달물질이다.

- **무산소 대사** anaerobic metabolism
  지방과 포도당을 에너지로 바꾸기에 산소가 불충분할 때가 있는데, 그때 이루어지는 에너지 전환을 말한다. 몸을 너무 빠르고 격렬하게 움직여서 근육에 필요한 신선한 산소를 혈액이 충분히 나르지 못하면, 근육이 지방과 포도당을 효율적으로 연소시키지 못하는 무산소 대사가 이루어진다.

- **미토콘드리아** mitochondria
  모든 세포핵 속에 존재하면서 세포의 난방 장치 역할을 하는 작은 기관이다. 유산소 대사를 할 때 산소를 이용해서 포도당을 사용 가능한 에너지원으로 전환한다. 하지만 충분한 양의 산소가 없을 때에는 에너지원으로 전환되는 일이 미토콘드리아의 바깥에서 이루어지며, 이런 무산소 대사는 유산소 대사보다 훨씬 효율이 떨어진다.

- **부신** adrenal gland
  양쪽 콩팥의 바로 위에 있는 내분비선이다. 한 부분은 스트레스가 발생하면 에피네프린을 생성, 분비해서 스트레스에 대한 대응을 시작한다. 다른 부분은 스트레스에 대한 대응을 높이라는 스트레스 축의 신호를 받으면, 코르티솔과 코르티솔 유사 호르몬을 분비한다.

- **섬유아세포 성장인자** fibroblast growth factors
  세포 조직이 스트레스를 받으면 몸과 뇌에서 생성, 분비되는 단백질이다. 혈관 내피세포 성장인자와 마찬가지로, 혈관과 그 밖의 다른 세포 조직을 생성하는 것을 돕는다. 또한 신경재생에 필요한 신경세포 분열 과정을 일으키는 데에도 관여한다. 장기 강화와 기억의 형성을 촉진한다.

- **성장호르몬** human growth hormone
  모든 호르몬의 우두머리로, 뇌와 몸에 있는 모든 세포가 성장하고 발달하는 데 절대적으로 필요한 호르몬이다. 신체를 형성하는 데에도 밀접하게 관여한다. 또한 에너지원의 분배를 통제하며, 노화에 따른 세포의 퇴화를 늦추기도 한다.

- **세로토닌** serotonin
  기분, 불안감, 충동성, 학습, 자아 존중감에 꼭 필요한 신경전달물질이다. 흔히 '뇌의 경찰'이라고 불리며, 뇌 신경계 전반에 걸쳐서 지나치게 활동적이거나 통제를 벗어난 반응을 가라앉히는 데 도움이 된다.

- **소뇌** cerebellum
  뇌의 신경세포 중 절반이 들어 있는 뇌의 한 부위다. 크기는 작지만 밀도가 높고, 지각과 자율운동신경 기능을 통합한다. 들어오고 나가는 정보를 새로 고치고 계산을 하느라 항상 분주하다. 최근 감정이나 기억, 언어, 사회적 교류 등과 같은 다양한 뇌기능의 리듬과 연속성을 유지시킬 뿐만 아니라 똑바로 걷는 데에도 중요한 역할을 한다는 사실이 밝혀졌다.

- **스트레스 축** HPA axis
  시상하부에서 뇌하수체를 거쳐 부신에 이르며, 스트레스에 대한 대응을 통제하는 신경전달 통로다. 에너지원 조절이나 면역체계와 같이 생명 유지에 꼭 필요한 기능에서 중요한 역할을 담당한다.

- **시냅스** synapse

한 뉴런의 축색돌기와 다른 뉴런의 수상돌기가 만나는 지점이다. 축색돌기에서는 전기적인 자극이 화학적 신호로 바뀌어서 신경전달물질이 시냅스 간격 너머로 지령을 전달한다. 수상돌기에서는 화학적 신호가 다시 전기적 자극으로 전환되어 지령을 받은 뉴런은 임무를 수행한다.

- **시상하부** hypothalamus

뇌하수체 바로 위에 있는 작은 내분비선이다. 시상하부가 호르몬을 생성, 분비해서 뇌하수체에게 신호하면, 뇌하수체는 호르몬과 그 밖의 다른 인자들을 분비한다. 시상하부는 뇌가 지시를 내리는 신경화학적인 신호를 호르몬 신호로 전환하는 곳이다. 이렇게 전환된 호르몬 신호는 혈류를 따라 이동하면서 성, 굶주림, 수면, 공격성 같은 생물학적인 행동과 관련된 명령을 전달한다.

- **신경세포 성장인자** brain-derived neurotrophic factor

신경세포가 활성화하면 신경세포 속에서 생성되는 단백질이다. 뇌의 성장촉진제 역할을 한다. 즉 뇌세포가 기능을 제대로 수행하고 자랄 수 있도록 돕고, 새로운 뉴런의 성장을 촉진하기 위해 뇌에 영양을 공급해준다.

- **신경재생** neurogenesis

뇌에서 줄기세포가 분열해서 완전히 제 기능을 하는 새로운 뇌세포로 발달하는 과정을 말한다. 1998년에야 비로소 성인인 인간에게서 신경재생이 일어난다는 사실이 객관적으로 밝혀졌다. 신경재생은 후각 기능과 관련 있는 뇌실하층과 해마의 일부분에서만 일어난다.

- **심방나트륨 이뇨펩티드** atrial natriuretic peptide(ANP)

심장과 뇌에서 저절로 생성되는 호르몬이다. 심장박동이 빨라지면 많이 생성되어 혈액 전체에 퍼진다. 혈액뇌장벽을 뚫고 뇌에 들어가서 스트레스 반응 일부를 억제하기도 하며, 스트레스와 불안감을 줄이고 기분을 조절하는 데 도움을 준다.

- **아난다마이드** anandamide

몸과 뇌에 고루 분포되어 있는 신경전달물질이다. 카나비노이드 수용체와 결합해서 이를 활성화한다. 대마초의 주요 성분인 THC 또한 카나비노이드 수용체를 활성화한다.

활성화된 카나비노이드 수용체는 뇌와 신체가 고통과 기분, 쾌감을 조절하는 데 도움이 된다.

• **에피네프린** epinephrine
아드레날린이라고도 한다. 뇌에서는 신경전달물질이며, 신체에서는 부신에서 분비되는 호르몬이다. 스트레스 상황이 발생할 때 즉시 분비되는데, 그때 신경계는 생존을 위협하는 상황에 대처할 준비를 한다.

• **엔도르핀** endorphin
몸과 뇌에서 생성되는 천연 아편 역할을 하는 호르몬이다. 신체와 뇌를 혹사할 때 분비되어 고통 신호를 차단하므로, 우리는 신체적으로 고통스러운 상황을 견딜 수 있게 된다. 쾌감, 만족감, 황홀감 같은 다양한 생리적 기능에 영향을 끼친다.

• **유산소 대사** aerobic metabolism
활동 중인 근육 세포에 에너지를 공급하기 위해서 산소가 충분히 있는 상태에서 긴 시간에 걸쳐 연료를 태우는 에너지 전환을 말한다. 처음에는 지방을 연료로 사용하며, 그 다음에는 저장된 포도당을 지방과 함께 사용한다. 신체의 활동 정도가 낮거나 보통일 때 이루어지며, 장기간에 걸쳐 지속될 수 있다.

• **인슐린 유사 성장인자** insulin-like growth factor 1
성장호르몬, 인슐린과 긴밀하게 작용하면서 세포 성장을 촉진하고 노화를 억제하는 호르몬이다. 주로 간에서 생성된다.

• **장기 강화** long-term potentiation
학습과 기억을 위한 세포 기전이다. 학습과 기억을 하기 위해서는 뇌세포가 시냅스 간격 너머로 정보를 쉽게 전달할 만한 능력이나 가능성을 갖추어야 하는데, 그러한 능력이나 가능성이 강화되는 기전을 일컫는다. 신경세포가 서로 결합해서 정보를 자유롭게 나누려면 장기 강화가 반드시 필요하다.

• **전전두엽 피질** prefrontal cortex
대뇌피질 가운데에서 뇌의 바로 앞부분에 있는 부위다. 회색질 중에 가장 최근에 진화한 부위이며 계획하기, 순서 정하기, 예행 연습하기, 평가하기 등 인간만이 가지고 있는 고유한 기능을 총지휘한다. 또한 컴퓨터의 임시기억장치와 유사한 기능을 수행하는데, 이것은 판단을 내릴 때 필수적인 기능이다.

• **줄기세포** stem cell
장차 완전하게 기능하는 새로운 세포로 발달할 수 있는 미분화 세포다. 성인의 두뇌에는 뇌실하층과 해마의 일부분인 치아이랑에 있다. 섬유아세포 성장인자와 혈관 내피세포 성장인자는 줄기세포가 분열해서 새로운 뉴런으로 성장하는 과정을 촉진한다.

• **최대산소섭취량** VO2 max
단위시간당 인체가 소모하는 산소량의 최고치, 즉 산소를 처리하는 폐의 능력을 치수로 표현한 것이다. 폐활량이라고도 한다. 심장혈관계의 건강을 재는 첫 번째 잣대다.

• **최대심장박동 수치** maximum heart rate
한 사람의 심장이 1분 동안 뛰는 숫자의 생리적 최대 한계치다. 신체적으로 기울인 노력의 강도를 올바로 평가하는 데 유용하다. 생리학 실험실에서 기진맥진할 때까지 운동을 하여 측정할 수 있다. 일반적으로 220에서 자신의 나이를 뺀 수치라고 보면 된다.

• **코르티솔** cortisol
스트레스 상황에서 장기간에 걸쳐 분비되는 대표적인 스트레스 호르몬이다. 에너지원을 동원하고 주의집중과 기억을 하라는 지시를 내리며, 뇌와 신체에 평형 상태가 깨질 위협에 대처할 준비를 시킨다. 또한 장래에 있을 스트레스에 대비해서 지방의 형태로 에너지원을 저장하는 활동을 감독한다. 코르티솔의 역할은 인간의 생존에 필수적이지만 강도가 높거나 지속적으로 집중될 때에는 뉴런에 해가 된다. 즉 당장 필요한 에너지원을 얻기 위해 뉴런 간의 연결을 손상시키고 근육과 신경세포를 파괴한다.

• **해마** hippocampus
학습, 기억과 관련해서 많은 일이 벌어지는 중계 지점이다. 뇌의 모든 부분에서 입수한 자극을 모으고, 새로운 정보를 저장된 정보와 비교하여 서로 연관 있는 것끼리 묶은 다음, 각 정보 꾸러미에 기억이라는 이름을 붙여서 전전두엽 피질로 보낸다. 최근에 발표된 연구 결과에 의하면, 해마는 스트레스와 기분에 생물학적으로 중요한 요소다. 왜냐하면 엄청나게 많은 코르티솔 수용체를 포함하고 있으며, 스트레스 반응의 되먹임 고리를 조절하는 맨 처음 단계이기 때문이다. 이처럼 해마는 코르티솔과 밀접한 관계에 있기 때문에 스트레스와 노화로 인한 세포 파괴에 특히 취약하다. 반면 지금까지 밝혀진 바로는, 뇌에 단 두 군데에만 존재하는 새로운 자신의 세포를 생성하는 기관 중 하나이기도 하다.

- **혈관 내피세포 성장인자** vascular endothelial growth factor
세포 조직에 심한 부담이 가해질 때 필요한 에너지원을 충분히 공급하지 못하면 신체에서 생성, 분비되는 중요한 신호 전달 단백질이다. 섬유아세포 성장인자와 마찬가지로, 세포분열을 촉진한다. 즉 분열해서 새로운 혈관을 생성하라고 다른 세포에게 신호를 보낸다. 최근에는 뇌에서도 생성된다는 사실이 밝혀졌으며, 기억을 뇌에 각인시키는 데 관여한다고 알려졌다.

- **혈액뇌장벽** blood-brain barrier
세포가 **빽빽**하게 들어 있는 촘촘한 모세혈관망이다. 혈액뇌장벽은 혈류에 있는 영양물이나 그 밖의 물질이 뇌로 유입되지 못하게 하며, 독소와 병균을 걸러낸다.